科普理论与实践研究

RESEARCH ON SCIENCE
POPULARIZATION THEORY AND PRACTICE

郑 念 编著

场馆科普效果评估

概论

AN INTRODUCTION
TO THE EFFECT
EVALUATION
OF SCIENCE
POPULARIZATION
IN VENUES

中国科学技术出版社
·北 京·

图书在版编目（CIP）数据

场馆科普效果评估概论 / 郑念编著 . —北京：中国
科学技术出版社，2020.4

（科普理论与实践研究）

ISBN 978-7-5046-8411-0

Ⅰ.①场… Ⅱ.①郑… Ⅲ.①科学馆－科学普及－研
究－中国 Ⅳ.① N282

中国版本图书馆 CIP 数据核字 (2019) 第 246769 号

策划编辑	王晓义
责任编辑	王晓义
装帧设计	中文天地
责任校对	焦 宁
责任印制	徐 飞

出 版	中国科学技术出版社
发 行	中国科学技术出版社有限公司发行部
地 址	北京市海淀区中关村南大街16号
邮 编	100081
发行电话	010-62173865
传 真	010-62179148
网 址	http://www.cspbooks.com.cn

开 本	720mm×1000mm 1/16
字 数	320千字
印 张	19.5
版 次	2020年4月第1版
印 次	2020年4月第1次印刷
印 刷	北京华联印刷有限公司
书 号	ISBN 978-7-5046-8411-0 / N·267
定 价	88.00元

丛书说明

　　《科普理论与实践研究》丛书项目是为深入贯彻实施《全民科学素质行动计划纲要实施方案（2016—2020年）》，推进科普人才队伍建设工程，在全国高层次科普专门人才培养教学指导委员会指导下，中国科学技术协会科学技术普及部和中国科学技术出版社共同组织实施，清华大学、北京师范大学、北京航空航天大学、浙江大学、华东师范大学、华中科技大学等全国高层次科普专门人才培养试点高校积极参与，在培养科普研究生教学研究成果的基础上，精心设计、认真遴选、着力编写出版的第一套权威、专业、系统的科普理论与实践研究丛书。

　　该丛书获得了国家出版基金的出版资助，彰显了其学术价值、出版价值，以及服务公民科学素质建设国家战略的重要作用。

　　该丛书包括20种图书，是科普理论与实践研究的最新成果，主要涵盖科普理论、科普创作、新媒体与科普、互联网＋科普、科普与科技教育的融合，以及科普场馆中的科普活动设计、评估与科普展览的实践等，对全国高层次科普专门人才培养以及全社会科普专兼职人员、志愿者的继续教育和自我学习提高等都具有较高的参考价值。

前　言

　　"科技创新、科学普及是实现创新发展的两翼"。但在现实中,科普之翼与创新之翼相比差距甚大。如何加强科普一翼是科普理论研究和科普实践工作中普遍关注的重要课题。从我国经济社会发展的现实来看,通过科普能力建设,提升公众科学素质,进而为创新发展奠定坚实的基础,为建设世界科技强国准备充分而高素质的人力资源和人才基础,是摆在科普工作者面前的共同任务。

　　科技馆、科技类博物馆等具有科普功能的场馆是我国科普工作的主要阵地,是科普事业发展的重要支撑,也是科普资源的主要载体,是开展科普活动的重要场所。长期以来,场馆科普是我国科普工作的主要形式。一个地区科普场馆的数量、规模及其展教活动的开展情况,在一定程度上代表了该地区科普的实力。铸强科普之翼,关键是要建设场馆科普资源,发挥场馆科普的重要作用,为提升公民科学素质提供强有力的物质基础保障。

　　场馆科普资源是科普能力的重要组成部分,是提升科普能力的物质基础。我国已经基本形成了现代科技馆体系。如何充分发挥以科技馆为核心的科普场馆的作用,提高其科普效能,不仅是科普工作实践中需要解决的重要问题,也是科普理论研究的重要课题。

　　在新形势下,科普场馆不仅是科普事业发展的基础,也是校外非正式科学教育的重要场所。在我国强调素质教育、提倡大力发展科普研学的大背景下,加强馆校结合,为学校教育提供重要的补充,也是科普场馆的重要使命之一。

　　2016年,《国务院办公厅发布关于印发全民科学素质行动计划纲要实施方案(2016—2020年)的通知》指出,要"发挥自然博物馆和专业行业类科技馆等场馆以及中国数字科技馆的科普资源集散与服务平台作用。加强科技场馆及基地等与少年宫、文化馆、博物馆、图书馆等公共文化基础设施的联动，拓展科普活动阵地。充分利用线上科普信息，强化现有设施的科普教育功能。"同年，《国务院关于印发"十三五"国家科技创新规划的通知》指出，"要进一步建立完善以实体科技馆为基础，科普大篷车、流动科技馆、学校科技馆、数字科技馆为延伸，辐射基层科普设施的中国特色现代科技馆体系。"2017 年，《"十三五"国家科普和创新文化建设规划的通知》由科技部、中央宣传部印发。该规划指出"科普场馆、科普机构等加强与旅游部门的合作，提升旅游服务业的科技含量，开发新型科普旅游服务，推荐精品科普旅游线路，推进科普旅游市场的发展。推动科普场馆、科普机构等面向创新创业者开展科普服务"。这些规划指导性文件，为场馆科普提供了强有力的政策保障。同时也为科普产业和科普事业双轮驱动发展，提供了政策环境。

然而，长期以来，在场馆科普工作中，对场馆科普教育效果的评估和测量，缺乏理论指导和实践指导，导致场馆科普教育活动没有形成自我促进、不断提升的闭环。系统论述科普场馆教育效果评估的成果尚不多见，这在一定程度上制约了我国场馆科普功能的发挥，也不利于我国科普场馆乃至科普事业的发展。为此，在中国科学技术出版社的长期努力下，准备出版培养高层次科普专门人才的教课书《科普理论与实践研究》丛书。该丛书的出版得到国家出版基金的大力资助。本书即是其中之一。本书作者集几十年科普效果监测评估研究和评估实践之经验，投入了大量的精力，力求为读者提供一本可资借鉴和参考的场馆科普教育效果评估读物；希望本书能够为提升场馆科普教育效果、为提升科技馆体系的运行效率服务；希望本书对于培养高层次科普人才，尤其是场馆科普教育及相应的科普监测评估人才，略尽绵薄之力。

一个社会，教育是基础、是基石、是发展的锚，而科技创新和科普是创新发展的两翼。只有基础牢固，才能久远发展；只有两翼齐飞，才能飞翔高远！让我们共同努力，不负韶华，为中国的科普事业添砖加瓦，为两翼齐飞实现创新发展尽绵薄之力！

由于作者的水平和能力所限，书中错误和不当之处在所难免，希望广大同人不吝赐教！

目　　录

导　言

一、评估的本质

评估归根结底是价值的判断和评价，属于价值哲学的范畴。近现代科学产生以后，哲学也有了前所未有的发展。价值哲学、实用主义哲学、经验哲学、唯心主义、唯物主义等，百花齐放，哲学花园呈现出灿烂夺目的景象。哲学的发展反过来又进一步促进了科学有关学科的发展，一系列新兴的学科产生和分化出来，使社会发展日益朝着合目的性的方向发展。无论怎么说，自从价值哲学诞生，哲学发生了一场哥白尼式的革命[①]，而杜威也就成为这场革命的领袖人物[②]。正如《评价理论》译者冯平所言："杜威的价值哲学是颠覆性的。它尝试颠覆逻辑实证主义的反价值理论；颠覆以追求'永恒性价值''终极性价值'为旨趣的超验主义价值理论；颠覆以兴趣界定价值的经验主义价值理论；颠覆事实与价值的二元划分；颠覆手段与目的的二元划分；颠覆绝对、超验的'价值等级'的合法性；颠覆绝对超验的价值标准。"杜威的评价理论产生以后，为评估理论提供了哲学基础和价值建构的指南。因为杜威的理论是建构性的，他在颠覆了以往的、过时和腐朽的价值理论的同时，将实验方法引入价值研究，建构了实验主义的研究理论，建构了以评价判断为核心的实验经验主义价值哲学。

在《评价理论》以前，虽然人类社会经常处于对事物的评价、判断、选择等决策行为中，但基本上处于经验和超验的基础上，评估评价的维度也基本

[①]　约翰·杜威. 评价理论［M］. 冯平，等，译. 上海：上海译文出版社，2007：2.

[②]　约翰·杜威（John Dewey），1859—1952，美国哲学家、心理学家、教育学家和社会活动家，实用主义的主要代表。曾任美国芝加哥大学哲学、心理学和教育学系主任，是20世纪伟大的哲学家之一。

1

上是个人的视角。这种评估评价，无论是对价值本身的人或事还是对判断的过程，都具有主观性、片面性、超验性。因为"价值""评价"本身具有使用者和使用场合不同而导致的差异。比如，当用于个体表达意愿时，它更多地带有情感色彩、个人喜好，也就是主观性。而用于集体评价时，在共识的程度、意义上，它则表示某种社会意识，具有共性和客观性。尤其是当采用规范方法、即社会标准（一系列指标构成的指标体系）来进行评价评估时，基本上可以认为评估是客观的。但这种判断需要多角度、全方位、系统性地进行价值构建，并对构建的目标进行评估。单一的指标不能作为社会运行状况的唯一指标，否则就会导致系统运行产生偏差。这种偏差虽然在短期内难以看出，甚至还会起到激励作用，但从长期来看，会产生极大的后遗症。现实社会中，这种状况是比较普遍的。比如在衡量政绩的时候，简单地用国内生产总值（GDP），学生升学中单一追求考试成绩，以及为追求政策效率的一刀切、大呼隆的做法等，都是这种评估方法的表现，简单说都是缺乏评估思维（后面还要论述）的结果。

无论怎么样，涉及评估评价的话题，虽然都与价值判断、价值建构有关，但也都离不开主观的选择。基于客观事实基础上的评价，无论是评价行为上，还是评价哲学和理论上，都是一个划时代的进步；无论是英文中 evaluation、appraisal、assessment，还是中文中的评估、评价，在内涵上都有一定的交叉，在一定程度上也都有一种主观判断的含义。所以，客观性也是相对的。客观性本身也有不同的含义，一种是建立在主观判断基础上的客观；另一种是以客观存在为判断依据。在具体的评估过程中，指标体系的建构，也是定量与定性相结合、主观与客观相结合、眼前与长远相结合、局部与整体相结合的。评价行为本身经常涉及物理性评价与心理性评价，在心理性评价中，主观性判断难以避免，一些客观指标也需要通过主观回答来进行转化。所以，无论是科普场馆中的展教效果评估，还是社会经济发展中的各种测量性评估，都与指标相关，指标既是价值导向，又是合目的性的表现。在具体事务评估中，一般很容易做到具体事物或单位组织的合目的性评价，却往往忽视整体价值或长远价值。这是评估界面临的难题之一，由此，还可能会导致一系列的政治冲突和伦理悖论。这也是评估研究的重要课题或前沿问题之一，但不管怎样，都是发展中的问题。

二、评估的发展历程

1. 评估起源

人类自从有了好坏善恶的是非观念，也就有了评价和评估。评估与人类文明的历史一样久远。正如社会文明的基础是理性思想的产生，评估则是人类对理性哲学的运用。理性的观念和思想可以追溯到古希腊时期。正是有了这种理性的思维和观念，才使人类迈入文明的门槛，促使了以理性为基础并代表人类进步方向的科学的出现。自从科学诞生以后，就产生了对世界的真实认识，人类社会的发展从而进入了一个新阶段。新的发现不断产生，新的知识不断出现，新的认识手段不断进步，人类对世界本原的理解进入了一个新的历史时期。由科学导致的技术进步，使社会生产力加速发展。尤其是3次科技革命，都导致了技术的巨大进步，进而发生了产业革命，为人类社会带来了巨大的财富。进入知识社会和信息社会以后，新知识更是突飞猛进地发展，人类社会财富的积累，呈现出几何级数的快速增长[①]。

在人类社会发展过程中，在知识的不断增长中，有一类属于技术知识，是人类获得财富的重要手段，也是人类在繁杂的事物和结果中进行选择的基础。评估的过程最初就是依据本能需要进行选择的过程，也是人们趋利避害的基本反应。随着知识的积累和财富的增加，在满足了基本的生活和生存需求以后，人们就面临着更多的选择，且这种选择不再局限于最初的本能需求，而是依据一定的标准进行评价和选择。用于评价和选择的标准，也不再局限于对自身的温饱、心理需求，而是需要考虑长远发展的需要，甚至考虑氏族、部落的发展，有利于生存环境的改善和提高，有利于同类的和谐发展。

2. 评估发展

虽然评估行为很早就产生了，但有意识的评估尤其是依据一定的理论，运用技术手段进行的评估，直到17世纪才产生。自从评估产生以来，随着评估实践的发展，评估理论也得到了快速发展，尤其是随着信息技术的快速进步，

---

① 马克思说："资产阶级在它的不到一百年的阶级统治中所创造的生产力，比过去一切世代创造的全部生产力还要多，还要大。"引自《马克思恩格斯选集》（1995年版），277页。

数据获得和数据处理方面取得了突飞猛进的发展，使评估的范围和领域日益扩展，评估的复杂程度也空前提高。

根据《第四代评估》的说法，评估的发展经历了测量、描述、判断和建构四个阶段，也称为四个时代①。目前，评估已经进入回应性建构时代，广泛应用于政策、公共事务的效果和影响评估。

（1）测量

测量评估经历的时间很长，在中国甚至可以追溯到汉代的曹冲称象的行为。这个故事在中国几乎家喻户晓，其中的关键技术有两点，一是测量的工具和手段；二是转换原理和比较。测量的工具和手段是第一代评估发展中的核心，从最初的称量工具发展到实验和量表技术；在工具难以满足测量需要的情况下，则运用转化和比较技术，将测量的对象进行转换，或者转为可以测量的对象，或者转换工具，将心理、知识、素养运用实验、问卷、试卷等形式进行测量，同时进行不同测量个体和对象的比较，达到了解和理解的目的。曹冲称象就是在当时没有足够量程的杆秤可以用来称量大象重量的条件下，利用智慧，把大象放到水中的船上，根据船的吃水量，再用同等重量的石头代替大象。这相当于把大象拆分成很多石头，并分别称量石头得到总重，从而近似地称出大象的重量。

在现实社会中，评估的对象往往涉及一些难以量化的问题，比如人的心理活动、人的智商、政策的作用大小、土石方、山高、水深等，在测量技术不太先进的历史时期，就需要通过评估的技术来近似地反映事物的真实境况。以这种测量技术为主的评估方式既古老又现代，即使在科技高度发达的今天，也还在广泛使用。比如，对学生知识掌握程度的评估，学校对不同年级、不同学科的考试，就是近似反映学生成绩的一种评估形式。这种形式在当今的教学中仍然被广泛使用，区别在于，一些地方单纯以考试成绩来评估学生的成绩，而有些地方可能会采取综合的方法来测量和评估，不但看考试成绩，还要看是否能够运用；不但看课程的成绩，还要看社会活动能力、组织能力、身体和心理素质等。

（2）描述

随着政策评估的兴起，一方面，政策的影响难以用测量的技术进行简单测

---

① 埃贡·G.古贝，伊冯娜·S.林肯. 第四代评估［M］. 秦霖，等，译. 北京：中国人民大学出版社，2008：2.

量；另一方面，政策的影响有很多方面是隐性的，看不见摸不着，评估者需要用描述的方式来反映事物的变化。从学校的考试评估来看，用试卷测量可能只反映了学生的记忆优势甚至是短期记忆的能力，即使得了高分，也不能确定学生就是真正掌握了所学的知识，短期记忆过后，也许什么都没有留下。在一定程度上，描述不仅从写的方面来测试学生的成绩，还从说的方面来考查学生对课程的掌握程度。一般来说，能说出来比能写出来的要求更高，能够教别人，说明是真正的了解、理解和掌握，也是更高层次上的评估。

在评估思维工具箱中有一种工具是最显著变化法。该方法需要评估者找出带来最显著变化的因素。这些最显著变化就是事件的参与者，依据自己的观察、体会，把事件进程中引起组织、个人、事件发生重要变化的情况描述出来，用讲故事的形式告诉大家。如果大家描述的重要变化相同，就说明大家对项目、政策、事件的作用效果有深刻的认识，也说明大家对效果评估结果的看法比较一致。这种评估的结论往往比较可靠，评估者也同样运用描述的方式将评估的结果记录下来。

（3）判断

有人认为，1963—1975年是以判断为主的第三代评估[①]时代。第三代评估强调价值判断的功能，主要用于政策评估，且将重点放在社会公平议题上。在方法上，不仅要求科学的实验研究方法与实地调研方法相结合，而且还要体现公众对政策目标实现情况的判断，评估者也是价值判断者。

20世纪60—70年代，苏联先于美国发射人造地球卫星，而且在很多国际性的竞赛中，美国学生的成绩都落后于苏联。因此，美国公众认为是由于美国的教育出现了问题，于是提出实施2061计划，通过研究对美国的中小学教育进行改革。2061计划动员了数百名各领域的科学家参与研究，其成果主要有《面向全体美国人的科学》《教育改革蓝本》《科学技术的基准》等。这些成果为20世纪的美国教育改革提供了重要的依据。

但是，客观地说，判断的评估时代也有自身的缺陷，主要是这种判断的局限性非常明显。第一，判断者本身的素质决定了判断的正确与否，也在很大

---

① 李志军. 重大公共政策评估理论、方法与实践［M］. 北京：中国发展出版社，2013：9.

程度上受到判断者的立场的影响和限制；第二，判断受到不同时代对社会的了解，也即受到科学技术发展水平本身的影响；第三，大多数情况下，判断会受到国别、地域、文化和价值取向的影响和限制。

（4）建构

建构也称回应式建构，其核心是协商，是不再仅仅满足管理需要的评估，追求的目标也不再是简单的原定指标、结果、决定的影响，而是满足需求、诉求和解决利益争执。这一点对实现利益多元和追求价值多元特别有意义。通过这种评估方式，可以使组织及其制定的政策、方案、项目满足大多数人的需要，同时最大限度地避免了利益冲突。通过反复协商、讨论、批判式回应，使评估者与管理者、利益相关方达成共识，形成更好的方案或政策。

建构式评估的方法论是建构主义，其核心思想是，认为事实是社会建构而成，有多少人就会有多少建构；主张通过主客体间的互动进行建构。因此，这种评估方式有利于在既定条件下实现创新，达到最佳结果。虽然如一些成功人士所阐述的，未来是现实的架构，是梦想成真，然而只有少数有梦想的人才能成功，而建构评估无疑为大家提供了一个通向成功的方法。

建构式评估的特点是：考虑了利益相关方的要求，即把利益相关者当成评估参与者，考虑他们可能受到的伤害或者获得的帮助；可以考虑项目参与者的需求，使其对今后的项目或政策给予更多的关注和支持；大大减少了评估中的利益冲突和伦理争议。

回顾评估发展的历程，前三代评估具有直接、简单和可操作性强等特点，并各自在不同时期发挥了重要作用。比如第一代评估，通过测量收集数据更加系统和客观，结果可量化；第二代评估通过描述促进了评估客体的发展；第三代评估将组织的价值取向作为评估的判断标准，有利于组织的目标实现。但这三代评估都存在一些共同的缺陷，主要包括：第一，管理主义倾向比较严重，评估的目的是管理的需要。而评估者与管理者的关系暧昧，评估者成了为管理者提供管理的依据，甚至替管理者做注释，对于被管理者是极其不公平的。此外，管理者有决定聘请评估者，以及是否发表评估结果的优先权，这样，评估者处于胁从的地位，往往容易使评估流于形式。第二，难以适应价值多元和利益多元要求。无论是测量、描述还是判断，都难以摆脱价值多元主义的束缚。

判断评估虽然在一定程度上适应了价值多元主义，但仍然摆脱不了主导评估的价值影响，难以达到价值中立，或者照顾不同价值主体的利益诉求。第三，传统评估过分强调了调查的科学范式。虽然自然科学研究的方法逐渐被社会科学所认同，并在一定程度上得到遵循，但社会科学的研究对象相对复杂，难以像自然科学研究那样保持稳定和依照自然法规运行，因此，自然科学研究的很多范式在社会科学研究中难以达到理想的效果。自然科学与社会科学调查研究的对象也不同，在进行自然资源普查或调查的时候，研究的对象是明确不变的，但社会科学中的调查对象往往是人或社会组织，同样的题目，遵循不同价值观的人的理解却不同，也就很难客观地获取数据。

三、评估研究及其发展

从国际上看，尽管评估的历史可以追溯到 17 世纪，但系统的评估研究始于 20 世纪初，对公益性的社会项目的评估出现得更晚。根据美国评估研究专家彼得·罗西、霍华德·弗里曼和马克·李普希等人的观点，评估是一项实践能力很强的社会活动，是社会科学研究的一个分支[①]。评估的兴旺和真正发展时期是 20 世纪后期，是随着社会研究方法的进步，研究技术尤其是计算机的发展，以及政治民主、意识形态的变迁等发展而发展起来的。因此，评估研究的兴起具有较强的政治经济背景和技术环境。政治上，为了社会的稳定，要求在实行民主体制的同时，增加社会福利的支出和公共事业投资，改善贫困人口的生活质量和生存条件；要求政府增加公共财政的投入，实现合理的二次分配。政府的投入显然是纳税人的钱，在民主体制下，政府对纳税人的资金使用是要有说法的，这就涉及政府对于税收的使用是否合理、有效率，公共投资项目的效果如何，等等。而要回答这些问题，就需要进行科学的评估。从技术背景看，社会科学的发展和进步、硬科学技术的发展，为社会评估提供了日益成熟的评估、计算方法和手段。总之，随着知识经济、信息社会的到来，评估事业和评估科学的产生和发展具备了充分且又必要的条件。

---

① ［美］彼得·罗西，霍华德·弗里曼，马克·李普希. 项目评估：方法与技术：第六版［M］. 邱泽奇，译. 北京：华夏出版社，2002：13-14.

在西方国家，评估科学、评估技术、评估产业迅速发展，成为促进社会公平、提高资源利用效率、确保实现大多数利益的重要途径。在中国，随着经济体制改革的深入和发展，国际化进程加快，日益融入世界经济政治格局，为了保持竞争活力，不仅要在经济领域追求效率，而且要求社会各领域保持协调、稳定、公平、持续发展。因此，通过科学的评估，尊重多数人意见，让多数人受益，也就成为了社会主义市场经济的应有之义。于是，20世纪下半叶，中国在经济、工程、产业等领域采用了科学评估的一系列理论和方法，重视项目的可行性研究（相当于科学性、经济性、技术性评估），一些新兴学科迅速兴起。有的学科虽然没有以评估的名义出现，但实际上主要研究内容是进行经济评价和分析，最典型的如技术经济，政策研究、咨询行业等。进入21世纪，随着经济总量的增加，政府财政收入快速增长，直接投资也呈现几何级数增长。为了改善民生和福利，一些社会项目在全国范围内广泛实施，客观上要求对这些项目的实施效果进行评估，也需要通过评估来改进项目的设计，达到科学立项、科学管理、科学实施的目的。

1. 评估研究是一项社会科学活动

最早对社会项目进行系统评估的领域是教育和公共健康。20世纪初，虽然近代科学革命导致技术大发展，并带来了3次产业革命，使物质财富得到空前的增加，但是，人们的科学文化素质、受教育水平还比较低，还不能使科学技术的力量得到充分发挥，社会面临的最大任务就是通过扫盲和职业培训，提高人们的文化素质；同时，通过实施公共健康项目，来降低病死率、减少流行病对人类的威胁。那么，这些项目实施的效果如何？是否达到了预期的目的，则需要通过评估才能了解。这样，20世纪30年代，社会科学家就致力于用一些严格的研究方法对社会项目进行评估，系统的评估活动变得越来越频繁。比较有影响的评估研究有：列文的"行为研究"、李普特和怀特的对民主和集权领导的研究，还有著名的"霍桑试验"——对工人的劳动生产率进行试验评估。其中，有些是对实施广泛的社会项目进行评估，例如多德的对中东地区把开水作为改善村民卫生条件措施的评估，也是传播效果评估的案例；有的是对政治、政策进行的评估，例如阿肯色的一位社会学教授对罗斯福新政进行的评估研究。

第二次世界大战期间，由于军事和宣传的需要，评估研究经常用于评估军人的士气、宣传技术的效果、媒体宣传在改变美国人生活习惯方面的效力、价格控制的效果等。在英国和其他一些地方，社会科学研究方法也被用来对社会项目、社会发展情况进行评估。

2. 评估研究的发展阶段

（1）评估研究的繁荣期。第二次世界大战以后，为了满足城市发展、房产开发、技术和文化教育、职业培训、预防疾病等的需要，各国实施的社会项目越来越多。同时，还有一些国际项目致力于家庭计划、农村发展、健康和营养。由于这些项目都花费巨大，项目投资方和项目管理者都需要知道项目实施的结果如何，效果怎样。这样，到了 20 世纪 50 年代以后，对社会项目进行评估变得十分流行，也成为必要。评估研究变得十分活跃，社会科学家们热衷于一些公益事业、公共项目的评估研究，并把这些评估活动深入社区、家庭。其他一些不太发达的国家，也仿效美国、英国的做法，开始重视社会项目的评估工作，评估研究风靡世界。渐渐地，亚洲的家庭计划、拉丁美洲的营养和健康、非洲的农业与社区发展等项目，都成为评估研究的重要内容。

20 世纪 60 年代，评估研究论著的数量急剧增长。海伊斯（Hayes，1959）阐述了评估研究在欠发达国家的发展，萨奇曼（Suchman，1967）对评估研究方法本身进行了回顾，坎贝尔（Campbell，1969）举例说明了社会实验方法。在美国，即使一般的非研究人员，也对评估研究产生了极大的兴趣，尤其是由约翰逊总统在联邦范围内发起的有关贫困的争论，更加引起人们的极大关注。于是，到 20 世纪 60 年代后期，评估在美国已成为一个成长很快的行业。

在 20 世纪 70 年代早期，评估研究已经成为社会科学界的一个重要学术领域。各类书籍纷纷出版，其中有教材、有评论、有对评估机构的讨论。1976 年创刊的《评估评论》（Evaluation Review）成为评估工作者广泛阅读的刊物。目前，评估方面的期刊已经有 10 多种。这一时期，学术界的热门话题之一就是评估研究。到 20 世纪 80 年代，"评估研究已经成为美国社会科学中最有活力的前沿阵地"（Cronbach, et al, 1980）。今天，在美国，虽然评估研究快速增长的时期已经过去，但在社会科学领域，评估仍然是很重要的学科，受到公共机构和私营机构的广泛支持。美国评估研究的主要期刊和专业组织详见表 0-1。

表 0-1 评估研究的主要期刊和专业组织

类别	期刊名称与所属机构／网址
期刊	Evaluation Review: A Journal of Applied Social Research (Sage Publications)
	Evaluation Practice, renamed (1988) American Journal of Evaluation (JAI Press)
	New Directions for Evaluation (Jossey-Bass)
	Evaluation: The International Journal of Theory, Research, and Practice
	Evaluation and Program Planning (Pergamon)
	Journal of Police Analysis and Management (John Wiley)
	Canadian Journal of Program Evaluation (University of Calgary Press)
	Evaluation Journal of Australasia (Australasian Evaluation Society)
	Evaluation and Health Professions (Saga publications)
	Educational Evaluation and Policy Analysis (American Educational Research Association)
	Assessment and Evaluation in Higher Education (Carfax Publishing Ltd.)
专业组织	American evaluation association (http: //www.eval.org)
	Association for public policy analysis and management (http: //qsilver.queensu. ca/appam)
	Canadian evaluation association (http: //www.unites.uqam.ca/ces-sce.html)
	Australasian evaluation society (http: //www.parklane.com.au/aes/)
	European evaluation society (http: //www.europeanevaluation.org)
	UK evaluation society (http: //www.evaluation.org.uk)
	German evaluation society (http: //www.fal.de/tissen/geproval.htm)
	Italian evaluation society (http: //www.valutazione.it)

战后评估研究领域之所以能够得到这样快的发展，主要得益于社会问题、社会过程和人际关系领域研究方法和统计应用的发展。同样，评估研究领域对复杂方法的需求，也刺激了研究方法的创新。尤其是测量和实地研究过程的细化，大大地改善了系统资料的收集；电子计算机的发展又为多变量复杂分析创造了条件。计算机技术的发展对评估研究的发展尤其重要，不仅使数据分析成为可能，而且也装备了数据收集技术。

（2）新科学的产生和评估的发展。20世纪70年代以后，随着人们对科技运用所带来的副（负）效应的认识，在大的工程计划实施中系统思想的发展和运用，新的更加复杂问题的产生和解决途径的开拓，人们对一些宏观问题，比如宇宙航行、太空探索、地球生态、气候变化等的认识和探索，一些新的科学和技术应运而生，其中最典型的莫过于"旧三论"（系统论、信息论和控制论）和"新三论"（自组织理论、耗散结构理论和灾变理论）的产生和运用，这些新的思想、理论、技术和方法，对评估研究也起到了极大的推进作用，尤其是计算机技术的快速发展，不仅使对一些大系统、复杂的社会工程进行评估成为可能，而且得以实现。评估活动不再局限于对一些物理工程和项目的价值评判、效益估算和影响评估，而是广泛应用到政策、社会、全球援助、生态修复等项目中，评估也在国家乃至全球事务中发挥越来越重要的作用。

（3）第四代评估的主要观点和技术。评估的目的是使政策决策、资源利用、项目设计、项目实施和延续变得更加有利于人的发展。在这样的意义上，评估研究应该是社会政策和公共行政运动的有机组成部分。

20 世纪 90 年代以来，由于社会项目支出庞大，在美国，联邦政府试图把一些社会项目转嫁给州政府实施，而州政府没有能力对所有的项目进行评估，这在一定程度上制约了评估的发展和运用。另外，随着资源紧缺日益严重，要求选择一些需要优先考虑的资助项目，这样，评估又显得尤其重要；同时，市场经济机制必然要求对那些成效不大的项目进行减缩，对社会资助项目进行慎重选择，这样评估结果就成为减缩与否的依据。即使是保留项目，在选择的压力下，也要求项目的运行更加高效、要求节省资源。因而，客观上又存在对评估研究的更大需求。

在经济全球化的情况下，迫使那些高福利国家缩减社会项目的开支以保持在国际市场上的竞争力[①]，发展中国家面临发展的压力，也会增加对社会项目评估的需求。

总的变化趋势是，进入 20 世纪 90 年代以来，评估工作变得日益本土化、更加全球性和跨国性，或者几种性质同时存在。本土化指评估研究在许多国家都得到了发展，用他们自己的设施、发展自己的理论和方法；全球化指世界上某个地区的发展，常常会影响其他地区的人、机构和项目；而跨国化指评估的问题和项目常常要超出某个国家、某个大陆甚至某个洲，譬如，环境保护问

---

① 特朗普任美国总统以来，美国大力收缩对外投资和资助，目的就是为了增加国内实力，提升对抗和竞争力。

题、气候变化问题、发展中国家的发展问题、妇女社会地位问题，还有我们现在所研究的科普问题等。

21世纪初，评估成为学习型组织、学习型社会建设的重要手段。在组织建设过程中，需要运用评估思维和方法，对组织机构和社会系统的运行情况进行评估，以发现问题，加以改进，达到学习、改变的目的。一些新的评估方法，尤其是定性研究或质性研究随之得到推广，一些简便有效的快速评估技术得到开发和运用，并日益成为评估的有效工具①。

目前，评估研究的持续发展首先主要源于决策者、项目计划者和行政管理者的推动。他们需要评估的结果来帮助决策和管理，并且认为评估结果是可信的。其次，公众和项目对象对评估工作的支持，也是评估研究发展的重要动力。尽管评估研究不能制造新闻，但却总能牵动老百姓，以及利益受到直接或间接影响的人。最后，评估消费者和资助者的支持也极大地促进了评估研究的发展。消费者观点的介入，使评估不再只是社会科学领域的研究工作，而成为政治和管理者的复杂活动。评估的目的就是，使政策决策、资源利用、项目设计、项目实施和延续变得更加有利于人的发展。从这个意义上说，评估研究应该是社会政策和公共行政运动的有机组成部分。

四、评估的运用领域

1. 政府项目的出现及评估的必要性

伴随社会项目和评估活动出现的是涉及社会和环境条件的责任，以及公民生活的素质等应该由政府负责的问题。第一次世界大战以前，公共服务基本上是个人和志愿者的义务和责任，他们与地方慈善组织、民间团体、收容所、地方性公立学校、慈善医院，以及养老院等一起，构成公共服务系统。

总的来看，20世纪30年代以前，政府承担项目的规模很小，这些公共服务和政府运作的规则也与今天大不相同。政府官员的选择往往不考虑客观的竞争性标准，也不考虑实施的效果好坏。但是，今天的情况已经有很大的不同，专门的公共服务已经成为政府的重要职能，由于财政成为紧俏资源，其支出需

---

① 从事评估工作的机构网站：http://www.realevaluation.com/，http://www.evaluativethinking.org/.

要考虑轻重缓急和效果好坏，政府需要优先资助那些能够带来更大利益的项目。这样，就对公共服务项目提出了管理的要求，包括计划、预算、质量管理、责任，以及成本收益分析等就成为科学管理的重要内容，效果的评价包括项目实施涉及的一系列评估工作，也就成为项目计划、资助和实施者需要考虑的内容。

现在，不仅公共管理中的政策分析和效果评估成为政府服务和管理的重要部分，而且，这些人员日益专业化，政府管理人员的后备军培养部门，如各类学校，也把这些管理课程作为必修课，政府内部成员也不断进行培训和技能化，以使整个管理工作走向科学化和效益化。因此，对评估重要性的认识，已成为政府官员和高级经理人员知识结构的一部分。在美国，联邦政府、州政府和各地方机构，都把评估工作以合同的方式交给大学、研究机构、咨询机构等，并且成为他们公共行政服务与管理的工作惯例。

2. 评估理论与实践相互促进

评估工作仍然具有较高的学术性，属于学术探讨和研究的范畴。评估人员的培训、方法的运用、对项目特点和效果的把握等，都需要进行一系列研究，才能使评估建立在科学的基础上。但是，作为一个学术研究与实践应用紧密结合的领域，当今的评估研究和实践已经远远超出了院校研究的围墙，成为政策制定、项目管理、项目对象维护等工作中不可或缺的组成部分。在今后的科普项目实施中，可能的趋势是，评估不仅是项目资助方的要求，而且是项目组织、实施方的日常工作。也就是说，从业人员要主动地进行评估，把项目实施的结果、效果客观公正地向资助方和纳税人作交代。这个工作有可能成为项目实施报告的重要组成部分。因为科普场馆作为科普活动的主要场所，在运行机制没有进行改革之前，项目的经费来源主要是财政资金，对资金的使用效率和项目的效果进行评估，也应该作为项目管理的主要内容。项目报告的写作、汇报等也需要言之有据，离不开或回避不了效果评估。因此，对评估的理论和方法有所了解和掌握，是对项目进行科学管理的需要，是项目追踪问效的要求，是争取更多项目资助的前提条件。

五、评估时代及其要求

尽管评估产生的历史很悠久——有人认为，自从亚当和夏娃在伊甸园偷吃了知识之树上的果实以后，人类就开始有了善恶是非观念，就有了评估①。但是，评估的流行历史却不是很长，大规模的运行也只不过是 20 世纪的第二次世界大战以后的事。但随着社会经济的快速发展，评估得到了越来越多的重视，其运用也日益广泛，许多世界知名专家认为，目前，全球评估时代已经到来②。

（一）评估时代的到来

随着民主决策的日益流行、科技的迅猛发展、项目的影响范围急剧扩大和深远，越来越要求通过评估来提高决策的科学性，保障公众的利益。目前，评估正欲风靡全球。这既是时代的需要，也是评估发展的结果。

1. 评估环境逐渐形成

评估环境逐渐形成主要表现在三方面：①国际国内对评估提出了日益广泛的需求。国际上从 17 世纪开始引入评估，20 世纪评估的范围日益扩大；国内，工程 / 经济领域的评估始于 20 世纪 80 年代的改革开放，尤其是 90 年代以后。②评估涉及的领域日益广泛，从政治、经济、军事到社会、文化的公益事业或项目。③目前，我国财政部已经明确提出，凡财政支持的项目都要进行跟踪问效。所谓问效，实质上就是进行评估。随着评估的深入，不仅要求资金使用的合理合法，还要看使用的效果如何。

从美国评估协会（American evaluation association）网站的公开信息可知：

（1）自 2001 年以来，美国评估协会的成员增加了 79%，从 3055 人增加到 5479 人。

（2）参加该协会年会的人数增加了 103%，从 1230 人增加到 2500 人。

（3）全球已经有 75 个国际和地区性的评估协会 / 学会。

（4）成立于 1999 年的评估合作的国际组织正致力于建立一个世界性的评估组织，构建世界性的评估社会环境。

---

① Hallie Preskill, Evaluation's Second, et al. A Spotlight on Learning ［J］. American Journal of Evaluation, 2008, 29（2）: 131.

② ［美］Egon G Guba, Yvonna S Lincoln. 第四代评估 ［M］. 秦霖, 蒋燕玲, 译. 北京: 中国人民大学出版社, 2008: 1.

（5）与此同时，世界范围内对评估知识/技术/技能的需求日益提高，很多机构要求聘用具有评估能力的雇员，各大学的研究生培养项目中，对评估项目的学生需求也与日俱增，尤其是一些非营利组织对评估的需求日益强烈。

所有这些，为评估提供了一个广阔的市场和很好的发展前景。

2. 理论、方法日益科学

科学评估需要采取科学方法吸收最广泛的民众的意见。尤其是一些社会性、公益性、群众性和利用财政资金的项目，更需要让纳税人满意。进入20世纪下半叶，评估理论和方法取得了较大的进步。目前，评估已经进入大数据时代，评估的目标不再追求某种单一的效果，也不依赖繁杂的指标体系。随着大数据、云计算时代的到来，技术上的数据获取和建立模型也日益客观和全面，但是真正左右评估真实性和效果大小的因素更加取决于对评估对象的认识深度。因为只有对评估客体有深入的了解，才能真实评估其功能和效果。

在科普场馆的教育项目中，很多项目的设计也建立在建构主义的理论基础上，评估既是对科技馆项目目标的测量，也可以依据评估对项目进行改进，进一步构建优秀的科普教育项目。在新时代背景下，面临着新的评估使命，这种评估既是建构的，又是协商的；既是主体的要求，也是客体的需要；是一种价值多元的体现和实现。即由评估活动的代理人、受益方、受害方共同进行一种价值建构，以决定事物的优劣。其优点是：不再局限于"是什么"及"真实性"的描述，而是一种利益相关各方通过互动而达成的共识，是一种真实的价值建构；评估结果不能脱离环境，共识既是一种妥协，也是一种环境适应，一种价值共建；这种建构不再是"纯科学"的方法（调查事实真相），而是要考虑政治、文化、伦理、情感等诸多因素；避免了与管理者的暧昧关系或者冲突。由于是通过协商达成建构，因而具有促进和谐的作用，具有导向性。

3. 评估要求不断提高

从宏观上看，评估质量不断深化：从追求增长到发展，从追求数量到质量，从单一指标到综合指标，注重可持续，强调人文价值。

评估范围迅速扩大：从经济领域向政治、军事、环境、社会等各方面延伸；类似科普的社会公益项目成为评估的主要实施领域。

政治上的要求：学习型社会、组织、建构理论的提出，建设创新型国家，提高国际竞争力，维护区域稳定与发展等，这些都为评估的发展和运用提供了广阔的前景。

伦理上的要求：环境变化带来的挑战，如全球变暖；生物伦理／安全，如基因工程和转基因食品；潜在的科技负效应危险；资源破坏和枯竭的威胁；科学与技术发展本身带来的伦理问题等。

所有这些问题都需要通过科学评估做出科学的判断，采取正确的对策、选择正确的道路。

（二）评估文化与评估环境

评估时代的到来，要求社会上的个人和组织充分发挥评估的作用，促进自身能力的提高，进而形成一种评估为中心的学习环境，进一步促进学习型社会、创新型国家的建设。笔者认为，要很好发挥评估的功能和作用，需要让更多的人了解评估的价值。同时，要通过"评估能力建设（ECB）"来促进其价值的实现。这包括提高评估的学习能力，发现新的改变和提高的途径；使评估真正提供有效的信息，让客户觉得值得花时间和资金来做评估工作。

1.加强评估理论研究，为评估实践提供理论支持

目前，世界评估理论研究主要注重几方面内容：评估标准、评估原理、数据收集和处理的方法、评估的公平和伦理、评估中利益相关方的冲突等。自20世纪90年代以来，评估理论范式发生了革命性的变化，从基于事实的评价，发展为基于现实的建构。在这种情况下，由于我国的评估研究尤其是社会项目的评估研究起步较晚，因此不仅需要加强基础理论的研究，也要关注世界理论前沿的动态，利用最新的研究成果，为我国的评估实践服务。

（1）评估标准

个体标准：根据个人喜好的评估，如饭菜的质量（品尝）、对人的好恶（情感，价值判断）等。

群体标准：社区、单位、团体的行为规范，如优秀、模范、害群之马等。

科学标准：根据事物的本质、功能、发挥的影响，设置指标，是一套综合反映影响效果的标准体系，用评估的术语叫指标体系。

要根据需要，研究这些标准的演变规律，科学地设置评估指标。

（2）评估原理。科学评估是基于科学原理、方法基础上的系统评价。它把个人的喜好、优劣判断转化为多数人共同的意见和比较一致的判断。体现的是多数人的意志。由此可以看出：评估有两个要素，即标准、可度量。

评估标准如上所述，至于评估原理，除加深对现有原理，如转换（曹冲称象）、头脑风暴、比较、群体舆论等的研究以外，还要结合社会科学发展带来的技术上的进步，进行更深层次的研究，如人的心理、社会习俗和文化等。

（3）评估伦理。所谓评估伦理，通俗讲是评估者的道德要求，一般指评估者必须遵守的职业操守。它对于评估的公正、科学、准确等是非常重要的。此外，还要求保护对象的隐私，不要有歧视等。

目前，这是评估界研究比较多、争议比较激烈的领域，也是评估研究的前沿工作。为此，美国评估协会制定了一系列伦理要求和评估守则。关于伦理的研究是十分重要的，缺乏道德约束，评估就可能成为某些人的遮羞布，成为造假的工具。

2. 关于文化冲突

实际上，评估冲突发生在评估的各个不同阶段，冲突的来源既有利益相关方对利益的不同诉求，也有管理方或者项目承担方对一些错误、短处的庇护，还有可能是评估方法的缺陷和数据获得的约束而产生的可信度问题。总之，对评估过程中可能产生的冲突需要评估者高度重视，尤其是需要重视那些非技术性问题而产生的冲突或者可能导致的可信度降低。这些因素很大部分是来自不同的文化和习惯，不同的政治见解，隐含的不同利益等。这就需要从理论和实践两个方面加以研究，通过研究形成一套工作机制，使许多冲突在萌芽中得到解决，使一些利益相关方在评估的设计阶段就被考虑到。同时，不断地进行实践经验的积累，为解决冲突提供可行的经验借鉴。

（三）提高评估能力，形成评估文化

1. 改变学习方法，提高学习效率

美国评估学家提出，美国每年用于正式培训的经费达 1000 亿美元以上，2005 年是 1090 亿美元，而培训内容都是事先决定的，受训者对于培训中的时间、地点、人物、内容、方式没有任何控制权和决定权。虽然这种培训对提高

职业能力是十分重要的，但是如果能够重新分配这些培训资源，能够把一部分资源用于评估性的学习途径，则效果将有极大的提高①。这种情况在中国的许多企业、政府机构中同样大量存在。其实，许多关于培训的理论和做法，往往是一种校外教育，仍然没有摆脱知识灌输的传统教育理论和模式，对提高职工的技能的具体效果，并没有人进行具体的研究。如果把其中的一部分经费用于评估性的学习和研究，效果可能更好，原因是这种结合评估的学习和培训更有针对性。

2. 营造崇尚评估的社会环境

从社会大环境看，从20世纪90年代末以来，我国确定了建设学习型社会、建设创新型国家的发展战略。在这种大背景下，评估的社会环境已经开始具备。因为，无论是建设学习型社会，还是建设创新型国家，都需要通过评估这条途径。评估的基本功能之一，就是学习和改变。通过评估获得的学习才是真正的学习。同时，评估又是创新的基本方法。评估本身就是一种建构，为事物的发展提供方向，能够从瓶颈处突破，从而实现创新。所以，即使目前认识评估与创新和学习的关系的人不是很多，但迟早大家都会认识到评估的这种功能。虽然目前的一些评估活动是为了应付项目管理方或股东的要求，还没有自觉地利用评估的有效功能，但是随着认识的深入，大家会自觉地利用评估的手段来达到改进和学习的目的。这样，就会在全社会形成一种崇尚评估的学习环境。从科普实践来看，目前，科普项目的发布、实施单位已经明确要求评估，大型项目已经进行评估实践，评估已经成为规划、计划的组成部分；一些基层单位发布和承担的科普项目也在逐渐地跟随评估。可以说，全社会崇尚评估的社会环境正在形成。

3. 学习评估和从评估中学习

虽然评估历史悠久，简单的评估也几乎人人都会，每天都在进行，但是要真正地进行科学的评估，使评估形成习惯，并不断地通过评估达到学习和提高自身的目的，还需要进行系统的学习，包括学习一些评估的理论，掌握评估方

---

① Hallie Preskill. Evaluation's Second act: A Spotlight on Learning [J]. American Journal of Evaluation, 2008, 29（2）:131.

法，并通过实践形成一种评估思维。这样，就能不断地从评估中学习。反之，也会通过学习评估，促使评估行为规范化和实践化。这不仅是自身发展的需要，也是适应时代发展要求的正确途径。

六、开展科普场馆展教项目评估的必要性

科普场馆是开展科普展教项目的主要场所。在众多的科普场馆中，科学技术馆（简称科技馆，在国外更多地被称为科学中心）具有较长的面向青少年开展科普教育的历史和传统。科技馆经过100多年的发展，已经成为科学文化的重要设施，成为科学传播的重要阵地，科学教育的重要方式。在国际上，美国、加拿大等国家在建造科技馆的实践中为了更好地实现科学传播功能，取得较好的教育效果，更加注重展品研发、注重观众的动手操作和实验制作；博物馆也从主要以收藏为主转化为研究和教育。我国的科技馆发展自2006年以来进入一个快速发展阶段，尤其是《科普基础设施发展规划》和《科技馆建设标准》颁布以后，科技馆的建设和发展理念发生了变革，更加重视科技馆的办馆理念，在开发展教活动中，不仅重视专家的意见，还重视调查了解公众意见，与公众平等交流，努力把科技馆打造成地区内非正规教育的主要部门。

1. 评估是检查科普场馆履行职责的有效手段

根据《中华人民共和国科学技术普及法》有关规定，"各类学校及其他教育机构，应当把科普作为素质教育的重要内容，组织学生开展多种形式的科普活动。科技馆（站）、科技活动中心和其他科普教育基地，应当组织开展青少年校外科普教育活动。"与学校密切配合，提高青少年科学学习效果是科技馆的重要职责。

据统计，2016年我国共有科技类博物馆（含建筑面积500平方米以下的）920座。截至2017年年底，全国建成科技馆总数达192座，正在建设中的科技馆130余座[1]。虽然我国的科技馆的数量还无法与发达国家相比，但近年来无论是新建的科技馆，还是改造后的科技馆都在场馆建筑规模、配套设施等方面达到了国际先进水平。这些科普场馆都是利用财政资金建设起来的，理应承担科

---

[1] 数据来源于中国科技馆2017年全国科技馆调查资料。

普和科学教育的职责。但是，这些场馆是否履行了职责，是否得到了纳税人的认可，公众的满意度如何，都需要通过科学的评估得到正确的信息。

2. 评估是确保科普场馆功能实现的有效机制

从科普场馆的功能定位看，这些场所"是以展示教育为主要功能的公益性科普教育机构。主要通过常设和短期展览，以参与、体验互动性的展品及辅助性展示为手段，以激发科学兴趣、启迪科学观念为目的，对公众进行科普教育；也可举办其他科普教育、科技传播和科学文化交流活动"。

既然科普场馆的功能主要以展览教育为主，通过展览和可互动的展品，鼓励公众主动参与普及科学知识的活动，那么在展览教育之外，开展各种主题、形式的科普教育活动也是科普场馆提高公众科学素质的重要形式。那么，科普场馆如何提高科普教育活动的效果，有效提高公众尤其是青少年的科学素质？科普场馆的功能发挥得如何，能否满足公众需求，能否与学校正规教育相结合等，需要通过科学的方法进行评估，才能有针对性地了解情况，发现问题，不断改善，并促进其教育效果的提高。

3. 评估成为科普展教活动的重要组成部分

在世界范围内，对公益类、非正规教育场所的效果进行评价和评估已成为项目管理的重要内容。评估不仅为政府和各类社会资金的资助提供科学依据，而且为改进项目管理、提高项目运行效率提供支持和保障。近年来，国外的大型科学节、科学年活动的评估工作已相对制度化。2005 年，德国联邦教育研究部委托相关机构对"爱因斯坦年"的科学年活动进行了评估，自此德国科学节形成了一套较为完善的评估体系。2005 年以来，英国科促会每年采用内部评估或委托专业评估公司对科学节进行总结性评估，进行经验总结、提升工作团队的总体实力。维克多·丹尼洛夫（1989）在《科学技术中心》中最早提出了科技馆科普效果评估的问题：他指出当时只有相当少的机构从学术的角度出发，认真地估量了博物馆的效益。

近年来，我国一些大型的科普设施、科普活动、科普项目，逐渐引进评估；一些科技馆为改善学生团体参观效果不甚理想这一问题，不断探索借鉴国外、港台地区的一些做法，联合主管教育的部门、学校等资源单位，共同开发设计基于展览的参观活动单，并结合建构性和协商式评估，从机制上确保科普场馆展教功能的发挥和效果呈现。

2005 年，我国首次对科技馆常设展览效果进行了评估，构建了一套评估的指标体系，采用案例的形式对评估框架进行了验证，为今后展览效果的评估提供了实践经验。2010 年开始，中国科普研究所对我国的科普日、科技周的主场科普活动进行评估，为改进活动和提高活动效果提供了重要的依据。

目前，我国的大型科普活动的评估已日趋制度化，基于 2007—2012 年"全国科普日北京主场活动""全国科技周北京主场活动"等大型科普活动的评估实践，针对科普活动效果开展评估的理论逐渐成熟、方法不断改进，尤其是积累了丰富的评估实践经验。现在每年的全国科普日活动中，评估都是不可缺少的重要环节。

七、本书的使用

1. 本书的结构

本书从评估的一般理论开始，逐渐接近科普场馆展教项目评估，并涉及场馆科普项目的评估。场馆科普展教项目评估采取理论与实践相结合方式呈现，力求通过案例进行直观的说明，以使读者能够依据理论实施评估。

第一章场馆科普概述，简单介绍科普的概念、起源、发展、未来趋势，场馆科普和科普场馆的概念及其差别，现代科技馆及其形式丰富的教育项目，并论述了科技馆教育项目评估的必要性。第二章科普及其场所也就是对科普场馆进行介绍；对教育项目评估做了较为全面的介绍，包括评估应遵循的原则、对评估者的要求、评估的不同类型及其案例、评估面临的挑战，以及评估中的伦理要求。该章主要为面向那些不熟悉教育评估基本知识的读者而作。第三章回到了评估的具体情境——科技馆中的学习。在探讨"什么是学习？"的基础上，该章阐述了有关学习的基本理论，着重分析了对场馆学习有直接贡献的相关理论，探讨了科技馆中学习的本质特征，以及它与学校学习及其他非正式环境中学习的差异。该章主要为读者开展具体的评估提供理论上的指引。第四章讨论了"评估什么？"的问题，介绍了结果导向和过程导向的各种评估框架，以及在评估实践中如何构建评估指标体系。第五章回答了为评估实战需要做哪些准备的问题，包括评估计划的拟订、项目目标的陈述与评估方法的选择。第六章到第十一章介绍了各种评估中的资料收集与分析方法，主要包括观察法、跟踪计时法、访谈法、问卷调查法等，并引用了多个案例对概念学习的评估及特定类型教育项目的评估进行介绍。最后一章介绍了评估报告的撰写。附录部分提供了很多实用的资料。相信经过本书的系统学习和实际操练，读者一定能够具备在非正式环境中开展教育项目评估的基本能力。

2. 本书的读者对象

本书的期待读者主要有四类：第一，科普硕士以及科学教育相关专业的研究生和本科生。第二，科技馆行业中的从业人员，尤其是项目设计人员和实施人员，包括专门的展览展品设计单位、科教资源与媒体设计单位，以及教育活动开发单位的专业人员。第三，其他非正式科学教育行业的从业人员，包括各种综合及专题类博物馆（比如自然历史、地质、天文、航海、交通、通信等等）、植物园、水族馆、动物园等的项目设计人员。第四，非正式科学教育领域中的学习与研究者，包括大学和研究所中的研究者、行业主管部门中的领导、对观众研究特别感兴趣的人士等。

希望本书能起到抛砖引玉的作用。

第一章
场馆科普概述

　　场馆科普教育是科普的主要形式之一，是科普场馆的主要功能，是社会经济发展到一定阶段的产物。科普的产生首先是科学技术自身发展的内在要求。当科学的发展要求打破旧的社会观念，冲破传统观念的束缚，需要更多的人了解、理解和支持新的进步观念时，就需要通过科普技术[①]向公众宣传普及，以得到更多人、更大范围的支持、理解和接受，新的观念才能得到更快更好的发展。科普不仅需要创作好的作品，更需要有适当的表现形式、传播渠道和承载平台。科普场馆就是现实当中承载、传播、表现科普内容的重要场所和平台。

　　当今世界竞争日益激烈，然而，竞争的焦点实质上表现为科技的竞争、人才的竞争，因为人才是第一资源。科普既是培养科技人才、吸引人才进入科技领域的重要手段，又是科技事业的重要组成部分，是创新发展的两翼之一[②]。因此，新时代的中国，比以往任何时候都需要科普的大力发展，发挥科普的政治、经济、文化、科技、教育等社会功能，为实现中华民族伟大复兴的中国梦做出应有贡献。但是，科普的发展取决于社会、经济和文化发展的需要，取决于社会、各级政府对科普的重视和投入程度，也取决于科普资源的利用效率。

[①]　科普技术指用通俗易懂的作品传递科技内容的方式方法，包括科普创作、科普传播、科普教育、科普宣传和推广等多种技术。

[②]　习近平主席在 2016 年 5 月 30 日的"科技三会"（科技创新大会、两院院士大会、中国科协第九次全国代表大会）上明确指出："科学普及、科技创新是创新发展的两翼，要把科学普及放在与科技创新同等重要的位置"。即科普是创新发展的一翼。

这就要求我们运用科学的手段来促进科普资源的有效利用，使有效的资源发挥更大的效率。本章所介绍的场馆科普效果评估的有关理论和方法就是为满足这一需要编写的。

第一节　科普的产生、发展及特征

众所周知，近代以来，科技是社会发展与进步的主要推动力。这种推动作用的发挥需要通过科普和传播来实现。科学技术对社会进步的推动作用，不仅体现在能够给人们带来物质上的富裕，同时也体现在其蕴含着进步的思想和精神。这种思想和精神如果为社会大多数人所认同、接受，就会转化为一种先进的文化，也就是科学文化。它是社会文化的重要组成部分。从长远的观点看，科学文化对社会经济发展起着基础性作用。这是因为，经济的发展取决于生产力的发展，而生产力的发展取决于劳动力素质的提高和生产技术的进步。随着近代科学技术的兴起，科学技术的生产力作用日益重要。世界需要用科学技术来武装人们、提高劳动力的素质，用科学技术来改进生产工具、改善劳动手段，而科学技术又主要掌握在一些专家手中，为了让更多的人能够掌握科学知识和技术，就需要通过一些手段，进行培训和传播。因此，科普本身就是一种社会和文化现象，是社会进步的客观反映，同时，又是推动社会进步的有效手段，是连接科技与社会的纽带。科普场馆就是其中公众认识和理解科学技术的重要平台之一。科普从产生之日起，组织上伴随着学会、科技团体的诞生，场所方面则主要是各类场、馆、站、中心的兴起，科普场馆在科普发展的历史上发挥了重要作用，而且至今仍然是科普的主要阵地。

一、科普的产生及本质特征

科普是科学技术普及的简称，其内涵随着社会发展和时代进步，不断丰富和发展。科普的概念出现于1836年的欧洲，原意是"以通俗的形式讲解技术的问题"。目前，科普的概念和内涵都发生了很大变化。从概念看，科普的称谓很多，我国就有科学知识普及、科学普及、科技普及、科学和技术知识普及、科学和技术普及、科学传播、科技传播、科学大众化等多种概念和称谓，而且这些概念和称谓在内涵上还存在很大的差异。其实，这些细分的概念内涵通常指的不是一回事，不过相互多有交叉，具有相关性。

从本质上看，科普是人类科学活动的一部分，属文化范畴。科普又是一项复杂的社会活动，科普的社会过程表现为科学技术的扩散和转移，进而实现形态的变化。科普是一个多因素、多层次的整体系统，并从属于社会经济环境（社会环境、经济环境、自然环境等）大系统，而且这些因素之间、因素与系统之间、系统之间相互联系、相互作用。把科普作为一个系统，一个以公众为中心、有明确目的的系统过程，一个社会经济环境大系统的一个子系统来考察定义，比较符合当前国际科普发展的特征和趋势[①]。

从国际上看，科学及其精神在文化层面的传播可以追溯到古希腊，即公元前3世纪左右。近代科学的产生及其传播普及始于文艺复兴和启蒙运动，传入中国或者在中国的普及开端于20世纪初。近现代科学技术进入中国以来，在不同的时期发挥着重要作用。与此相应，科普在我国的不同时期也承载了不同的使命，从20世纪初的通过科普来实现科技救国，到20世纪中叶中华人民共和国成立以后通过科普树立科学技术是第一生产力的理念，实现科教兴国；到21世纪初，明确提出大力提升公民科学素质，以实现科技强国，建设世界科技强国等。在这个过程中，科普的概念和内涵都在不断发生变化。尽管在科普概念变化和称谓上存在较大争议，但从内涵上看，从初期的科技知识普及，到"四科"即科学知识、科学方法、科学思想和科学精神，再到"四科两能力"，即包括了参与科技决策和处理科技公共事务的能力。21世纪，中国共产党第19次全国代表大会上，把科学精神摆在科普的首要任务上，明确提出"加强思想道德建设，要弘扬科学精神，普及科学知识，开展移风易俗、弘扬时代新风行动，抵制腐朽落后文化侵蚀"。因此，科普在中国具有特殊的使命和意义，从称谓上看是具有中国特色的，具有政治性、群众性和科学性。

---

① 中国科普研究所,《中国科普效果研究》课题组. 科普效果评估理论与方法 [M]. 北京：社会科学文献出版社，2003：1.

由此，可以将科普定义为：科普是为满足经济社会的全面、协调、可持续发展，以及个人的全面发展的需要，在一定的文化背景下，国家和社会把人类在认识自然和社会实践中产生的科学知识、科学方法、科学思想和科学精神采取公众易于理解、接受、参与的方式向社会公众传播，为公众所理解和掌握，并内化和参与公众知识的构建，不断提高公众科学文化素质的系统过程。

二、不同语境下的科普定义

目前，对科普的认识存在较大差异，至少在理论上处于"公说公有理，婆说婆有理"的状况。但总体上来看，现有的科普定义只是角度不同，主要有教育学、传播学、科学学、行为实践、法律定义等不同的角度。这些观点几乎完全不同，蕴含的科普理论基础和学科发展方向也有很大的差异。

1. 教育学定义论

这种对科普的定义倚重于教育学，如《科普创作概论》把科普定义为："科普就是把人类已经掌握的科学技术知识和技能，以及先进的科学思想和科学方法，通过多种方法和途径，广泛地转播到社会的有关方面，为广大人民群众所了解，用以提高学识，增长才干，促进社会主义的物质文明和精神文明建设。它是现代社会中某些相当复杂的社会现象和认识过程的概括，是人们改造世界，造福社会的一种有意识、有目的的行动。"

2. 传播学定义论

这种科普定义基于传播理论，认为："科普活动是一种促进科技传播的行为，它的受传者是广大公众，它的传播内容有三个层次，包括科学知识和适用技术、科学方法和过程、科学思想和观念。科普活动要通过大众传播，从而达到提高公众科技素养的效果。"

3. 科学学定义论

这种科普定义认为，科普是科学事业的组成部分，是科学研究的延伸。"科普就是把人类研究开发的科学知识、科学方法，以及融化于其中的科学思想、科学精神，通过多种方法、多种途径传播到社会的方方面面，使之为公众所理解，用以开发智力、提高素质、培养人才、发展生产力，并使公众有能力参与科技政策的决策活动，促进社会的物质文明和精神文明"。

4. 法律定义论

这种流派对科普的定义主要站在法律适应性角度。2002年6月29日颁布的《中华人民共和国科学技术普及法》第二条规定："本法适用于国家和社会普及科学技术知识、倡导科学方法、传播科学思想、弘扬科学精神的活动。开展科学技术普及，应当采取公众易于理解、接受、参与的方式。"这实质是对科普进行了一个法律运用范围的界定。

5. 科技与社会关系论

这种科普定义主要借用了国外公众理解科学运动的理念，认为科普就是科学家与普通公众之间的相互交流过程。一方面，科学家要以平等的姿态与普通公众一起探讨解决科学技术与社会发展之间出现的各种问题，使公众理解科学；另一方面，科学家也要理解公众，科学已不仅仅是科学家的科学，而是全社会的科学、全社会的事业，公众具有参与政府对科技发展及政策的决策权。

6. 现实需要论

这种科普定义是基于科普的词义，认为科普就是科学技术的普及推广，比较笼统和概括，且具有较大的不确定性，比如，内容上是开放的，不同时期有不同的重点，可以依据不同时期的需要来确定科普的内容。

笔者把科普看成一个系统，一个以公众为中心，具有明确目的的系统过程，同时又是把科普看成是经济社会环境大系统中的一个以公众为中心的子系统。对于社会经济环境这个大系统，科普是子系统，是介于人和社会经济环境系统之间的变量，人与自然、人与社会的关系协调，则需要视科普系统功能发挥的大小来决定。通过科普系统的功能发挥，提高公众的科学文化素质，达到人与自然、社会的全面、协调、可持续发展的目的。

三、科普系统观

科普具有复杂的内部结构，是遵循一定运行规律的社会系统。公众对科学技术的强大需求形成了科普发展的拉力；科学技术的不断发展需要转化运行、需要公众支持，形成科普的推力；科学共同体内部对新知识的需求和被同行认同，形成了科普的传播力。这些力量共同推动了科普事业的发展。科学共同体作为知识生产和供给侧，与普通公众存在一定的知识落差；公众对知识的多元化需求，构成了科普千变万化的结构——内容和形式的组合。科普系统实际是一种信息流变的系统，它是把科学家群体所获得和拥有的科学知识、科学方法、科学思想和科学精神，以及对科学、技术与社会的了解情况，通过科普工作者运用各种手段传送给公众，并内化为公众自己的素养、能力、思想、道德、观念、信念等的系统过程。

科普作为一项社会实践活动，涉及面宽，影响因素多，服务对象广。它既含有在什么背景下科普，要达到什么科普目标，谁来进行科普，普及什么内容，采取什么方式，普及对象是谁，取得什么效果等诸多要素，又有青少年、农民、城市居民、领导干部、企业员工、部队官兵等不同对象的人群细分和层次需求。这些要素依据一定的需要组成子系统，并进一步构成科普大系统。所以，科普的构成要素、层次、子系统等结构性质完全符合系统理论的一般属性，把科普作为系统来考察也是正确的路径。

系统一般由要素组成，具有整体性、层次性、结构性、协调性，科普系统也不例外。从实践看，科普系统主要由科普背景、科普目标、科普主体、科普对象、科普内容、科普载体、科普效果等要素或子系统构成。

1. 科普背景

科普背景是指科普活动所处的内外环境。它是科普系统赖以存在的环境基础，在相当程度上决定和影响着科普目标、主体、对象、内容、载体、方式和效果等其他要素。

大到一项国家科普计划或行动，小到一项具体的科普活动、一个科普项目、一种具体的个人科普行为，都是在特定的科普背景下进行的。科普背景规定了科普活动的条件需求、工作定位、目标对象、内容形式、资源丰歉等。科普背景是科普环境的一种预设，人类的科普活动离不开适时实地的科普背景，不根据科普的特定背景因时因地制宜，科普就难以达到预期目的。

2. 科普目标

科普目标是科普活动的目标指向，是科普活动的期望值。分析科普背景，明确科普的环境条件和社会需求，目的是确定合适的科普目标。

科普目标有总目标和具体目标之分。总目标是关于科普的全局性、整体性的要求，一般体现在科普工作的总体规划中。具体目标是针对具体科普活动而言的，是指具体科普活动在整体科普中要求的任务，应当完成的指标和最终的结果，它一般体现在具体科普活动的计划中。对于科普场馆中的科普教育项目，不同的项目，其教育对象、目标要求都是不同的，只有针对不同的教育群体设计不同的教育目标，才能因材施教，才能达到预期目的。

3. 科普主体

科普主体是指构成科普系统的主要部分，是科普的实施者，主要是指科学家共同体，以及科技工作者组成科普组织和科普工作者。科学家共同体是科学技术产生的源头，是科普传播的源头。他们依据政府要求和自身需要，发起和参与科普活动，是科普活动的实施者。科普是一项庞大的面向公众的社会系统工程，需要严密高效的科普组织系统来运作，需要亿万科普工作者的共同参与。科普组织和科普工作者往往是科普活动的发起者，没有科普组织的运作和广大科普工作者的积极参与，科普活动就无法开展，科普活动也无法推进，更谈不上发展科普事业。

4. 科普对象

科普对象包括所有公众。科普对象相对科普主体而言，是科普的客体，它是指科普主体作用的对象，即科普的受众。科普对象可以细分为青少年、农民、社区居民、领导干部、科教人员、企业员工、部队官兵等科普目标群体。

5. 科普内容

科普内容是指科普活动中传递给公众的科普信息和知识，它是公众科学素质的基本构成因素。科普活动能否指向目标和取得成效，关键在于科普内容能否符合科普目标的要求，是否符合公众科学素质提高的要求。

6. 科普载体

科普载体也称科普媒介（与一般的传播媒介性质相同），是承载科普内容的平台、场馆、传播工具等。本书的科普场馆也是重要的科普载体，不仅可以开展各种科普活动、展览、培训等，还可以虚实结合，把所做的科普教育项目通过网络传播，实现线上线下结合。在科普过程中离不开科普载体，科普载体对科普所涉及的范围大小和期限长短，以及科普的效果等产生极大的影响。科普载体按表现形式可分为语言声音载体，图书、报刊类载体，影视声像类载体，实物载体，网络类载体，基础设施类载体等类型。

7. 科普效果

科普效果是指科普活动体现科普功能的实际结果。由于科普是一个复杂的系统过程，其效果表现是多种多样的（图1-1）。既有直接效果，也有间接效果；既有局部的、个体的效果（某个人、某个地区科学素养的提高等），也有整体的效果（整个国家、民族的科学素养的提高和改善等）；既有单方面的效果（如某种知识、技能的获得），也有多方面的综合的效果（观念的改变、人力资源素质的改善等）；根据这些效果在不同领域的表现，可分为社会效果、经济效果、文化效果、环境效果、科技效果等（图1-2）。

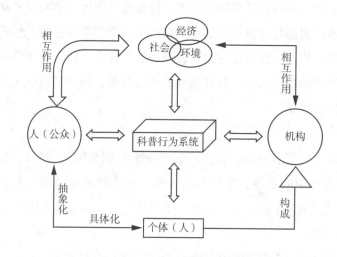

图1-1 科普行为与效果表现

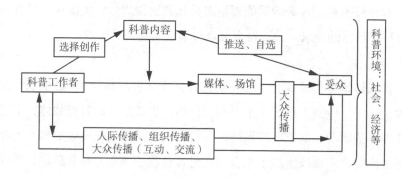

图1-2 科普的系统流程及边界

四、新时代科普发展态势

人类社会进入 21 世纪，呈现出一系列新特征，尤其是科学技术本身的发展，不仅要求得到社会的认可和运用，也要得到公众的理解，才能保持科技、经济、社会、环境的和谐可持续发展。因为这是一个经济全球化、科技创新国际化的世纪，是一个科学技术迅猛发展、知识经济为主流的信息化世纪，是一个要求人与自然、经济和社会全面、协调、可持续发展的世纪，是一个以国家综合实力和民族素质为焦点、国际竞争更加激烈的世纪。在新的世纪，科普必将呈现出新的发展态势。

1. 现代科技与科普发展

科学技术的高速发展，把人类社会推进到一个知识化、信息化、智能化时代，地球成为一个小村落。经济全球化趋势日益增强，国家和民族间越来越主要围绕科技创新和民族素质进行竞争，从而也更加凸显科普的作用。现代科学技术的发展，不仅为社会经济的发展提供了新动力，也为科普的发展提供强大的技术支撑，科普已经从线性传播变成网络传播，从单项技术发展为媒介融合的集成技术。

随着科学技术的快速发展，知识生产和流动的速度日益加快，整个社会的知识容量急剧膨胀，我们正处于一个知识爆炸的新时代。在这个时代，人类的知识积累和更新速率越来越快，每过 10 年，人类所取得的科研成果和知识总量就比过去所有时代的总和还多。处于这样一个时代，面对信息的裂变，要找准生存和发展之路，必须学会学习，必须进行终身学习。科学技术的发展和学习的变化给科普带来了革命性的变化。

在科普方式上，现代社会，凡是媒体，特别是电子媒体都有可能是"老师"。学习材料更多的是文字、图像、声音、视频、虚拟现实（VR）、增强现实（AR）、混合现实（MR）等结合的多媒体、超媒体、融媒体、智媒体等复合形式，使多种感官通道参与学习。随着传播技术的高度发达，科普将成为一个愉快的过程，成为寓教于乐、做中学、玩中学、互动交流式学习的愉快而高效的过程。

在科普时空上，随着互联网、信息化、智能化的发展，科普场所得到极大的拓展，不仅学校、家庭、社会教育的界限日渐融合，整个社会成为一所"大学校"。即使在科普场馆中进行教育学习，也完全摆脱了传统上的被动讲解、观看游戏模式，而是融入式、沉浸式的学习模式。由此可知，教育效果也将得到极大的提升，在评估的方式上、技术上也将发生很大变化，比如在数据采集上，可能完全采取大数据分析，电子跟踪互动等，评估结果更加真实有效。

在学习内容上，现代科普不仅要普及谋生的知识技能，更要学习创造性的思维方法，强调科学和人文的融合，弘扬科学精神为主线，注重构建全面素质的提升，特别是生活素质和心理素质，注重成功素质潜能的开发训练。

在科普方法上，科普主要不是记忆大量的知识，而是掌握学习的方法，知道为何学习，从哪里学习，怎样学习。信息化、智能化社会为全体公民提供充裕的科普资源、渠道、路径。

在科普目的上，不再是为了考试，为了升学，而是在全社会培育科学文化。因此，科普场馆的文化功能将得到进一步发挥。

2. 新时代与科普发展

中国社会经济发展进入一个新的时代，新时代面临着许多新问题、新挑战、新机遇。从国际上看，全球化已经成为不可逆转之势，尽管目前还存在局部的利益保护和冲突，以及短期的逆全球化行为，但从全局看，和平与发展是主流，依靠技术进步、走内涵式发展道路是趋势。随着新的科技革命和产业革命的到来，已经使经济发展的战略资源由主要为土地资源、劳动力数量、资本存量等物质资源，逐步向以人的知识、能力和技术水平等为主要内容的人力资源转变；所谓"人才是第一资源""科技创新是第一动力"，当今社会，国家和民族间的竞争、地区间的竞争乃至企业间的竞争，越来越明显地表现为劳动者素质的竞争。经济全球化将对国民素质提出新的、更高的要求。

全球化使我国的科普面临挑战，这种挑战主要来自技术的快速发展与人口素质尤其是科学素质、创新能力偏弱的矛盾；知识的快速流动、传播与知识产权保护之间的博弈，以及经济结构和产业结构调整与社会发展的要求之间不协调的矛盾。科普是一项全局性、战略性和基础性工程，是一件润物细无声、久久为功的长期性、群众性、基础性工作，必须从国家和民族发展、经济建设全局等高度来分析全球化对科普所提出的挑战。

一方面，全球化将给我国教育领域带来良好的发展机遇。即将进一步激发人民群众对科普的需求；促进我国科普进一步对外开放，更好地学习外国经验；有利于吸引海外资金和优质科普资源，补充我国科普资源的不足，促进科普事业的发展；在科普领域引入新的竞争机制，推动我国科普体制改革的深化，使我国科普更适应社会主义市场经济的要求，更加适应建设社会主义先进文化的要求，顺应科普发展的世界潮流；对依法行政提出更高要求，推动科普法制化水平的提高。

另一方面，全球化对我国科普的挑战也同时存在。例如，维护科普主权的任务十分艰巨，科普市场的竞争加剧（首先是科普产品将受到很大挑战），科普的地区不平衡性加大，就业结构性矛盾使科普的任务加大。同时，由于我国科普产业发展十分落后，国外的一些科普教育机构会快速占领我国市场，从长期看，不仅不利于主权利益的维护，还会导致整个科普事业的性质发生改变，不得不引起高度重视。

3. 信息化与科普发展

信息化将给科普带来一场革命性的变化。截至 2017 年年底，我国已经有 8 亿名网民，平均人手一部智能手机，手机拥有率已经达到 100%。在这种情况下，几乎人人都是媒体人，人人都是信息的传播者和接收者。信息化使人们极大方便地获取信息的同时，也给人带来很多麻烦——信息真假难辨、碎片化、庸俗化等，这种情况使科普面临新的机遇和挑战，必须认真对待。

科普方式的移动、精准、泛在，为科普拓展了更加广泛的空间和时间。以互联网为主要标志的信息发展给科普发展带来了革命性的变化。通过互联网进行科普，有着与传统传播方式不同的特性。互联网是一种双向交互式的新型传播媒体，其传播范围的广泛性、传播内容的丰富性与生动性、传播的互动性和开放性、传播的超链接性和及时性等将深刻地推动着科普的发展和变革。

新媒体成为科普的主角，极大地缩短了科普距离，提升了科普效果。网络科普活动是科普专门化与手段现代化的最佳结合，是对科普机构、电子图书馆、图书情报机构、远程教育功能的高度集成；网络科普具有虚拟资源优势，就全局来说，投入少，效益好，共建共享；充分发挥和利用了国内外网上资源；

实施迅速，科普效果好。

媒体融合成为信息化的发展趋势，科普呈现形式也日益多样化、融合化。基于互联网开展科普已经成为国际、国内科普工作的一个主要发展方向，正在引起国家有关部门及科普工作者的重视。我国已经明确把信息化作为科普的重要技术支撑，以解决科普"最后一公里"和精准科普、公平普惠等问题，努力保障知识获取和使用这项人类生存的基本权利。

4. 文化繁荣与科普发展

全球范围的日益频繁的文化交流，不断为现代科普发展注入丰富的文化内涵。科普本身既是科学文化建设的重要基础工程，又是在特定文化环境中开展的，文化与科技融合已经成为中国政府倡导的重要方向。因此，在科普发展过程中，与各种文化融合发展，借船出海，借风扬帆，对于科普发展至关重要。

在科普理念上，一种基于全民性、互动性、全面性、多元性的现代"大科普"理念正在兴起。这种理念把科普视为全社会、全体公众共同参与的行为，而不是少数科学家的事情；把科普视为科学产生、传播、理解和接受的全过程中的一个环节和重要组成部分；把科普视为满足人的全面自由发展的内在要求。

在科普人文方面，现代科普不仅强调科普对人力资源的开发，振兴经济、发展科技的强烈的功利价值，以及对"人"的养成的人伦教化、文化传递、社会整合等非功利价值。同时，科普的社会责任也日益受到重视，强调科普的人文、人道价值，倡导保持科普的人文价值和人文内涵，防止科普的失衡和异化。

在对待公众上，现代科普注重科普的供求平衡，以满足公众的科普需求为中心，"急公众所急，供公众所需"；注重把科普融入公众的物质生活和精神生活，群众运动式、灌输式、指令计划式、居高临下式的以"教"为中心的传统科普模式正在被扬弃，社会极力推崇公众易于接受、能够理解、丰富多彩、雅俗共赏的现代科普形式。在互联网时代，公众不再是被动科普的对象，而具有集传者和受者于一身的特征。因此，科普不再是科学家的专利，而是公众的社会形象，只要掌握必要的科普技术，都可以成为科普人。相应地，如果不具备科普技术，即使是科学家，也不一定能做好科普，不一定能成为科普人。

第二节　科普场馆与场馆科普

场馆科普是科普的主要形式，也是科普与教育融合，与文化融合的主要形式。而科普场馆是科普的重要场所和阵地，是重要的科普基础设施和科普资源，也是一个国家和地区科普能力的重要体现。

一、科普场馆

1.科普场馆的概念

科普场馆是科普内容的主要载体，是承载科普资源、开展科普活动、举办科普展览、进行科学探索的主要场所，包括科技馆、科技类博物馆、各类动植物园、海洋馆、水族馆、科普基地、青少年活动中心、基层科普站（室、厅、宫）等。在我国，科普场馆承担了主要的科普任务，发挥着重要的科普功能。各级政府充分重视科普场馆在科普事业发展中的作用，从计划、规划、经费上给予高度重视。

从国家层面看，2006 年，国务院颁布了《国家中长期科学和技术发展规划纲要（2006—2020 年）》和《全民科学素质行动计划纲要（2006—2010—2020 年）》；2007 年，科学技术部、中共中央宣传部、国家发展和改革委员会、教育部、国防科学技术工业委员会、财政部、中国科学技术协会、中国科学院八部委颁布了《关于加强国家科普能力建设的若干意见》；2008 年 11 月 14 日，国家发展改革委、科技部、财政部、中国科协颁布了《科普基础设施发展规划纲要（2008—2010—2015 年）》；这些政策性文件都对科普场馆的建设提出了明确要求，极大地促进了我国各类科普场馆的发展。据统计，截至 2016 年年底，全国共有科技馆 473 座，比 2006 年增加 193 座。其中，有 138 座科技馆已对公众实行免费开放，展厅面积达到 157.22 万平方米，比 2006 年增长 161.08%；全年参观人数 5646.41 万人次，比 2006 年增长 239.90%。2016 年，每百万人拥有科技馆和科技类博物馆数量比 2006 年增长 158.97%。

从基层看，2016 年，城市社区科普（技）专用活动室有 8.48 万个，农村科普（技）活动场地 34.66 万个，比 2006 年分别增长 80.04% 和 47.49%。2016 年拥有全国性和省级科普教育基地 5969 个，比 2006 年增加 4303 个。从青少年科普环境看，2016 年全国共计青少年科技馆站 596 个，比 2006 年增长 75.29%。

2. 科普场馆的主要类型

（1）科技馆（科学中心）

科技馆（Science and Technology Museum）也叫科学技术中心，主要通过常设和短期展览，以参与、体验、互动性的展品及辅助性展示为手段，以激发科学兴趣、启迪科学观念为目的，对公众进行科普教育；也可举办其他科普教育、科技传播和科学文化交流活动。目前，在我国科技馆已经形成一个独立完整开放的体系，包括实体科技馆、数字科技馆、流动科技馆、中学科技馆。

（2）科技类博物馆

除了科技馆体系以外，科技类博物馆还包括各类专业博物馆，比如在北京就有天文馆、古观象台、铁道博物馆、电影博物馆、自然博物馆、地质博物馆，以及专业科技馆，如索尼探梦科技馆等。

（3）动植物园

如果说博物馆主要以室内收藏、研究、展示教育为主，那么，各类动植物园则是主要依托自然资源，进行野外展示为主的科普场馆。

（4）水族馆、海洋馆

水族馆、海洋馆主要展示海洋和各类水生动植物的科普场所，既可以设在野外，也可以是室内场馆。

（5）科普基地

科普基地主要指各级政府和相关专业机构认定的，具有一定规模和影响力的科普教育场所，既包括部分科技类博物馆，也包括野外的场馆园。我国的科普基地由于认定和命名的部门不同，包含了不同级别，如国家级、省市级、地县市区级等的科普基地，也包括不同部门的科普教育基地，如中国科协、科技部、教育部、地震局、气象局等部门认定和命名的场馆。截至 2016 年年底，我国有各类科普基地近 4 万个，承担着各种各类的科普教育任务，通过实施科普项目，融科普教育、旅游、文化娱乐于一体。

（6）青少年科技中心

青少年科技中心主要是区县级、面向青少年开展科普教育，进行科学探索、试验、竞赛、比赛等活动场所，一般规模不大，对于普及科学教育具有重要的基础作用。

总之，根据国际博物馆协会的分类，自然科学类博物馆可以涵盖以上的科普场馆类型，而且不产生重复，详见图1-3。

随着科技的进步，尤其是信息技术的进步，科普场馆也在不断地升级，日益现代化。最显著的特征是，这些场馆都有了自己的网站、微信公众号、应用程序（App），实现了线上与线下结合、虚实结合等传播手段的现代化，并向着智能化的方向发展。

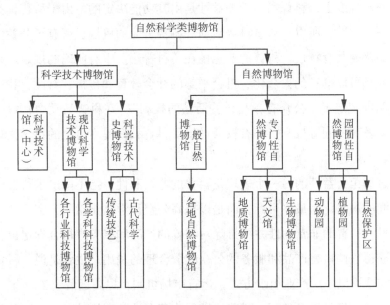

图 1-3　自然科学类博物馆的分类
［基于ICOM（国际博物馆协会）的分类，转引自《中国科技传播报告》］

3. 科普场馆及其项目特征

概括来看，科普场馆的科普工作具备四大特点：公益性、群众性、社会性、经常性。

（1）公益性

公益性指科普场馆是重要的非营利性机构，其受众和受益对象是全体公众。科普场馆的公益性，主要体现在公共性、普惠性和非营利性等方面。随着国家的繁荣富裕，政府对科技馆、博物馆类的科普场馆实行免费开放，更加凸显了科普场馆的公益性特征，最大限度地让公众受益。

科普场馆提供科普产品和服务的公共性体现在，其利益主体是全体公众、整个社会、国家和民族，而不局限在社会成员的某一个体或群体。从普遍意义上看，科普产品和服务旨在提高公众的科学文化素质，进一步提高社会生产力水平、形成良好的社会风尚、促进科学技术和经济的可持续发展，这是由公共产品和服务的外溢性所决定的。由于这种外溢性最终体现在整个国家、社会、集体的利益当中，从而构成其公共性特征。

在一定程度上，科普场馆的公益性是由其功能决定的。由于科普具有公益性和产品公共性，所以，从事科普活动和科普事业的机构也就有了公益性，这是科普的普遍共有特性。科普的普惠性在《科普法》中有明确的规定。科普是一种人人都可以享有的大众化、机会平等的社会教育和传播，对此，我国《科普法》明确规定了"公众有参与科普活动的权利"。在科普活动中，每个公众都有接受教育的同等权利，都有权通过接受科普教育提高自己的科学文化素质和能力。

科普场馆公益性的另一个表现是科普的非营利性，指不以追求科普产品和服务利润的最大化为最终目标，而是以提高公众科学文化素质为宗旨和最终目标。可见，科普的非营利性并不排除对科普的产品和服务进行合理定价，允许通过向获得这些科普产品和服务的公众收取合理的费用。也就是说，科普场馆的运营完全可以采用产业组织方式，运行市场机制，提高运营效率。

在现代市场经济条件下，科普场馆的非营利性并不排斥某些可以盈利的科普产品和服务项目采用完全商业化的市场运作。当前，科普产品的商品属性也日益显现出来，一批以经营科普产品（展品、作品、活动项目等）为主的公司也逐渐发展起来，安徽、北京、上海、江苏等地已经发展起来一批产值亿元以上的科普企业。目前，科普场馆已经成为我国科普产业发展的主要市场，以及产品和服务基地。

非营利性指不以营利为目的，不进行分红或利润分配。营利是一种目的指向，盈利、赢利是活动的结果。因此，非营利性并不排斥盈利、赢利，只是所得的利益不能分配，只能继续投资从事公益活动。

通常，非营利性与非营利性机构是对应的一组概念。非营利性机构起源于西方，特别是以美国为代表。据统计，在美国，非营利机构是一个具有重要社会影响和经济实力的群体，甚至与美国政府部门、企业并列，被称为第三部门。这些非营利机构的财产总额达到 2 万亿美元，年收入为 1 万亿美元。

目前，国际上广为接受的是萨拉蒙指导的美国约翰·霍布金斯大学非营利组织国际比较研究项目所归纳的五特征界定：①组织性，指有正式的组织机构，有成文的章程、制度，有固定的工作人员等；②非政府性，指不是政府及其附属机构，也不隶属于政府或受其支配；③非营利性，指不以营利为目的，不进行分红或利润分配；④自治性，指有独立的决策与行使能力，能够进行自我管理；⑤志愿性，指成员的参加及资源的集中不是强制性的，而是自愿和志愿性的，组织活动中有一定比例的志愿者参加。在这五个属性中，组织性一般被看作一个不言而喻的前提，自治性和志愿性也有一些不同的提法，而非政府性和非营利性是最核心和一致的认识。

（2）群众性

科普场馆是为公众提供终身教育的场所，公众的参与度决定了场馆的科普效果，面向公众、依靠公众、动员公众是科普场馆科普教育的基本特点。因此，科普场馆的展教项目要立足平民，采取公众易于接受、理解的方式，以提高展教项目的科普效果。

公众具有异质性，这就要求在具体的科普展教项目设计过程中，要考虑科普对象的针对性，依据项目内容选择教育对象。科普场馆需要对整个公众群体进行细分，充分考虑不同科普对象群体的需求。通常，我国将科普对象的重点确定为青少年、农民、城市居民、领导干部，这是依据这些群体在社会发展中的特殊作用，以及目前掌握科学技术知识的现状而言，但并不表明其他群体就没有接受科普的必要，不是科普的对象。因此，科普场馆的群众性决定了科普场馆的科普对象是全体公众。

群众性的准确含义是，公众不仅是科普的对象，也应该成为科普活动的实施者、参与者。开展科普活动，除了要有大批专业化的科普工作者以外，还应有一支群众性的科普队伍。群众性还意味着场馆科普对象的广泛性，具有分布广泛、需求多元的特点。实践证明，科普要取得好的效果必须贴近公众，在内容上要符合公众的需求，在形式上要生动活泼，易被公众理解和接受。

（3）社会性

科普场馆是校外教育的重要场所，社会性不仅是科普的一般特性，也是科普场馆开展科普教育项目的基本属性。科普受政治、经济、科技、文化、民族、宗教等许多社会因素的影响，因此，科普观念、内容、手段、组织和工作方法上都体现出鲜明的社会性。

科普作为一种社会教育活动，其组织形式、内容要受到自然、经济、文化、科技发展状况以及公众科学文化素质状况、社会需求、传统习俗等多种社会因素的制约。因此，在不同的国家和地区，科普的组织形式、内容和手段是不同的，呈现出不同的特点。

科普关系到每一个公众，是一项涉及长远的系统工程，是社会公益性事业，除了政府和专门的科普团体组织与管理，还需要全社会的共同参与。我国《科普法》明确规定"科普是全社会的共同任务。社会各界都应当组织参加各类科普活动"。

现代科普强调公众的参与性和互动性，而不是传统的、单一的"填鸭式"科普模式。现代科普倡导以人为本，注重科普对象的实际需要和调动公众的参与积极性和创新性。

（4）经常性

我国科普场馆种类多，数量大，覆盖不同的地区和学科。而且这些场馆大多实行事业管理体制，是我国科普工作的主要组成单位，已经成为一种社会建制，并得到各种必要的财力、物力和人力保障。开展经常性的科普教育活动，既是科普场馆的责任，也是科普法的基本要求。因为科普的经常性是科普的重要特点，也是科普取得成效的重要保障。

科普的经常性主要表现在三方面：一是科普工作的长期性。科普是面向公众的教育活动，是一个提高公众科学文化素质的动态和内化过程。二是科普教育的终身性。人类社会已经进入终身教育、终身学习的年代，科普已经成为终身教育体系的重要组成部分。三是科普事业的持续性。现代科普已经成为一种社会建制、一种制度安排和法律规定。2002年6月29日，第九届全国人民代表大会常务委员会第二十八次会议通过了《中华人民共和国科学技术普及法》，为科普的经常化提供了各种切实的保障措施。

二、场馆科普

顾名思义，场馆科普是指各种场所、基地、馆所中开展的科普活动、实施的科普项目的总称，其概念外延比科普场馆要大得多。一般来说，科普场馆的主要任务是从事科普教育活动，而场馆科普则泛指场馆中开展的科普活动或实施的科普项目。这些场馆既可以是科普场馆，也可以不是科普场馆，如文化馆、图书馆、博物馆、艺术馆等；也可以是各种专业类场馆，比如邮票、铁道、石油、煤炭、地质等科普场馆。科普场馆与场馆科普的主要区别是，前者的主要任务是从事科普教育，而后者主要任务不一定是开展科普教育，科普教育只是其附加功能。但两者有共同的特点，都是在特定的背景、环境甚至文化和历史中开展科普教育，都可以达到综合的科普教育和学习效果。学习是一个复杂的过程，学习的范围包括技能的获取、判断力的发展，以及态度和价值观的形成，还包括行为方式的形成，新角色的担当，以及个人身份中新元素的巩固。场馆科普给公众提供的学习机会，不仅有接受教育，学习知识，获得技能的功能，还有使公众身心愉悦，增加好奇心，开阔眼界的功能和效果。[①]

1. 场馆科普的基本功能、任务和目标

（1）场馆科普的基本目标

场馆科普的基本目标是通过开展科普教育活动，提高公众的科学文化素

---

① 艾琳·胡珀-格林希尔. 博物馆与教育：目的、方法及成效［M］. 蒋臻颖，译. 上海：上海科技教育出版社，2007：30.

质，而提高公众的科学文化素质的最终目的是满足公众个人发展和国家建设的需要。

科普具有教育、文化、科技、经济、社会等多种功能，是一个多重目标系统。科普目标不仅表现在科普系统内部，更主要地表现为科普对经济社会大系统的贡献，因此反映出多重科普目标。正因为科普效果的外溢性和目标的多重性，使科普作为一种社会公益事业，受到全社会和世界各国的重视。科普目标不仅表现在科普对象方面，同时也表现在对环境所发生的作用方面。由于科普功能表现的特点和层次不同，科普目标分为直接目标、间接目标与基本目标。

（2）场馆科普的基本任务

场馆科普的基本任务由科普的基本目标所决定。科普以提高公众科学文化素质为基本目标，所以，场馆科普的任务实质上由科学文化素质的构成要素所决定。公民科学文化素质由科学技术知识、科学方法、科学思想、科学精神，以及科学、技术与社会的关系等方面的要素构成。因此，场馆科普的基本任务可相应地确定为普及科学技术知识、传播科学思想和科学方法、弘扬科学精神，让公众了解科学、技术与社会的关系。不过，不同的场馆在科普过程中有不同的重点和倾向，比如，地质馆主要科普地质科学，建设地质科学文化；天文馆主要普及天文知识；植物园主要展示和开展植物学的教育等。

（3）场馆科普的基本功能

场馆科普作为面向公众普及科学技术知识、倡导科学方法、传播科学思想、弘扬科学精神，提高公众科学文化素质的基本单元，最能体现科普的基本特性，对于整体科普功能的实现具有基础作用。科普场馆是场馆科普的主体，其作用和功能的发挥对人的全面发展，以及文化、社会、经济发展，起到重要的推进作用，承载着重要的文化、教育、社会和经济功能。

场馆科普的功能，一方面是由科普的概念决定的，另一方面是由场馆的特性决定的，从不同的角度审视可以得出不同的结果。这说明场馆科普的功能具有多样性，也进一步表现出场馆科普对人类社会发展的重要作用。综合不同角度对科普审视的结论，可以概括地认为，科普场馆具有收藏、展示、教育、研究等基本功能，具有教学性、娱乐性、文化性、价值保持和继承性。科普场馆的科普同样具有社会、经济、科技、教育、文化、传播等多种功能。其社会功能主要表现在促进社会民主、培育科学理性（科学精神和科学思想）、为人类社会的进化提供正确的方向等方面。

> 理性精神起源于古希腊，与中世纪文艺复兴时期兴起的实证，共同构成科学精神的内核。西方的科学理性精神，是随着近代自然科学特别是实验科学的兴起、自然哲学及唯物史观的确立而形成的。
>
> 科学理性思想主要指：人类社会与自然界一样，发展都是有规律的，而这种规律是可以被认识的。世界上只有未被认识的事物，而没有不可认识的事物。新的发现，新的技术，通过科普不断传播，为越来越多的人所认识，从而提高了公众的科学素质和识别能力，不断地按照事物的本来面貌来认识和处理事物，提高了发展效率，也使整个社会向着理性的方向迈进。

总之，依据场馆科普的性质、任务和目标，以及科普的基本功能，笔者认为，场馆科普的基本功能可以概括为：①场馆科普为社会公众提供了终身教育和学习的场所。场馆科普的对象是全体公众，任何年龄、任何家庭背景的人都可以在场馆科普中接受教育、参与终身学习。②场馆科普是参与互动式的学习场所。场馆科普的科学教育具有独特性，表现为参与互动式、体验式教育，即观众能够开展活动、收集证据、选择各种选项、形成结论、检验技能、提供投入并基于投入实际上改变结果的展品（McLean K，1993）。通过各种互动式展品，场馆科普创造出一种氛围，可以调动观众的各种感官（不仅仅是听讲），主动参与到科学知识的建构中。③场馆科普教育是馆校结合的重要实践形式，通过正式教育与非正式科学教育的有机结合，促进和提升学校的科学教育效果。据 ASTC 的调查，美国有超过 80% 的科技馆对当地学校的教师专业发展发挥着重要作用。科普场馆中的项目，包括展览／展品、科普剧等，均属于非正式科学教育（informal science education，ISE）的范畴，非正式科学教育对学校中的正式科学教育起到补充、完善和促进作用。美国纽约大学布法罗分校的柳秀峰承担了对美国科学教师进行培训的项目，其主要任务就是与科技馆和各类科普场馆合作，开展教师培训。

2. 场馆科普教育的对象、形式和载体

（1）场馆科普教育的基本对象

场馆科普教育的对象包括所有公众，但重点是青少年，而且不同的场馆具有不同的教育内容和对象。科普对象相对科普传播主体而言，是科普的客体，它是指科普主体作用的对象，即科普的受众。异质性的科普对象群体的科学文化素质具有较大差异，决定了科普对象的不同需求和特点。针对不同科普对象的特点和实际需要开发科普活动，是科普实践中必须考虑的前提。

长期以来，本土化的中国科普，把科普对象细分为青少年、农村居民、城市居民、领导干部、科教人员、企业员工、部队官兵等科普对象群体，其中，把青少年、农村居民、城市居民、领导干部等作为科普的重点对象[①]。由于我国的科普场馆已经形成了完整而庞大的体系，其受众覆盖面极其广泛，而且科普场馆中的展教活动、项目和产品，已经成为科普的主要资源，并能为全体公众提供科普内容。

（2）场馆科普的形式

场馆科普形式与科普内容、对象等密切相关，不同的科普内容和科普对象要求的形式不同。所谓科普形式，就是指科普内容的表现形式、科普活动和项目的类型，也包括不同科普技术的运用（表1-1）。一般地，科普场馆的科普形式有：科普展览、科学游戏、科学试验、小制作、知识竞赛、科普科幻电影等。

科普形式是科普内容得以传播的保障，没有科普形式，科普内容的传播就无法实现。科普形式的实现往往需要通过科普创作来完成，科普载体是将科普内容（载荷）运达科普对象的工具。对于特定科普内容来说，科普的形式不是唯一的，而是多样的，甚至复合的，尤其是在现代传播技术兴起以后，科普的形式往往成为吸引公众的主要手段。现代科普的表现形式不再是单一的，而是多种技术的复合，也需要不同技术的人才参与和合作，比如，脚本写作、展板制作、动漫创作、影视制作，甚至虚拟现实、增强现实、混合现实、人工智能等合成技术。

[①] 《全民科学素质行动计划纲要（2006–2010–2020年）》把青少年、农村居民、城市居民、领导干部作为重点人群。

表 1-1　场馆科普的基本形式

科普形式		类　型	具体呈现
场馆科普教育的形式	提示型科普	示范	科普示范、演示、展览、实践基地等
		宣传	展板、挂图、图片、照片、实物、画廊、墙报、黑板报、连环画、多媒体等
		展示	实物、文艺演出、专题片、影像制品、多媒体、电视、广播、互联网、科普巡展、科普教育基地、科普演示、实践基地等
		讲授	科普报告会、讲话、讲解、叙述、技术培训、知识培训等
	探究型科普	观察、试验	天文观测、试验制作、野外考察、冬夏令营等
		热点讨论	电视、广播、互联网、科普沙龙、科普报告会等
	自主型科普	学习型组织建设	所有的科普形式都有利于学习型组织建设，也是终身学习的重要途径
场馆科普的传播形式	语言传播	讲座	报告、技术培训、知识培训等
	图文传播	板报	标本标签、说明、墙报、黑板报、展板、挂图、图片、照片等
	印刷传播	出版	科普图书、报纸、期刊、宣传册等
	电子传播	媒体	网站、微信公众号、影视频、多媒体等

从科普技术表现看，科普形式可以分为科普的教育形式和科普的传播形式（表 1-1）。其中，科普的教育形式是基于教育学基本原理的科普形式，进一步可以细分为提示型科普、探究型科普、自主型科普。科普的传播形式是基于传播学基本原理的科普形式。科普的传播是通过一定的媒介、手段或者工具来进行的。根据这些媒介、手段或工具的不同，可以将科普的传播形式分为语言传播、图文传播、印刷传播、电子传播等。

（3）场馆科普的载体和媒介

在科普过程中，往往根据科普对象的需要，通过某种方式将科普内容和信息附加在一定的介质或媒介上，以利于把科普内容传输或呈现给公众，这种介质或媒介就称为科普载体。

科普载体是将科普内容（载荷）输送到公众的运载工具。科普载体是科普的重要因素，没有科普载体，科普目标就无法实现。目前，对科普载体的分类看法不尽一致。可以根据我国科普发展的现实情况，把科普载体分为科普图书、科普报刊、科普音像、科普影视、科普戏曲、科普游戏、科普展品、科普教具、科普多媒体等基本类型。

3. 场馆科普教育项目的主要类型

（1）展览与展品开发项目

展览及展品是科普场馆最重要的科普项目，这一点未被很多人认识到。因为在一般情况下，人们容易把教育项目（projects）当成教育活动（activities），而展品展览显然不是教育活动。然而，展品是场馆科普教育的核心载体，没有展品和展览，科普场馆便成了无米之炊。科普场馆的教育活动主要也是围绕着展品和展览开展的。

展品是某一个科学知识和原理的载体，也是科普教育活动的组成部分。在场馆科普教育中，为展示与科学有关的主题而设计或收藏的、具有教育意义的物品、模型、装置及其附属的解释性材料，如标签、说明牌、音频、视频、手机软件等，都是科普场馆中的重要展品或者展览构件。

一般来说，展品是单个的知识点，而展厅或者展览则是由一系列的展品组成的，反映不同的主题，如科学话题、科学事件、科学家或者科学史等。与一般的文史艺术类博物馆不同，科普场馆中的展品大多不具备收藏价值。展品又可根据展示方式分为静态展示、动态演示和互动体验型三类。对于静态展示型展品，观众一般无法亲身参与，无法操作展品以实现某种变化，展品本身也是静态的，比如火箭静态模型；对于动态演示型展品，观众一般只能看到展品的演示过程，但自己无法操作，比如由场馆工作人员控制的放电设施。有时候，展示类展品会和观众隔离开来以防止损坏。互动体验型展品则鼓励观众调动各个器官去操作或者亲身体验参与，如模仿驾驶、操作灭火设备，虚拟现实体验等展品。展品本身所附属的材料，比如视频，也是展品的一个部分。有的时候，材料本身也能成为独立的展品，比如视频、图片、实验仪器等。展品在发挥教育功能方面有很多优势，可以集教育、学习、娱乐、满足体验等效果于一体。但有些抽象的概念还是难以用展品演示出来，比如量子纠缠、天象观测、化学、生物等学科中的现象，则需要通过实验操作、科学秀、科普剧等形式表

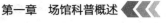

达，才能使公众理解。

与展品相比，展览则是按照一定主题组织的多个展品及其附属物的"陈述"。展览的主题有时是按学科划分（比如声学、光学、电学）；有时则是一个热门话题（比如转基因）；有时则有一个大的主旨（即所谓大概念，比如环保）；还有的则是一个故事线（比如寻宝、探险）或者知识链，等等。好的展览并非单个展品的堆砌，而是要给访客综合的乃至系统的科学体验。而好的科普场馆需要有灵魂、有精神、有文化，才能吸引观众，才能有生命力，具有持续的效果。

（2）讲解、演示性的教育项目

对于面向普通公众（非专业人员）的科普项目，设置一些围绕着展览和展品的辅导、讲解、演示活动，比没有设置这些辅助性内容的科普项目，具有较好的教育效果。由于科普场馆中围绕着展览和展品的学习一般是观众自由选择的，设立这些导览、讲解和演示活动，可以引导观众去关注某个特定的展览和展品。一般情况下，观众会在有附属活动的展览和展品面前驻足更多时间。如果这些辅导、讲解能够紧密围绕展览展品开展深层次的"教学式"讲解[①]，或者对讲解员进行事前培训，则会获得更好的效果。好的讲解员或辅导员能够引导观众思考，促使其试错，可以激发观众的好奇心和学习兴趣。展览讲解一般可以分为陈述传授式与互动引导式两种类型，前者以辅导员讲解为主，观众只观看倾听；后者则注重融入情境、强调让观众始终带着问题参观，并且让观众参与进来，让观众在辅导员设置的互动中学习科学，有时也称"互动式解说""展品秀"。还有一些科普场馆尝试不断创新辅导讲解的方式，以最大限度地提升教育效果。

（3）互动参与式科普教育项目

实验课、工作坊、活动课等教育项目，是当前科普场馆提供的教育服务中特别受欢迎的类型。这种场馆科普是一种结构式的教育项目，所谓结构式，指的是这一类项目往往以结构化课程的名义提供给学习者，往往与学校正规教育相结合，具有事先设计好的学习单和教学设计。课程的内容是结构化的，不是知识点的简单罗列。它要么是问题任务导向的，要么是学科内容结构的呈现，

---

① 向萍萍. 科技馆讲解新模式探讨［J］. 科技传播. 2014（11）：20–21.

要么是有剧情、有故事。从某种程度上说，除了学生无学业压力之外，结构式教育项目已经非常接近学校中的科学综合实践课了。这类教育项目在设计时就或多或少地参考了学校的科学教育课程标准。这类项目与社会上一些商业机构提供的各种主题的科学培训也很接近（比如机器人班），但科普场馆中的这类项目往往应用了场馆中的丰富资源（比如展品、教育资源包），课程的形式更多样，设计的灵活程度更大，针对性也更强。它面对的是数量更少且更主动选择参与课程的学生，而且一般是对课程主题非常感兴趣的群体。人群可以是学生，也可以是亲子家庭，甚至成人。课程也会提供不同等级的难度和进阶水平供学生选择，比如新加坡科学中心的脱氧核糖核酸（DNA）实验室活动就分成三个层次，供小学5—6年级、中学1—4年级和大学入学前三种层次的学生参与（黄雁翔，聂海林，蒋怒雪，2015）。

（4）科学营等综合性教育项目

科学夏令营、冬令营、科考营等综合性的教育项目越来越受场馆"顾客"的欢迎。这一类项目往往是由一个主题下多种类型的项目综合在一起呈现的。所谓综合性，一是指学习内容的综合。科学营的学习可能涉及电磁、机械、能源、建筑、生物等内容。二是指学习形式的综合。科学营可能涉及展览参观、展区探秘、科学实验、科技考察、户外探索体验、听讲座报告、看科学电影等多种形式的学习活动。三是指学习资源与情境的综合。科普场馆作为科学营的主办方，立足自身举办活动，还需要与专业协会、场地提供者、学校、政府以及其他企事业单位甚至旅游景区开展合作，从多方获取资源，提供多种教育情境为学习者服务。设计组织较好的综合性教育项目也具有一定的结构性。综合性教育项目的时间跨度有的只有短短几天，有的则长达几个月。它针对的往往是特定学段或者年龄段的儿童和青少年。

（5）科学秀等表演性教育项目

表演性教育项目的跨度很大，它既包括有演员参加的舞台剧场表演（即所谓科普剧），也包括各种由教育人员主导的科学秀、实验秀等。有研究者（卢大山，2014）进一步将科普剧分为科普互动剧、科普情景剧（小型话剧、音乐剧、广场剧等）、木偶剧、科普小品和课本剧。这些项目的共同特征是都有项目实施者的表演，都带有一定的艺术性。科普剧将科学以艺术的表现形式展

现，从而更生动、更形象、更有效地表现科学内容。然而，科普剧并非科普场馆场馆的专利，很多剧院在周末、假期也会提供科普剧等表演来吸引学生观众。这类表演往往时间长达1小时以上，具备完整的故事情节，演员往往以夸张、逗笑的表演外加令人惊奇的科学现象来吸引观众。由于科普场馆中很少有专职的演职人员队伍，因此科普剧这种表演性教育项目并不多见。不同于科普剧，科学秀、实验秀等表演性项目的时间要更短、场地布景更加简单、主题也更加聚焦、对"演员"的数量几乎没有要求，因此，这类表演性项目是科普场馆中常见的。

（6）讲座报告等交流性教育项目

科普场馆利用自身场地和科普基础设施地位的优势，可以邀请知名的科学家、专家或者科学"达人""发烧友"开展讲座、报告、讲坛、与科学家面对面等活动。这一类活动的目标在于促进与科学有关的某个主题的交流。交流的主题一般是社会上热点的科学问题或者重大科技事件。交流的方式有传统的"演讲＋提问"，也有"演讲＋视频""演讲＋演示""主持＋讨论"等新的方式。但应该认识到，在举办讲座报告这类交流性教育项目时，科普场馆与其他机构（比如学校、企事业单位）并无本质上的不同。

（7）其他类别项目

除上述教育项目外，一些科普场馆还举办其他类型的活动。比如，科学游戏（如角色扮演游戏、竞技游戏等）、科技竞赛（青少年科技创新大赛、机器人竞赛、知识竞赛、发明竞赛等），以及科技考察（自然、环境、科研机构、科技工程、生产现场考察等）等。其中一些项目的教育功能彰显不足（比如科学游戏），还有一些项目并非由科普场馆主导或者主要教育功能不发生在科普场馆（比如科技竞赛、科技考察）。对于这些项目的评估本书涉及较少。还有一些项目是属于前述六种教育项目的变体（比如科普场馆进校园、流动展览）。因此，对它们的评估与前述教育项目具有类似性。

当然，有关科普场馆的教育项目也有很多其他的分类。比如，科普场馆科学教育项目展评活动将场馆科学教育项目分为三类：基础类、拓展类和综合类。基础类教育项目指的是基于科普场馆展品开展的教育项目，包括专题参观导览，面向学生或教师的互动式科学培训等（系列科学讲座、论坛、沙龙等交流活动除外）；拓展类教育项目包括科学演示、科普剧，动手做活动、主题科学工作坊等；综合类教育项目指的是综合利用科普场馆、社会资源开展的教育项目，包括户外科学考察、科学挑战赛、科学俱乐部等（中国科协青少年活动中心，2016）。这种分类与本书的分类有很多交叉之处，因此这些项目中大多数为本书评估关注的对象。

需要提出的是，为了前述各种教育项目，科普场馆还开发出各种教育活动资源，比如，教材、教案、学习单、资源包、教具、视频、音频，等等。这些资源是可以单独被评估的，比如，可以单独评估学习单的使用效果。但这些资源往往是教育项目的一个部分（比如学习单之于展览），因此其评估应该整合进教育项目的评估范围之内。还有一点需要提及的是，科普场馆利用互联网平台（比如微博、微信公众号、手机软件）向公众推送其科学教育项目的有关信息与内容。这种形式的科普活动应该归类于科学传播类别。因此，它们不是科学教育项目评估所关注的对象。

第三节　场馆科普的发展趋势

世界各国，特别是一些发达国家对科技博物馆建设十分重视，特别注重利用科技馆、科技中心来开展科普教育。科技博物馆已深入人心，成为市民文化生活的重要组成部分，观众量较为稳定，长年不断。

美国现有各类博物馆 2400 多座。其中，科技类博物馆有 200 座左右。每年平均 5 个美国人中就有 3 人参观过科技博物馆，利用博物馆获取科学信息的人数比例为 61%，仅次于收看电视新闻的比例。

英国政府从立法和资金保障两方面大力扶持科技馆事业。早在 18 世纪末，英国政府就制定了博物馆法，对包括科技馆在内的博物馆给予法律保护，确定其公益法人的地位。英国政府不仅斥巨资建立科技博物馆，而且每年为科技馆划拨大量经费，保证其运营。例如，伦敦科学博物馆每年的活动经费支出约为 1700 万英镑，再加上两个分馆，共支出经费 2300 多万英镑，其中 85%

以上为英国政府拨款。为了向公众普及空间科学知识，英国千年委员会投资2300万英镑，在莱斯特兴建英国空间科学中心。科技博物馆和科技中心是英国开展非正规科学教育的重要场所，在科普方面起着不可替代的独特作用。

澳大利亚人口不足 2000 万，却拥有现代化的、展览设施完备的科技中心（科技馆）14 座，平均 140 多万人就有 1 座科技博物馆，完善的科普设施为澳大利亚国民科普提供了先决条件。为了解决偏远地区公众接受科普教育的条件，他们还组建了科普马戏团，定期在全国各地巡回展示和演出。

日本共有博物馆 1382 座。其中，科学博物馆有 400 多座。规模最大、历史最久的为日本国立科学博物馆，创建于 1872 年，工作包括收集、鉴定、保管标本和科技史资料，并择其一部分展出；同时，投入较大力量从事自然史和科技史研究工作，并负责组织这方面的研究和交流活动。此外日本青少年教育设施共计 1264 个，其中少年自然之家 311 个。可以看出日本的科普教育设施相当完善，在科普教育中起到了重要作用。此外，在日本经常举办的各类科普展览会与博览会也是日本进行科普工作的重要形式与场所。

总体上看，科技博物馆在西欧有一定数量；美国相对较多；日本就其国土面积而言，科技博物馆的分布密度是目前世界上最大的。在发达国家，科技博物馆已深入人心，成为市民文化生活的一部分。

经过长期的积累和发展，国外的科技博物馆已经在功能定位、经营管理、运行模式等可持续发展能力方面积累了丰富的经验、运营体制相对成熟稳定。其功能定位主要是收藏、研究、文化交流和科普。当前，科技博物馆已经被提升到了文化产业的高度，每家科技博物馆都有自己显著的特色和不可替代的功能，有着自己独特的运作模式。政府通过种种政策鼓励民间机构对科技博物馆的投资，科技博物馆的发展与布局已进入稳定时期。从科技馆的由来、发达国家典型科技馆的现状，可以初步看出如下发展趋势。

一、科普教育呈现多元化发展

常设展览配以若干精彩、短小的人工表演项目，仍将是场馆科普最有生命力的主要教育形式和主要功能。近年来，中国大陆和台湾地区连续开展两岸场馆科普教育的交流和研讨，取得了较好的效果，在科普剧、科学秀、大型舞台剧、影视制作等科普项目方面尤其成效显著。

科技馆是场馆科普的"主力军"，将努力保证常设展览和表演项目的质量和水平，在选择和确定科技馆常设展览和表演项目时，将重点考虑多数观众能从中获得多少知识，受到多少启发，能否唤起对科学的兴趣和爱好等。不论是科学还是技术，也不论是一般技术还是高新技术，符合这些基本要求和能达到上述目的的才是科技馆所选择的理想内容。

对大中型科技馆，为了丰富科技馆的活动内容，活跃科技馆气氛，更好地宣传科技馆，增加知名度，在财政条件允许的情况下，可利用各种手段，开展丰富多彩的科普活动，例如，免费的科普报告会、短期专题科普展览等。直接参与此类活动的观众或许有限，但通过这些活动可以吸引媒体对科技馆宣传报道，使更多的人了解科技馆，进而喜欢科技馆。这可在一定程度上增加科技馆的潜在观众群。而对小型科技馆而言，在运行经费难以保证的情况下，则应具体情况具体分析。

二、更加关注科技前沿的科普教育

过去，传统的科技博物馆主要是收藏、展示各个历史时期对人类社会产生重要作用的科技文物。随着高新技术的发展，国外科技馆的展教品内容也发生了重大变化，如今更加重视反映当代高新技术、前沿科学和时事科技的展示。例如，1997年5月，伦敦科学博物馆为适应学科的发展，把原有的钢铁、玻璃展馆撤掉，开设"材料的挑战"展馆，用来展示材料科技的研究、利用和未来发展。克隆羊多莉是1997年世界最轰动的科技新闻，伦敦的科学博物馆在1998年3月英国科技周期间即展出了用"多莉"羊毛纺制的羊毛衫，引起了参观者及世界传媒的极大兴趣。

三、交互式展教成为教育方式

"边动手边动脑"的展教思想是科技中心的新发展。如美国旧金山探索馆倡导的"边动手边动脑"的展教思想给世界各国科技馆带来了巨大的影响，已有一些科技馆专家提出：科技馆教育的重点不是传授知识，而是开发人的学习能力和创造能力。在这种展教思想的驱动下，近年来，以交互式展览为特色的科技中心在国外迅速兴起。这些中心注重观众的参与、动手操作和演示活动，展览中大量采用声、光、电等高技术手段，以此加深观众对科技原理的理解，收到了非常好的科普效果。在科技中心大行其道的同时，传统的科技博物馆也一改往日静态展览方式，越来越多地引进交互式内容。

　　每年国外的科技馆都为配合全国科技周、科学促进会、科技节而举办大量的科普活动。此外，一些科技馆也根据自身的条件，开发有影响的科普方式。伦敦科学博物馆为儿童举办"科学之夜"晚会，让参加活动的儿童在博物馆留宿。晚会安排了很多动手操作和演示活动，目的是让孩子们体会科学的乐趣，让他们感到科学博物馆是有吸引力的地方。该博物馆还举办科技巡回展览，也从事科学普及研究活动。

第二章
场馆科普教育理论与技术

场馆科普的主要功能之一是开展科技展示教育活动，即科普教育。在西方，把场馆科普中的这种展示教育服务称为非正式科学教育。实际上，非正式科学教育与正式科学教育虽然有形式上的差别，但本质上或者说目标上并无太大区别，两者都是让公众掌握科学知识、熟悉科学发展历程，了解科学思想、方法和精神，达到热爱科学、相信科学、使用科学的目的，更进一步地为科学事业培养广大的后备军，使大家愿意从事科技研究工作，为社会经济发展提供人才、创新成果和先进技术，而且这两者是相辅相成的。因此，凡是开展教育活动，一般都要遵循相应的理论和模式，才能很好地设计教育项目，达到预期目的。而对场馆科普的教育项目开展评估，也必须了解场馆科普教育或学习的相关理论和技术特征，并在一定的理论指导下，才能更好地认识科普教育的实质、功能和效果。本章主要介绍场馆科普教育的相关理论和技术，明确相关概念和功能，为场馆科普教育项目评估准备理论基础。

一、场馆科普教育和学习的理论模式

所谓理论，是指一个适用于某一领域的系统的知识体系，它包括用于分析、预测和解释该领域内各种现象的公认的原则和程序。场馆科普教育和学习理论源于一般教育的理论和模式，并在场馆科普教育中加以改进、完善和提高。随着科技的快速发展，尤其是信息技术的高速发展，不仅改变了人们的生产生活方式，也改变了人们的学习方式和信息接收方式，特别是为各种不同的教育提供了强大的技术支撑。比如，无论是学校正规教育还是校外的非正式教育，都广泛使用了计算机辅助教学，运用电脑设计教案、课程，利用显示屏代替了黑板和粉笔板书，等等。在场馆科普中也同样改变了传统展览展示教育的单纯使用展板，单纯承载文字、图片的展示模式，而是更多采用多媒体、信息化、数字化展示模式，不仅为人们的学习和接受知识带来了极大的便利，也为场馆科普的展示教育带来了革命性的变革，可以极大地提升教育的效果，加深了学习的深度，把个体的学习由记忆推向体验，由观看转向参与互动，由单纯的教和学转向教学互动。这种教育技术和理论的变化一直在持续着，不断指导各种教育实践发展进步的同时，也受到科技发展、技术进步和教育实践的推进，不断丰富教育理论。

（一）场馆科普教育技术

场馆科普教育应该强调：重视教学模式设计，注重方法与情境的结合，强调单个展品、展厅与整体理念的关系，强调教育与学习的效果。自从场馆科普产生以来，就传承博物馆和科技类场馆的传统，具有展示、宣传、教育和研究等功能，发挥着展览展示科技发展历程和成果，宣传科技的作用，普及科技知识、弘扬科学精神，建设科学文化的作用。在场馆科普进行展览展示教育的过程中，不断积累和丰富了场馆科普的教育技术，已经成为当代重要（非正式）科学教育场所。

1. 科普（展品）创作技术

场馆科普中的教育和学习首先是通过展览展示来实现的，而展览需要有几个基本的要素构成，即展厅、主题、展品、表达等。场馆科普中的科普创作是广义的科普创作，既包括主题的策划、设计，展厅的选择、规划和布局，也包括展览中展品的创作、开发、组合，依据一定的教育理论传递展览的灵魂和思想，达到科普教育的效果。

一般来说，场馆科普的科普创作技术可以分为四个阶段。

一是展览主题的确定、策划。比如，依据社会经济发展需要，设计一个前沿科技发展的展览；依据政府的要求，设计鼓励创新创业的展览，以激发公众的创新热情；依据公众需求，组织开发养生科技、健康生活、住房、汽车等方面的科技展览。

二是脚本的创作和写作。一些大型的科普展览需要有策划方案，还需要有文字脚本，比如，展览解说、展品说明、标签等。之所以需要脚本创作，是因为场馆科普采用的是通俗的表达形式，需要把一些科技方面的专业术语，通过科普的语言表达出来。这就要求用专业的科普技术进行转化，而不可能通过临场表达来实现，更何况很多讲解员本身也需要通过脚本来熟悉展览内容。

三是展品的制作。场馆科普中的展品制作也是一个创作的过程，需要通过展品展示一定的科学原理，表达特定的知识点，或者传递一段鲜为人知的科学故事。有些展品还需要观众亲自动手，通过产生的现象，进行思考，或者由解说员进行引导，达到理解的目的。同时，展品制作也可以与学校教育配合，达到加深学习和理解的目的。

四是表达和表演。场馆科普中的教育和学习，除了展览展示以外，还有实验、制作、讲座、报告、表演等多种形式。无论是展览还是其他的教育学习方式，都离不开表达和表演技术。表达或表演同样是一种创作。展品的表达内容，需要通过动手、提示、标签等进行提示性教育，表达内容精确，达到教育的目的。实验员和科普剧、科学秀中的演员的表演，同样除了脚本创作，还需要演员自身的创作，不仅达到吸引观众的目的，还要让观众易懂、易记、印象深刻。

因此，场馆科普中的科学教育项目，各个不同的环节，各种不同的形式，都离不开创作。从这个角度看，科普不是简单的展品堆积，也不是简单科学术语传播，而是具有较高技术含量的、需要不断创新也体现出创新的职业岗位。

2. 场馆科普的传播技术

传播是科普过程中的重要技术，科普内容创作完成以后，需要选择表现方式和传播模式，才能送达公众面前，通过公众的听、读、看、动手做（实验、参与）、互动等转化为公众的认知、理解和表达，以提高公众的科学素质和能力。

科普传播技术包括组成科普内容及其表达所需要的各种传播要素、要素组合及作用过程。比如，展品需要表达其所包含的科学知识、原理甚至传递的思想，展品本身既有内容承载的功能，又有传播和表达的功能，有时单纯配合标签、说明、提示等文字进行传播，有时需要通过声音进行传递和表达，有时通过图解、视频进行分解和解释等。一般地，场馆科普本身即是科普活动的场所，对于整个科普系统来说，它是科普的一种形式，是科普过程中的传播技术；从场馆科普自身看，无论是展览、讲座、游戏、实验，都依据自身特点选择特定的传播技术进行科普，以达到理想的传播效果。在传播过程中，不同的媒体、媒介需要与不同的传播技术结合，才能产生较好的效果。因此，熟悉不同传播媒介的功能，掌握一定的传播技术，对于做好场馆科普的科普项目，具有显著的作用。

3. 展教效果评估技术

在场馆科普教育中，重视评估的作用是十分关键的。在现代项目管理中，评估已经成为项目的重要组成部分，成为项目改进和效果提升，促进项目学习的重要一环。因此，小到一个科普活动、讲座，大到一个工程，一个规划，在现代社会发展中的所有项目，都需要通过评估来衡量目标实现的程度，发现实施中存在的问题。科普展教效果评估包括指标选取、权重确定、测量和模型确定等一系列过程和技术。由于本书主要是介绍场馆科普教育效果评估的理论、技术与方法的，在此不做详细描述。

（二）场馆科普教育和学习理论

1. 体验式教学理论

科技馆等场馆科普的学习具有独特的效果和特点。正如业界人士常说的，看到听到的容易忘记，动手的容易记住，教别人的知识记得最牢；在学校学到的知识，只有通过重复、使用，尤其是通过场馆科普中的体验、参与、观察，才能真正掌握或理解。场馆科普中的教育和学习方式，强调实践，可以把学校的教学内容在场馆科普中通过感性认识而掌握得更牢固。新的知识是建立在过去知识基础之上的，因此温故而知新，场馆科普中的学习，不仅可以对已有知识加深理解，而且也是学习新知识的重要途径。

古今中外的教育家都非常重视教育方法和学习效果，并强调兴趣对于学习效果的影响作用。《论语》中提到，"知之者不如好之者，好之者不如乐之者"。兴趣是最好的老师，调动学生的学习兴趣能激发学习的内在动机，达到最好的学习效果，而场馆科普正是激发学习者兴趣的学习场所。这是因为，有效的学习不是简单的被动接受知识的过程，更不是死记硬背的知识，而是在特定环境下产生的知识，与特定文化背景相结合的学习途径，也就更容易产生好的学习效果。《论语》中讲："学而不思则罔，思而不学则殆。"说的就是接受新知识必须要结合学习者自身的思考和判断，否则容易被他人的知识所蒙蔽，但仅凭个人思考不接受新知识，疑惑则会更多。

在场馆科普中，观众是通过直接体验来学习科技知识的，而学校中的学习主要依赖教师的系统讲授。如果科普场馆中的设计规划人员能考虑学生在学校中应该学什么内容，应该达到什么标准，展品与其他各种教育项目的设计能与学校的课程标准联系起来，就能把场馆科普中的学习与学校中的教学紧密联系起来。这样能让学生通过场馆科普的参观、体验，复习和加深已知知识，从而提升学生的学习效果。研究证明，与学校教学内容相关的科普场馆体验能让观众记忆更为深刻（Falk J H and Dierking L D，2013）。

2. 行为主义教育理论

行为主义理论始自苏联生理学家、心理学家巴甫洛夫。美国哥伦比亚大学的教育学家、心理学家桑代克和美国新心理学派的创始人之一斯金纳进一步发展了这一理论。在近代以前，对于学习的讨论主要集中在哲学思辨层面。比如，对于先天能力（nature）与后天教养（nurture）究竟什么决定了人的学习效果问题，自古以来就存在争论，但这种争论仅限于思辨层面。对学习的科学研究，以及对学习机制进行系统解释是近代实验科学尤其是心理学产生以后才出现的。自 1879 年德国莱比锡大学出现了世界上第一个心理学实验室以来，心理学逐渐奠定了学习的理论基础，"没有一个话题比学习更接近于心理学的核心部分"（戴维·迈尔斯，2013）。美国心理学家华生、斯金纳将心理学定义为"外显行为的科学"，认为心理学应该是基于可观察行为的客观科学，他们也因此被称为心理学的"行为主义"学派。20 世纪下半叶以来，教育学习理论从心理学扩展到脑科学的研究，由此也进入智能教育发展的新阶段。

行为主义理论认为，学习行为受外界刺激的影响很大。不管是人类还是动物，通过奖励、惩罚都可以改变学习行为，因此，其主要研究刺激与反射学习之间的关系。具体而言，学习主要通过三种形式进行。第一种是经典性条件反射，以俄国医学与生理学家巴甫洛夫的一系列实验而知名；第二种是操作性条件反射，以美国心理学家斯金纳的实验而知名；第三种是观察学习，或者说社会化学习，以美国心理学家班杜拉的实验研究而知名。其实质都是把学习者的反应与相关事务链接起来，形成刺激—反应链条，达到连接式学习的目的。

行为主义理论主要来源于实验，并被更多的科学实验所证实。但行为主义理论在诠释场馆科普学习时存在诸多缺陷。这一理论只能关注可观察到的行为改变，他们可以解释人类的大部分行为；但学习并不仅限于行为的改变，知识、技能、问题解决的改变同样是学习所追求的目标，而行为主义理论难以检视这些不可观察或者不太容易观察的目标。比如，科普教育有时是润物细无声的，对人的影响和改变是潜移默化的，而不是即时性的改变和效果呈现。这一点在观众科学观的改变方面表现得很明显，而行为主义理论对此不能进行很好的解释。这是因为长期的、有意义的行为改变，需要观众在不同情境中经历多次条件反射后才有可能被触发，并且这种触发还要依赖于观众的权衡。举例来说，一些以环境、能源为主题的展览，期望能改变观众的行为，比如购买节能灯具、进行垃圾分类处理等，但这些行为的改变需要长期的过程，并且观众还要权衡经济和其他收益后才可能改变行为。因此，运用行为主义理论解释或者设计科普展览和相关教育项目时，需要审慎处理。

3.认知主义的教育理论

认知主义教育理论也叫认知发展理论。该理论关注人们在解决问题的过程中和学习策略中观察不到的东西，研究人们大脑内部的思维过程。从其功能看，该理论正好弥补行为主义的不足，对于全面认识教育和学习效果具有积极的意义。认知主义理论将学习看作人脑对信息的加工过程，把对信息的记忆视作长期持续学习的证据。认知理论用信息加工模型阐释记忆是如何工作的，比如，经典三级记忆加工模型指出，记忆的产生分为感觉记忆、短时记忆和长时记忆三个阶段。认知主义者还提出了工作记忆的概念，并将工作记忆类比为计算机中的内存，将学习者视为按一定规则加工信息的计算机。随着脑科学研究尤其是脑部扫描技术（如 MRI、PET）的发展，为这一学派探索记忆和学习的机制提供了更多技术的技术支撑。认知主义的学习观与行为主义者所持的"刺激—反应"学习观形成了根本区别,认知主义理论从教育和学习两个角度,解释大脑在学习中的作用机制,形成了不同时期具有代表性的观点。

认知主义的学习观引导出了几种有效学习的策略。美国教育心理学家罗伯特·斯莱文(2011)认为,要激活学习者已有的知识,建立不同知识之间的联系,便于提供记忆和学习的效果。这就要求使用先导组织者(advance organizer)①引导学习者将新材料和已有知识概念联系起来。比如,要善于组织信息,将待传递的信息用图形、表格等方法组织成一种更易理解和可视化的方式,等等。此外,艾宾浩斯的遗忘曲线解释了遗忘的速度初始很快,之后会随着时间而减缓下来的现象。这一著名的发现对有效记忆和学习有着重大的影响。认知主义教育理论作为基础的指导教育与学习的理论和模式,虽然还没有被场馆科普教育者所利用,但随着场馆科普教育与学校教育的日益紧密的结合,场馆科普教育同样需要在具体的理论指导下进行,才能与学校教育更好地结合,并发挥更好的教育效果。

4. 建构主义的教育理论

建构主义主要源自于美国哲学家杜威、瑞士心理学家皮亚杰和俄罗斯心理学家维果斯基的研究。建构主义理论的主要代表人物有:皮亚杰、科恩伯格、斯滕伯格、卡茨、维果斯基。建构主义理论的核心是以学生为中心,强调学习的重要性,即强调学生对知识的主动探索、主动发现和对所学知识意义的主动建构的作用,而不是传统教学意义上的"以教为中心",强调老师教,学生记——把老师的知识传递到学生的笔记本上。

皮亚杰是建构主义理论的典型代表,他是认知发展领域最有影响的一位心理学家,提出了著名的儿童认知发展阶段论,把儿童的认知发展分为感知运算(0—2岁)、前运算(2—7岁)、具体运算(7—11岁)和形式运算(11岁之后)四个阶段。皮亚杰将组织和处理信息的基本方式称为认知结构,将人们行为和思维的模式称为图式(schemes)。人类运用图式来探索世界并与之互动。根据皮亚杰的观点,适应就是以同化(assimilation)或顺应(accommodation)

---

① 先导组织者也由奥苏贝尔提出,这一概念指的是在学习之前展示给学生的引导性材料,学生能利用它来组织和解释新的信息。这种材料有高度的抽象性、概括性和全纳性。

的方式调整自身图式以响应环境的过程。同化指的是以现有图式来理解新物品或事件的过程。顺应指的是在利用原有方式存在问题时，儿童必须修正已有的图式来面对新的信息或新的经验。举例来说，一个学生习惯于利用卡片法记单词，当他遇到元素周期表，他也采用同样的方法来记忆，但这种方法似乎不管用，因此他打算和同伴商量怎么用其他方法来记忆。卡片法可以被称为原有图式，在遇到新问题时，同化失败，只能采用新方法来顺应。这种原有图式不起作用的时候，被称为不平衡状态，顺应产生后，被称为平衡（equilibration），不断打破平衡的过程就是儿童的发展过程。皮亚杰认为，亲自体验和操纵环境对于发展具有关键作用。他也认为，与同伴之间的互动，尤其是讨论和论证，能帮助厘清思路，让思维更具逻辑性。在皮亚杰看来，儿童就是在持续的同化和顺应中建构自己的知识。

经过建构主义学者的不断完善，建构主义理论逐步成为现代教学中的具有较强指导意义的理论。与行为主义、认知主义不同，建构主义认为，知识仅存在于人类的大脑中，不是独立的客观存在，只不过是人们对客观世界的一种解释或假说。这与行为主义和认知主义所持的客观主义的知识观截然相反。建构主义认为，世界是客观存在的，但对于世界的理解（即知识）是由每个人自己决定的，这种理解依赖于个人经验。知识具有不确定性、个人性和情境性。这种知识观所带来的学习观是，知识不是通过教师传授获得的，不是学习者被动吸收、接受和灌输的，而是学习者在一定的情境中，借助于教师和同伴的帮助，利用必要的学习资料，通过意义构建的方式而获得的。学习的过程就是学习者主动建构知识的过程。与前面所提的几种学习观相比，建构主义更强调学生在学习中的主动作用，其教学策略经常被称为"以学生为中心的教学"，教师的角色从传道授业者、主宰者演变为促进者和辅佐者。正是因为建构主义主张以学生为中心，因此其特别强调创设学习环境，比如要创设与学习主题和内容相关、与现实情况类似的情境；要注重协作和对话，因为学习总是发生在学生之间、师生之间的合作互动中，也即合作学习（cooperative learning）。"情境""协作""会话"和"意义建构"是学习环境中的四大要素，对于课堂外的场馆科普教育具有重要的指导意义。

除了情境化学习和合作学习之外，建构主义中另一个非常重要的概念是发现学习（discovery learning）。发现学习有好多好处，比如，唤起好奇心、激发探索求知的兴趣、激励学生主动分析处理信息、掌握独立解决问题的技能、锻炼批判性思维、特别适合自然科学知识的学习，等等。"做中学"（learning by doing）是发现学习的一个基本原则。有研究者（Alfieri L, Brooks P J and Aldrich N J, et al., 2011）根据发现学习过程中受辅助的程度，将发现学习分为不受辅助的发现学习和受强化的发现学习，前者一般没有辅助，或者在发现过程中有一个缺少经验、智慧或判断力的同伴；后者则有一定程度的教学辅助，比如提供反馈等。这些研究者对已经发表的有关发现学习的荟萃分析发现，完全无辅助的发现学习在学习成果上不如直接教学；受强化的发现学习比其他形式的教学效果更好。

有研究指出，建构主义学习环境包含了促进有效学习的功能和理念，与场馆科普中的学习情境比较吻合，因此，场馆科普中的学习受建构主义学习观的影响最大，尤其对于科普场馆的教育项目设计具有极大的启发性和指导性。

（三）场馆科普教育和学习理论的作用

从古代朴素的学习观到建构主义，对学习的概念化已经超过了一个世纪，形成了诸多的理论流派，迄今为止也未有对学习形成意见一致的定义。学习理论仍然在不断地演变中，对什么样的学习效果最好的探讨和研究也在不断进行中。心理学家李红（1999）指出，"在学习心理学领域，小到一个定义，大到一个理论，对于学习的本质都缺乏统一的认识，学习是一种多层次、多侧面的、适应性的心理活动"。然而，不同学派对于学习的理解倒是具有共性。

第一，学习是一种获取新知识技能、修正或强化已有知识技能的过程，而不是对事实性或过程性知识的简单收集。第二，学习的结果可以反映为知识的改变和技能的获取，也可以体现在态度的改变、意识的形成、情感的变化、意志的改变等方面，也就是说，学习的效果是多维度的。布鲁姆的教育目标分类和加涅的学习结果分类集中体现了这种多维度性。第三，学习可以发生在多种情境中，学习的情境可以是正式的，也可以是非正式的。学习的效果受学习者个人、教育者、同伴群体、学习内容和形式等因素的影响。在不同情境中，各个因素起作用的重要程度是不一样的。第四，学习是非常个人化的活动，尽管许多的学习活动发生在班级或小组中，个人的学习依然是一种将新获取的信息与个人已有经验发展出的知识基础联系起来进行"知识建构"的过程。这种建构过程是非常个人化的。欧洲教学研究学会（EARLI）前主席曾提出有效学习的 12 条心理学准则（表 2-1）。这些准则无论对正式的学校学习还是非正式的场馆学习都是适用的。

表 2-1　有效学习的 12 条心理学准则

准　　则	简　要　说　明
主动的参与	学习离不开学习者的主动、建构性的参与
社会性的参与	学习是一种社会活动，参与到社会活动中去对学习的发生有核心作用
做有意义的活动	人们在参与那些他们认为在实际生活中有用的，或者在文化上有重要意义的活动中时，学习效果最好
联系新信息与已有知识	新的知识建构在那些已经被理解和被相信的知识基础之上
注重方法	人们通过有效和灵活的方法来帮助他们理解、论证、记忆和解决问题
自我管理和反思	学习者必须知道如何组织和监控自己的学习，如何设定自己的学习目标和如何纠正错误
重构已有的知识	有时已有的知识会阻碍新东西的学习。学习者必须学会如何解决这种内在的不一致，并在必要时重构已有的概念
朝着理解而非记忆而努力	当学习材料按照一般性的原则来组织时，学习效果更好；学习不要基于对孤立的事实或过程的记忆之上
帮助学习者实现转化	当所学课程用于实际生活情境时，学习更有意义
需要时间练习	学习是复杂的认知活动，不能一蹴而就。在某一领域建立专业知识需要大量时间去练习
注意发展性差异和个体差异	在考虑儿童个体差异时，学习最有效
创造有动机的学习者	学习受学习者动机的影响极大。要帮助学生形成学习动机

来源：Stella Vosniadou. How Children Learn（Educational Practices Series-7）［M］. Paris：International Academy of Education，International Bureau of Education，2001.

　　然而，众所周知，儿童和成人的学习是不同的，学习科学与学习语言同样有巨大的差异，发生在学校中的学习和科普场馆中的学习也有不同之处。因此，前述各种学习观和理论虽然对于科普场馆中的学习都或多或少有一些启示，但这些理论大多数是建立于对学校学习或者对儿童行为学习的观察和实验的基础上，没有形成对科普场馆学习的观察和研究的专门理论，因此这些理论和学习观并不一定完全适用于科普场馆学习的实践。许多对学习的研究都基于正式的学校教育情境，这一类研究的结论，以及提出的理论模型对科普场馆中非正式学习的指导意义较为有限。科普场馆的重大使命是促进公众理解科学，而正式的学校科学教育对公众长期的理解科学的贡献也极为有限（Falk J H，Storksdieck M and Dierking L D，2007）。科普场馆在科学教育项目的设计和开发中还缺乏有针对性的理论指导。对学习的概念化有助于加深对于科普场馆中学习活动的理解。因此，有必要了解那些直接基于科普场馆或其他非正式教育场所的观察而形成的概念框架。

二、场馆科普教育和学习的特点

在与观众对话及行为分析的基础上，研究者逐步提炼出一些有关科普场馆学习以及参访动机的模式。前述各种模式都是基于对科普场馆中学习的直接观察所得经验证据而做的分类、归纳与总结。应该说，分类与归纳是从具体知识转为抽象知识的基本途径，也是建立一门专门学问的必经步骤。前面的各种分类其实已经给科普场馆的教育项目评估提供了一些分析框架。比如，通过观察法收集观众的学习行为时，就可以运用巴里沃特的三分类法对学习行为进行归类，计算低阶学习与高阶学习行为的相对比例，以了解展品的教育效果并有针对性地进行改进。虽然从抽象知识到形成系统自洽的科普场馆学习理论还有相当长的距离，但前述这些分类对应用导向、理论程度较低的教育评估来说已经具有现实参考价值了。只不过这些分类基本上是围绕展品和展览的，即所谓"以展品为中心的学习"。科普场馆越来越注重提供丰富多彩、形式各异的教育项目，目前尚缺少对参与者在这些教育项目中学习的抽象化与概念化。表演性的教育项目与展品展览是完全不同的，目前有关观众在表演性教育项目中学习的理论还近乎空白。同时，有关科普场馆学习的理论仍然处于持续的探索中。

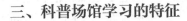

三、科普场馆学习的特征

（一）学习与休闲之间界限的模糊性

尽管科普场馆提供了多种形式的教育项目，但观众来科普场馆参观的目的一般是休闲娱乐，学习似乎只是休闲娱乐的副产品。人们很难将"学生"或"学习者"来充当观众的同义词。这对展览和展品项目尤为如此。对表演性的教育项目，休闲娱乐的成分也极有可能大于学习的成分。当观众观看了一场非常精彩的科学表演，可能会产生对科学现象的兴趣，但很少有人能更深入科学概念的理解层次。参与者在结构性的、交流性、综合性的教育项目中学习的成分一般会大于休闲的成分。但总体来说，科普场馆中的学习与休闲之间界限仍然是模糊的。

（二）学习方式的自主性与社交性

由于科普场馆中的学习具备"自由选择性"，因此，观众在学习内容、学习方式、学习伙伴等的选择上具有极大的自主性。在学习获得的支持方面，父母、其他监护人、同伴、教育工作者等起着十分重要的作用。这些人构成了科普场馆学习的社会情境。科普场馆中学习的社交性十分明显。但自主性与社交性特征在不同类型的教育项目中也存在较大差异。在展览展品、附属讲解辅导、综合性教育项目中，自主性和社交性较强。在结构性和交流性教育项目中，一般来说自主性要弱一些，社交性则因项目设计而异。但总体而言，与正式环境中的科学学习相比，科普场馆中的科学学习自主性和社交性是非常高的。

（三）学习内容和时间的碎片化

科普场馆中的教育项目不以系统传授某一学科的知识为目的，因此，学习内容经常是碎片化的、非结构的。这在展览展品项目中表现得尤为明显。对于结构性、综合性以及交流性教育项目，内容的碎片化程度要稍低一些。碎片化的内容并非无用，它可以拓宽视野、增加兴趣、了解前沿信息、辅助系统学习。

碎片化内容可能是系统学习和深度学习的催化剂，但它也会加剧信息超载、增加认知负荷，导致被动接受、缺少深度学习、注意力不集中等问题。时间上的碎片化在展览展品项目上也表现得尤其明显——观众在每个展品前投入的时间都非常短。在其他类型的教育项目中，时间的碎片化程度也要低一些。学习时间的碎片化再加上如果没有问题引导或者缺乏总结，就会使学习效果大打折扣。

（四）学习情境影响的高度重要性

应该说，没有哪一种场所的科学学习受情境的影响比科普场馆还大。一方面，不同类型的项目提供了不同的教育情境，它决定着学习的参与者、学习的内容、学习的方式、学习的材料以及学习的效果。另一方面，不同来源的情境对学习的影响是不同的。个人情境自不待言——个人来科普场馆的动机、已有的知识、对学习的准备等因素对学习效果产生重要影响；物理情境决定着学习的资源和条件——设施、展览环境、纪念品店甚至餐厅都会影响观众的参观体验；有时观众提问的数量和种类都受展品设计的影响。社会情境决定着和谁一起学、是否有讨论交流互动、谁来支持学习。情境对于科普场馆学习效果的影响至关重要。因此，科普场馆一方面在创新不同的教育形式，另一方面在不断促进以上三种情境的优化，以让参与者取得最佳的体验和学习效果。

（五）高层次认知性目标较难实现

在展览展品类教育项目中，一般来说，参观现场不会有多少学习的证据，但在参观之后如果观众遇到了与参观有联系的情境时，他们会回忆并联想到科普场馆的经历。尽管如此，高层次的认知性目标仍然难以实现，比如，分析、综合、评价、创造能力等技能，一般不会在展览和展品的参观中得到发展。除了设计和实施得较好的结构性教育项目，其他项目中都难以实现高层次的认知性教育目标。高层次认知性目标难以实现，导致很多人对科普场馆学习持怀疑态度。或许有人认为，这并不是科普场馆的缺陷，反而是强项——因为科普场馆主要是为促进学习科学的兴趣，认知性学习目标并不重要。但这种说法有偏颇之处，并且与主流的科普场馆实践并不相符。

总的来说，尽管有着类型多样的教育项目，科普场馆中的学习仍然属于非正式学习范畴。尽管有专家认为科普场馆中学习应该从非正式教育向非正规教育转变①，并且把这两种概念做了细致的区分，这当然是有必要的。但是，实然与应然之间存在较大差距，这使笔者在本书中不再区分非正式学习还是非正规学习，统一称为非正式学习。《非正式环境中的科学学习：人、场所与追求》一书的第五章详细介绍了科普场馆中的学习特征，可供读者学习参考。科普场馆的使命在于创设良好的科学学习环境与资源为观众和项目参与者服务。非正式学习可以没有设计、没有目标，但科普场馆的教育项目需要有设计、有目标。

四、科普场馆学习与其他场所学习的差异

（一）科普场馆学习与学校学习

有比较才有鉴别，对于非正式学习特征的总结很多来自对正式学习和非正式学习二者的比较。科普场馆和学校里的科学学习，在各个维度上表现出明显的差异（表2-2）。

第一，科普场馆中的学习相对学校中的学习缺乏组织性和制度性。尽管学校可以"组织"学生去参观科普场馆，科普场馆可以"组织"展教活动，但学生在科普场馆中的学习本身是非常灵活的，其学习方式及内容具有极大的自由选择性，学习过程本身是无法组织的。在科普场馆中，学生并无任何的"纪律"约束，学习的路径、节奏均由访客自己决定。

第二，观众和其同伴（主要是家人、朋友和小组成员）是科普场馆学习的主要参与者，讲解员的参与不是科普场馆学习的必要条件。学校中的科学学习是"学生主体、教师主导"，教师作为参与者的主导作用十分突出。

第三，就学习者而言，科普场馆的观众具有极大的多样性，而学校的学生至少在年龄等人口学特征上异质性极低；由于择校行为以及分班教学，同一学校和班级学生的家庭背景也较为接近，但科普场馆中的观众在家庭背景方面则差异极大。

第四，在学习目标方面，学校中的科学学习特别强调系统的知识掌握，而科普场馆中的学习目标则比较分散、随意，甚至具有极大的不确定性。尽管在

---

① 来自于中国科学技术馆朱幼文研究员的通信资料。

展览或展品设计时计划要实现某个学习目标，但访客最终的学习成果却极有可能偏离这个目标。换言之，科普场馆的学习可能会产生无法事先预见的效果。

第五，科普场馆中的学习是观众的自主选择（尽管参观科普场馆的决策并不一定由观众自身决定），因此，内部动机在科普场馆学习中占重要地位。换言之，科普场馆学习主要是"我要学"，而不是"要我学"。这一点与学校学习中司空见惯的外部激励有很大区别。

第六，从学习的内容来看，学校中的科学学习以课程为形式，预设的课程特别强调系统化、结构化，学生对内容没有选择权。而科普场馆中的学习内容则是碎片化的，尽管科普场馆在展览主题上有线索和结构可循，但学习者主要凭自己的兴趣、经验来自主选择学习的内容，这种选择不具有结构性。学生在学校中学习的是科学发展中前人已经总结好的历史的、间接的和抽象的经验；在科普场馆中，学生通过与展品的互动，得到的是当下的、直接的、具体的经验。从具体到抽象的转换还需要其他条件的满足。

第七，从学习载体上看，教科书和各种练习作业是学校学习的基本载体，二维的文字和图片是主要传递媒介。实验室中的学习由于硬件要求、时间限制等因素，在学校中的科学学习中只起辅助作用。在科普场馆中，学习的主要载体是三维的展品实物。展品标签说明等附属物也是学习载体，但由于大部分观众对待参与性展品的第一反应是操作，操作有疑问才会去看说明或者干脆放弃，是"先做再看"或者"只做不看"，因此，标签说明只起到辅助作用。

第八，从学习的形式来看，学校的科学学习是以被动接受为主的，教师讲授系统的科学知识，学生的主要任务是通过思考来消化知识和运用知识。学生的信息主要通过听讲和阅读获得。科普场馆中的学习与学校学习形式完全不同，它对听讲和阅读的依赖极为有限，学习的主要形式是观察、体验、模仿和动手参与，调动的器官有眼、耳、鼻、手乃至整个身体。例如，科普场馆中常见的"时光隧道"就是通过创造眩晕感来帮助观众了解视觉感受器信息对平衡感的影响。这种在"玩中学""做中学"的学习形式在学校中是很难实现的。

第九，从学习时间来看，学校中的科学学习时间有数年，并根据学生的认知发展特点分成了多个阶段；而科普场馆中的学习最多只能维持几小时。其中，观众的认真观看时间通常小于30分钟，并且这么短的时间还要分配给多个展品。因此，科普场馆中的学习往往带有显而易见的"即时性"成果。但是，这类成果是浅尝辄止的，不能期望观众在概念学习方面能取得系统的成果。

第十，从学习效果的评价来看，学校学习以客观的外部评价为主，标准化考试是评价的通用手段；评价具有时间滞后性，即评价要发生在学习过程之后较长时间。这种评价伴随整个学习过程，往往具有高利害性，学习者容易产生压力。而科普场馆中的学习效果以观众主观的自我评价为主（表2-2）。这种

表2-2 学校和科普场馆中科学学习的比较

项目	学校的正式科学学习	科普场馆中的非正式科学学习
组织形式	强组织性、强制度化	弱组织性甚至无组织性 弱制度化甚至无制度化
参与者	教师、学生	观众及其同伴，有时包括讲解员、项目指导老师
学习者	人口学特征相近、背景相似	人口学特征差异大、背景多样化（根据项目期待参与者而定）
目标	目标较为明确，主要是掌握系统的科学知识和技能	目标比较分散，包括科学概念的理解、技能的掌握、好奇心的满足、兴趣的产生、意识的形成、态度的改变、观念的改变等目标中的一种或几种
动机	外部动机为主，教师希望激发学生的内部动机	内部动机为主，场馆希望能设置一些条件以外在地激励学习
内容	结构化、系统性、预设性、强制性；历史的、间接的、抽象的经验	碎片化、自由选择性、自主性、自愿性 当下的、直接的、具体的经验
载体	教科书、练习作业；其他教学材料	展品实物及附属物；其他教学材料
形式	被动接受为主	以观察、模仿、体验、动手参与为主
时间	时间有数年	时间仅为数小时甚至更短
评价	外部评价为主，评价标准主要为学习成绩，测量较为"科学"，评价结果有利害性，易产生压力	观众自我评价为主，无明确的评价标准，测量不那么"科学"，评价结果无利害性，无压力产生
责任	有对教师和学校的问责制	没有对科普场馆及馆员的问责制
效果	直接性、明确性	渗透性、模糊性

评价可以是显性的，即观众表达了学习的效果；但更多时候评价是隐性的，即观众自己感受了学习的效果，但未表达出来。即使是显性的评价，评价结果也隐藏在对科普场馆体验的描述中。

此外，学校的科学教育有问责机制，学生和教师需要对不理想的成绩负责；但科普场馆中则没有这种问责机制。学校的科学教育的效果具有直接性和明确性——每堂课都有明确的期待效果；而科普场馆中的科学教育则重在营造环境以渗透有关科学的知识、情感、态度、价值，具有一定的模糊性。

需要提到的是，上述差异分析主要是就科普场馆的展览项目与学校科学课进行的。科普场馆的其他教育项目有的和学校教育项目有类似性，有的和校外的非科普场馆实施的教育项目比较接近。因此，表2-2中的比较分析不可一概而论。

（二）科普场馆学习与其他非正式学习

1. 科普场馆学习与一般性博物馆学习

福克与迪尔金（Falk J H and Dierking L D，2013，p44）把参观博物馆的目的分为五个类别：第一是社交；第二是娱乐和游玩；第三是学习和个人充实；第四是爱好与专业兴趣；第五是崇敬，比如对艺术类博物馆中某个罕见杰作所产生的崇敬之情。艺术、历史和自然类博物馆期望观众尊崇展品，甚至要求人们穿戴适宜——"衣冠不整者恕不接待"。很多人认为博物馆是正规的、令人敬畏的地方。但科普场馆则完全不同，它鼓励人们去触摸和操作，去科普场馆的观众一般着装随意，不需敬畏，也不会对展品产生崇敬感。

此外，博物馆中的讲解对于学习的影响与科普场馆有很大差异。就展览和展品来说，博物馆陈列的藏品背后有许多故事，不通过讲解，可能不会给访客留下任何印象。换言之，如果没有讲解者为观众创设虚拟的情境，观众是无法自我创设情境的。笔者曾经参访过德国坦克博物馆，面对冰冷的机器，如果没有讲解员的生动讲解，笔者是无法体会第一次世界大战期间步兵看到这些无坚不摧的庞然大物时的惊恐心情的，对于技术在战争中的作用也不会有更加深入的理解。但是，对于科普场馆中的展览和展品，则主要依赖观众自己参观和动手操作，讲解的作用要弱很多。对于其他类型的教育项目，讲解则可能对科普场馆更重要。比如，结构性的教育项目对讲解者（教师）的要求非常高，而在博物馆中此类教育项目很少见到。

2.科普场馆学习与其他"地点"非正式学习

美国国家研究委员会（National Research Council）将非正式科学学习的"地点"分为四类：日常生活环境、有意设计的环境、课外科学学习项目和科学媒体。科普场馆属于设计出来的环境，与其他非正式学习"地点"既有共同点又有区别。日常生活环境的科学学习没有结构性，非有意设计，人们只能靠"碰巧"学习到了科学；而科普场馆的教育项目是有意设计的，带有不同程度的结构性，具有较为明确的教育指向性。课外科学学习项目与科普场馆提供的结构性教育项目（如工作坊、实验课）具有类似之处。科学媒体则可以作为科普场馆教育项目的一部分来看待——巨幕电影、纪录片、短视频都可以在科普场馆中找到发挥教育作用的空间。

有些地方性知识的学习更需要在一定的自然、社会、人文环境下，才能理解，才能真正学会和掌握。尤其中国是一个多民族的国家，即使是一些少数民族的习俗也包含着很深的哲理；地方上的一些谚语，甚至能够言简意赅地指导人们的生产和生活。比如，徽州地区的古建筑、傣族和土家族的吊脚楼、广西的艾叶糍粑、湘西的过刀山火海等都包含着丰富的地方性知识。这些地区的大自然就是天然的教室、教师，在这些地区成长的孩子，其所掌握的实用知识并不比城里的人少，而且这些人可能更懂道理，更具有科学思想。这也就是传统的技艺大师能够生产制作出不朽作品，而战争年代的工匠，比军事院校毕业的高材生还能打胜仗的原因。

第三章
场馆科普教育项目的评估与管理

科普和科技传播离不开媒介和平台。现阶段，中国的科普教育大多在科普基地、科普场馆、文化广场等场地，且以科普活动、展览展示、培训、竞赛、制作等项目的形式展开。因此，通过评估了解科普的影响和效果是进一步搞好科普活动，提升科普效果的有效手段。本章简单介绍场馆科普教育项目的评估和管理。

第一节　场馆科普教育效果评估的必要性

目前，世界上许多科技博物馆、科学中心，在大力开展科学教育、科技展览和活动的过程中，都把效果评估作为科技（博物）馆工作的重要组成部分。用谷歌搜索引擎搜索的结果表明，国外对科技馆（科学中心）的评估研究和实践是十分重视和活跃的。但是，这些评估中，真正对科技馆等科普场馆展览效果进行的评估只占一小部分，而且主要是针对展品设计、开发（进行过程评估）、展览规划（进行战略评估）、观众调查、教育效果（进行效果评估），大多从观众反应的角度进行评估。类似对公益事业及其项目的评估有很多，美国、加拿大的一些评估杂志上经常发表一些评估界的理论探究和评估实践方面的文章。美国专门报道评估实践和评估研究的期刊有 10 多种。从 1980 年以来，美国一直把评估作为一个重要的产业来发展，这从一个侧面说明国际上对评估工作是重视的。在国内，场馆评估无论是从展览效果上还是从展览的过程、计划、组织上，都很少进行。这可能与我国的场馆管理体制和运行机制有关，但这也说明我国对于公益事业的效果评估不太重视，也不够成熟。

一、国外场馆教育评估

有关科技博物馆科普效果评估的问题，最早见于维克多·丹尼洛夫所著的《科学技术中心》，他在书中指出：几乎所有博物馆工作者都认为，需要进一步评价博物馆的各种展品和项目，但只有相当少的机构从学术的角度出发，认真地估量了它的效益。……他们怀疑是否能对展品和项目的有效性做出考查……绝大多数的展品设计都是直观的，因此，很少对它们进行评价研究。……根据博物馆自身的条件，恰如其分地评估博物馆是很困难的。

从目前国内外资料来看，各国对于科技博物馆的评估更多的是建立在参观人数多少这一点上。2018 年，世界范围内的社会公益性教育机构的参观总人数估计超过 5 亿人次，仅中国就超过 1 亿人次。参观人数最多的是美国国家宇宙与空间博物馆，每年参观人数近 1 亿人。美国、加拿大、澳大利亚、印度等有参观人数超过百万人次的公益场馆开展各类教育和学习活动。加拿大的皇家安大略博物馆平均每年吸引近 100 万名观众，仅 2017 年创下有史以来的最高纪录，达到了 130 万人次，而其网站的年点击量达到 370 万人次[①]。

除从参观人数多少来讨论科技博物馆的科普效果，国外也有一些机构和科技博物馆联合进行了某些展览或展项的评估，对整个科技博物馆的评估尽管少见，但也有尝试。总的来说，在国外，对科技博物馆整体评估是一项起步比较晚的工作，而且由于没有一套成熟的评估指标体系，各个科技博物馆都是根据自身的情况进行评估实践，因此很多工作都处在探索阶段，或者说有关科技博物馆科普效果评估的研究落后于实践。

威斯康星——密尔沃基大学心理学教授斯科瑞温对场馆教育效果评估概括为：对于演示展览等价值的系统评价，旨在做出有关某些教育目的的决定。这

---

① 伯顿·K.利姆. 集自然、历史、世界文化于一身的皇家安大略博物馆［J］. 自然博物馆研究，2018，3（1）：71-76.

种评估研究是在被称为"目的参照法"的基础上进行的。它将某个阶段的目的归纳成可以评价的条目，由参观博物馆的观众，对博物馆的展品、展览、活动等进行评价。这种评估方法既可以用于展览开发和形成阶段，也可用于展览展出的效果评估，目的在于测量展览是否与目标相符，是否达到了设计目的，或者与设计目标的差距。通过这种评估，可以形成反馈信息，以改进展览的设计，达到系统校正的目的。

根据这种理论，国外的评估方法是三因素理论：它把评估研究建立在三个"可变性"的标准上。第一种"可变性"称为展品设计的"可变性"，即展品本身所具有的自然特性要通过何种形式表现出来，例如，趣味性、通俗性、视听设备的使用、观看所需的时间、演示的场地等；第二种"可变性"为参观展览观众的"可变性"，它提示了观众的特点和基本素质的变化情况，例如，观众的年龄、受教育程度、性别、科学背景、对知识的吸收能力和兴趣等；第三种"可变性"是展览效果的"可变性"，它给出了观众对展览的意见和评价，以及通过某种方法对展览进行检验与评估，如展览引人注意的能力、提高观众兴趣的能力、传播知识的能力等[①]。

三因素理论评估标准的核心是观众。这种理论是匹兹堡美国研究院在美国教育部举办的一个名为"大视觉"的流动展览展出过程中进行评估使用的。

美国创新技术博物馆也曾开展过评估，目的是了解该博物馆取得了多大的影响和效果。它注重从观众的实际体验来明确博物馆的效果，调查涉及了观众参观博物馆的总体体验，包括最积极的和最消极的体验；观众参观博物馆所获得的认知体验；观众对博物馆展品、展厅环境和服务的意见；观众对博物馆的使命的了解；观众的人口统计学特征；观众的参观特征等。调查方法主要是开放式深度访谈、标准化的问卷调查和参观后的电话访谈。

法国维莱特科学与工业中心开馆前的预展也依据此理论进行了评估。这种评估主要是评定观众对展品或展览的认可程度。但对于一个科技博物馆来说，它的效果到底如何，这一理论没能进行评估。

---

① 中国科普研究所，中国科技馆课题组. 科技馆常设展览效果评估［M］. 北京：中国科学技术出版社，2006.

1998 年，美国电气电子工程师学会组织了一些人对科普场馆进行非正式评估。他们的评估方法是派学会的一位会员作为"专业评判员"，由此人带孩子去参观科技场馆，孩子们担任"青少年评判员"。参观后，专业评判员与青少年评判员共同完成一份简短的评审报告。报告内容包括：对展览内容的简单描述；展览所针对的对象是谁（广大公众还是特定的目标群体）；过去是否来参观过；展览的哪些内容最好；哪些地方有待改进；展品的物质状况（有没有破损，图片是否清晰，有没有开关失效的情形，等等）；信息准确程度；信息的新颖程度（他们认为，花费主要精力去传播或接收历史化的科技内容已不太合适，应该将主视野放在铺天盖地的新知识、新技术海洋里）；展示效果；展览是否有性别偏向（即能吸引男孩，而对女孩的吸引力不大）；成人对展览的评价意见；孩子们对展览的评价意见；其他意见；愿意不愿意向其他人介绍推荐这一展览，等等①。

总的来看，评估是实践性很强的学科，评估者的经验对能否真实收集到有效的信息具有关键作用。虽然各个不同的场馆及其所承载的展览项目，具有不同的目的，不存在统一的标准和指标，各馆根据自己的需求和侧重自行选择调查项目及内容，但是，对科普项目的效果评估则又有一定的要求，也可以互相借鉴，至少在评估维度的要求上具有一定的共性。

一般情况下，国外对于场馆展览教育的评估，大多通过收集观众的意见来进行，除非一些资助基金、捐赠者有要求，否则，很少对于场馆整体运行效果、展览展项的实施效果和影响进行评估。通常把评估作为展览项目的组成部分，设计调查表格或问卷，观众参观结束后，可以随时把意见保留下来，或者根据调查问卷进行答卷。工作人员可以收集观众的意见，进行分析、评价和判断。

二、国内场馆科普教育效果评估的现状

目前，国内对于公益性项目的效果评估也日益重视，无论是评估研究还是实践工作都有了较大的发展。一些大型的科普场馆及科技节事活动，也要求项

---

① 这种评估方式大多用于形成性评估，即在项目开发过程中，或者项目正式开放之前进行的评估，目的在于测量其有效性和存在的问题。这种评估方式比较灵活，不需要收集大样本数据。

目实施方提供评估报告。在这种情况下，场馆科普效果评估也逐渐发展起来。国内一些人士也对科技博物馆的效果进行了评估，除了用参观人数的具体数字外，也采用指标体系并结合定性与定量的评估。这些评估工作对指导场馆科普的开展，尤其是提高场馆科普的教育和学习效果，发挥了重要作用。

在场馆科普中经常使用的评估方法有调查表法、访问法、观察法等，这些方法得到的数据虽然不能很好地说明科普场馆的运营效益，但能在一定程度上反映观众对于展览或某个教育活动的感受。尽管单个观众的意见不能代表整个场馆的实际情况，但通过抽样的方式，可以反映不同人的不同看法。如果大多数人（达到显著水平即可）认为，某个场馆的科普做得比较好，那么，也就可以得出真实的结论。而且，通过研究，设计科学的指标体系进行综合的评估，则是一种多角度全方位的评估，不仅有观众的体会、公众的意见，还有真实的大数据记录和分析、投入产出的效果比较等。

2002年以来，中国科普研究所一直对科普进行监测评估，场馆科普效果也是监测的重要对象。该所在科普评估的理论和方法上进行了长期的研究，出版了一系列成果。自2004年始，中国科普研究所与中国科技馆合作，对科技馆常设展览的科普教育效果进行了评估研究，并且，利用形成的评估理论和方法，对科普日、科技周等大型的科普活动展开评估；中国青少年科技活动中心也对科普活动的效果进行了评估。总的来看，科普教育效果评估活动已经逐渐得到认同并开展起来，形成了系统的评估理论。这些理论和方法不仅可以进行场馆展厅项目的评估，还可以对场馆中开展的不同科普项目、科普类型的教育效果进行评估。

三、开展场馆科普效果评估的必要性

随着市场经济体制改革的逐步深入，事业单位体制改革逐步提上日程。对科普场馆及其类似的公益事业进行评估也势在必行。这一方面是由于提高财政资金和社会资金使用效率的需要，另一方面也是场馆自身发展的要求。随着社会经济发展水平的日益提高，人们生活的改善，人们的消费支出将逐步从吃住行转变为休闲、娱乐和提高、发展自我，国民收入的分配也逐步由一次分配、二次调节发展为三次调节，对于科普场馆这样的公益事业，其发展也会越来多地依靠社会调节机制，即依靠企业、个人捐赠和消费引导来获得发展和维持所需资金[①]。在这种大趋势下，社会公益事业运营的效果如何，即能否使人们获益以及获益大小，是否有利于社会的长期利益，将成为资金流向的主要方向标。对这种效益或效果好坏、大小的判断，也将从传统计划体制下的主观好恶转变为科学评估。那么，怎样衡量此类事业的效果、如何进行评价等，也就成为此类事业发展的关键课题。

因此，对于某一具体的社会项目或公益事业，比如科技馆，从我国科技博物馆发展的实际和进一步发展的要求出发，进行科学评估，也就成为科技馆进一步发展和提高运营效率的重要组成部分。

四、加强科普场馆评估[②] 是促进科普事业发展的重要手段

科普场馆是开展科普教育活动的主要场所，尽管其他场馆也会开展科普教育活动，但这些场馆的主要功能并非是科普。因此，科普场馆的教育效果如何，基本上决定了科普工作的成效。正因为如此，世界各国都比较重视科普场馆的建设，尤其是具有较高水平的大型科技博物馆的建立，不仅适应了20世纪初资本主义世界经济竞争日趋剧烈的需要，而且是传播科学知识、弘扬科学理性精神的重要场所，对提高一个国家的科学文化水平，为创新发展奠定坚实的基础，具有重要的作用。如法国发现宫、英国科技博物馆、德意志科技博物馆和美国芝加哥科学与工业博物馆等一些欧美著名的科技博物馆，都是在大规模的国际博览会的基础上建立起来的。但是，科技博物馆的兴旺期，包括大量建立新馆和大力改造旧馆工作的迅速开展，是20世纪下半叶的事情。例如，美国旧金山劳伦斯科学馆是1968年建成的，它以数十台微型计算机和计算机终端供人们练习操作为特点；美国宇宙空间博物馆是1972年筹建，1976年建成展出的。另据中国科技馆的统计资料，美国有164所科技博物馆，其中近100所是1980年以后建立的；日本的50所科技博物馆中，其中的38所是

---

① 国际上发达国家的发展经验和有关部门的划分理论，将社会结构划分为政府、企业、非政府组织、非营利组织等。同时，这些理论认为，非营利组织（NPO）和非政府组织（NGO）通过接受社会捐赠，起到对国民收入进行第三次调节的作用。

② 根据文献搜索得到的资料翻译整理提炼出的内容。

1960 年以后建立的，日本国立科学馆的现代科学技术部分也是 1965—1978 年陆续新建的。另据中国科技馆的专家研究表明，科技博物馆的数量在发达国家的各类博物馆中，虽然占 10% 左右，但是观众人数所占比例超过 50%，并且大半是青少年。因此，科技馆对培养青少年的科学兴趣，提高公众的科学素养，增强国家的科技发展后劲，起到了独特的作用。

五、科普场馆的快速发展为评估提供了广阔的市场

20 世纪 80 年代中期以来，我国的科技馆等科普场馆经历了一个快速发展期。截至 2018 年年底，我国已经建成科技馆 500 余座，各级科普基地 3 万余处。这些科普场所的功能也经历了一个迅速扩张期：新的教育项目和校外活动、大型的巡回展览、新的包括像剧院这样的附加场所，迅速加入科普场馆行列，从而使观众大量增加。随着信息化的加快，一些新的技术被用于展览教育项目中，增加了对观众的吸引力，也提升了教育效果。但是，一些专家指出，这种靠增加娱乐和举办临时展览的做法，虽然吸引了一部分观众，却使科技馆偏离了科普的功能，而科技馆科普功能的真正发挥，还需要依靠开发长期的常设展览。因此，美国、英国的一些地方科技馆、科学中心开始转变观念，逐步认识到"科学是一个过程"，在科技馆展览中，增加了一些动手型、互动型的项目，同时重视科学思维技巧的培养。这些实践改变了传统上把科技馆当作一座"科学的圣殿"的理念和把科技馆作为一本立体的科学教科书的做法。在科普教育过程中，也逐渐采取了新的教育理论、模式和理念，将传统以教为中心的理念，转变为以学为中心；在教育理论上，由认知主义转变为以建构主义理论为主。

科学是一个过程的理念，旨在强调，理解科学的最好方法是从科学实践中去发现，把科学探索当作理解世界和学习新东西的过程。对观众来说，获得观察、感觉、实验、想象、发现的体验，以及像科学家那样思考问题，比学习特定科学领域的事实更加重要。虽然科学知识很有价值，但真正有价值的是知识产生的过程和方法。科学知识有用是由于它以证据为基石，但是，如果不知道知识怎样产生于证据，只是把它当成教条的学科，就不算真正理解科学；而真正的答案应该以理解规则为基础。

随着这种新理念的被认同，国外科技馆更加注重对科技馆展览、展品开发、科技馆布局的评估工作，加强了对观众的调查，把社会科学研究的一些重要方法运用到科技馆评估上来，通过评估来改善科技馆的展览、展品设计开发，以及改善管理。随着现代信息技术的发展，尤其是多媒体技术的发展，给科技馆增添了新的手段和技术，也使科技馆充满新的活力。网上科技馆和网上评估工作也日益活跃。更重要的是，各类科技馆不再忙于日常的事务性工作，比如布展和讲解，而是加强了对科技馆发展理念、影响评估和展品开发的研究工作。

第二节　场馆科普教育项目评估

不同的科普场所，如科技馆、水族馆、动植物园、地质公园等，所实施的项目不同，具有不同的功能和效果。在评估过程中除了遵循一般的科普、学习、教育理论和技术，还要结合场馆所承载的知识、项目的特征来进行评估。科普场馆项目指的是科普场馆中所承载的科普教育项目，以及不同科普场馆作为项目本身来进行管理和评估的过程。从目前的评估研究结果看，主要评估框架和方法包括四类。

一、基于调查的影响和效果评估

这种评估主要采取指标体系法架构总体评估框架，并以问卷调查结合统计数据采集方法，对科普场馆的整体影响和效果进行评估。评估的主要维度包括：场馆的规模、设施、投入、观众量、举办活动的频率，以及公众对场馆的知晓度、媒体的反映、社会上的影响等。通过评估，比较不同的场馆在科普方面发挥的作用，为管理部门的政策制定、项目发布、资金支持提供依据。

1.评估依据：政策和理论

评估主要考虑不同层面的政策对科普场馆的要求。例如，尽管很多科普基地和场馆是事业管理，是非营利机构，但随着改革的推进和发展需要，其上级管理部门对这些机构有一定的考核指标，要求完成基本的任务。在经费预算、人财物、活动开展等方面也有绩效（KPI）要求，这样，就要依据这些任务目标来设置指标。

此外，对于科普产生的学习和教育效果方面的评估，就要依据知识点、原理，项目特点，如项目设计的目标、理论科学性等，设置相应的指标以开展评估。例如，常设展览、临时展览、专题展览、巡展等，就要依据具体的展览内容设计相应的指标；有些项目在设计的时候就要遵循相关的理论，有的依据教育理论、有的依据学习理论、有的依据行为过程，有的针对科普传播的基本过程和理论。这就需要在评估过程中考察这些理论假设的正确性，以及效果的表现等。

2. 数据采集：统计和问卷法

对于科普场馆整体影响力和科普教育效果方面的评估，依据不同的评估指标采集相应数据。一般情况下，关于场馆的基本情况，比如规模、观众量、办展次数、科普项目形式等，可以根据平时的记录进行统计和收集；对观众和社会公众的意见、态度和评价，则要求进行公众调查，包括参观的公众和社会公众（没有进场馆参观）。调查可以采取现场观众调查，即依据随机原理，抽取一定量的观众进行科学调查；也可以委托专业的调查机构进行社会公众调查，主要了解公众的知晓度、态度和意向；还可以采取线上线下结合的方式，开展有针对性的项目调查。具体的抽样调查方法，可参阅社会调查方法方面的教材。值得注意的是，随着互联网普及率的提升，大多数的公众都在网上，通过网络调查，或者利用网络大数据技术进行数据的收集和分析，可能会具有更好的效果。

3. 指标体系构建

指标设计及相关指标数据的获得是各种评估的关键。科普场馆中以各种项目的形式开展科普教育，其效果评估也需要通过一系列的指标进行度量，而且单一指标还很难度量其效果。由于科普效果的潜在性、多样性，不仅需要通过指标体系进行综合测量和计算其效果，还需要通过问卷调查来反映其潜在的长远性的效果。

指标体系的构建一般基于项目理论、目标和功能，依据不同科普项目的效果表现进行多维度设计，以衡量其综合效果。比如，一般科普项目都具有知识的获得、观念的转变、态度的改善、技能的提升等方面的效果，而有些效果具有潜在性，甚至连受教育者自己也难以体会，这样，就需要通过设计一些问卷来收集相关数据。

指标体系构建须遵循基本的原则和方法。这些原则包括主观和客观、定性和定量、社会效益和经济效益相结合等；常用的方法包括头脑风暴、德尔菲法、聚类分析、主成分分析等。指标体系的设计者需要对项目的功能和效果表现具有较深的认识，对科普专业有深入的研究和丰富的经验，而不是随便设置一些指标就可以进行评估或度量。

二、基于活动学习单的效果评估

学习单也称为参观活动单、工作表等，英文名称为 worksheet、activity sheet。现有理论和相关研究表明，在科普场馆中进行科普教育，利用学习单有利于提升参观者的学习效果；同时，学习单本身就是对观众在科普场馆中学习效果的一种简单测试。由于用学习单进行效果评估，具有简单易行、能够及时快速反映教育项目的有效性，因此，在科普场馆的科普教育项目上被广泛采用。学习单评估方法虽然具有实用性，但也存在一些不足。参观活动单是场馆为了提高展品的科学传播效果，针对特殊受众（特别是学生团体）设计的、自主参观学习的工具，在有利于及时了解并促进学习效果的同时，也在一定程度上制约了学习者的创新力和理解力。

林世洲[①]（1999）采用实验法，对中国台湾低年级学生使用研究者自编的参观活动单对学习科学概念和参观行为的影响进行了研究。结果表明，使用参观活动单的学生在参观持续度、人际互动、操作，以及记录信息方面的行为，较未使用的学生频率高，并促使学生之间产生较多的讨论。但跟踪研究表明，使用参观活动单后，并未使学生在后续知识测验中的成绩有显著提高，对展品理解程度也差别不大。Krombass，A. 等（2008）发现，允许学生结对完成

---

① 林世洲. 使用活动单的参观模式对国一学生参观台北市立天文科学教育馆的影响［DB/OL］.（1999–10–03）［2019–06–20］. http://www.airitilibrary.com/ Publication/alDetailed Mesh0021–2603200719100389.

学习（参观活动）单，可以提高他们参观的积极性和对概念的理解力[1]。Eunice Nyamupangedengu 等（2013）在南非一所大学的博物馆，通过一次生物学展览，对 4—7 年级的学生使用参观活动单时的对话进行了研究。通过研究发现，参观活动单在多方面可以帮助学生的学习[2]。研究还指出，教师在活动单的使用中起到关键的作用，但影响了学生与活动单和展品之间的互动。而 Price & Hein（1991）认为，参观活动单使学生局限在目标任务上，有可能损失了更广泛的观察[3]。Griffin（1999）认为学生将精力放在展品的说明牌上以获得活动单答案，而忽略观察实物[4]。

学习单评估方法的缺点是：参观者过于集中精力回答参观活动单上的问题，为了完成任务而影响了他们的观察，对于使用者的学习是否有积极影响很难判定；参观活动单对参观者正面的影响有：促进观众与展品互动作用，引发观众间对科学的讨论，帮助观众理解展品的内容，有教师或家长指导，对使用者的积极影响更加明显。

因此，对科普场馆中具体教育项目的评估，可结合学习单的内容，设计具体的问题在观众参观结束以后进行问卷填写。这样可以避免事先发给学习单指示学习内容并进行评估的不足。

三、基于项目理论框架的评估

在科普工作中，往往以不同的项目形式进行运作，通过相互关联的一系列项目运作来达到一个较大的目标。这样，项目管理与评估也就成为重要的手段，既可以促进资源有效利用和效率的提高，也可以针对不同的人群、不同的场馆，选择或者开发不同的项目，加强项目之间的效果互补，提升科普的整体

---

[1] Angela Krombaβ, Ute Harms.Acquiring knowledge about biodiversity in a museum-are worksheets effective?［J］. Journal of Biological Education，2008，42（4）:157–163.

[2] E Nyamupangedengu， A Lelliott. An exploration of learners' use of worksheets during a science museum visit［J］. African Journal of Research in Mathematics，Science and Technology Education，2012，16（1）：82–99.

[3] Price S， Hein G.More than a fieldtrips：science programmes for elementary school groups at museums［J］. International Journal of Science Education，1991，13：505–519.

[4] Griffin. Finding evidence of learning in museum setting［J］. Communicating Science: Contexts and Channels，1999：110–119.

效果。通常，项目评估基于一定的框架，设计具体的指标体系，依据组成项目要素在各自系统中发挥的作用，确定指标权重，并设计评估模型。经济、工程领域的大多数项目需要追求效益和效率，因此，投入产出模型也就成为工程类项目的重要评估框架和模型。

科普场馆项目大多数是公益性项目，不一定追求经济指标，但项目设计都有一定的目标，因此，围绕项目目标进行评估指标和评估框架的设计是基本的逻辑。所以，这种项目评估方式一般又叫做基于逻辑框架的评估方案。

项目框架一般包括项目理论、项目目标、背景和政策依据、项目执行过程、作用目标人群的改变等，评估框架一般基于投入和产出维度进行架构，数据采集则依据项目进展过程中对各要素的统计、调查和观察。在数据采集、分析和评估结果的处理过程中，基于项目框架的评估一般采取综合方法，即定性与定量相结合的方法。

四、基于观察的行为评估

观察法是获取评估数据的重要方法之一，是研究者有目的、有计划地在自然条件下，通过感官或者借助于一定的科学仪器，考察并描述教育对象行为动态或者反应的方法。科普场馆中的展览、互动性、游戏类教育项目，评估者通过观察观众的行为，可以有效地评估项目的科普教育效果。观察方法包括参与式观察、非参与式观察、融入情景式观察、实验性观察、直接观察和间接观察等。在科普场馆的科普教育项目评估中，可以是结合学习单进行结构式观察，也可以利用现代信息技术进行跟踪，收集行为轨迹并进行分析。基于观察的行为评估依据观察者的经验会有很大的差别。

观察法的优点是获得的数据比较客观可靠，可以获得一些肢体语言信息。缺点是只能得到表面的现象反映，不能知道背后的原因，也就是知道"是什么"，而不能知道"为什么"。观察法可以依据项目设计的目标，设计观察表，将观察到的反应填写到表格中，进行归类分析。一般地，观察表就是评估指标的主要构成，也是需要评估的基本维度。

观察法可结合观察日记、观察记录表、活动单（学习单）、评估指标等具体技术，既可以是定量的记录，比如在某个展品面前停留的时间、互动的时间；

也可以是定性的描述，如有没有疑惑，有没有遇到难以解决的问题，展品有没有使用和操作上的困难等。

观察记录单一般包括：观察目的、观察对象（采取抽样法选取）、观察时间、观察地点、观察方法、观察内容（对象特征描述、对目标展品的反应、滞留时间、互动时间、是否阅读指示说明、是否询问讲解员、离开时的表情等）。具体运用办法，后面章节还会介绍。

第三节　场馆科普项目的管理

从科普场馆实体和组织机构来说，进行评估是为了有效管理，提高场馆及其项目的效果，因此，熟悉科普场馆的管理流程对明确评估的目的，正确设计评估的维度，有效开发项目等具有重要的意义。

一、场馆科普项目管理流程

一定程度上，科普场馆管理的核心是其承载和运行项目的管理。加强科普场馆项目的评估，是科普场馆管理的重要手段。科普场馆中的科普项目（简称场馆科普项目）管理需要遵循项目管理的基本流程。虽然科普项目有其特殊性，但也不能脱离项目管理的共性。从理论上看，场馆科普项目的一般性管理流程可以概括为图 3-1。[①]

1. 科普场馆项目的需求管理

科普以满足公众需求为第一目标，针对不同科普对象的特点和实际需要开展科普活动和实施科普项目，能够提升科普工作的效果，有效发挥科普资源的作用，在科普场馆的科普

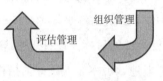

图 3-1　科普项目管理的一般流程

---

① 郑念，张平淡. 科普项目管理与评估 [M]. 北京：科学普及出版社，2008：42.

教育项目管理中，重视这一点是十分必要的。因此，科普项目的需求管理主要是明确三个主题：科普对象、科普目标、科普内容需求。比如，针对在校学生的科普项目，最好结合学校科学课的标准、教学大纲、年级需求来开发和安排项目，这样的项目就具有明确的针对性，可以起到事半功倍的效果。而面向一般公众开展的科普项目，就要针对需求调查，安排适当实用的科普项目。这样既可以激发公众的有效需求，以有利于组织公众参加科普活动，也有利于真正实现科普的目标，达到预期效果。可见，项目需求管理有利于提高项目实施的效果。

2. 场馆科普项目的计划管理

明确了科普对象和科普内容需求，就可以规划科普项目的子项目设置计划、科普形式计划、时间计划、经费筹措计划、费用配置计划等。这样，就可以提前进行布局，包括进行宣传、志愿者招募、资源整合等管理工作。如果是结合学校科学教育课开展的科普教育项目，还可以结合学校的课程设置，有计划地安排场馆科普教育项目，以达到馆校结合、学用结合、知行合一的效果。

3. 场馆科普项目的组织管理

场馆科普项目是一项大众活动，需要精心地组织安排与管理。因此，场馆科普项目的组织管理是至关重要的一环，既包括科普内容、实施者的组织管理，又包括科普对象的组织管理。而且，科普项目往往离不开科普志愿者的招募和管理，需要协调不同学校的课程安排。同时，尽量错开高峰，尤其是在寒暑假期间，更要注意避免观众扎堆，影响参观展览的效果。"凡事预则立，不预则废"，有效的计划、组织、管理，对于项目的成功和效果提升都是十分重要的。

4. 场馆科普项目的评估管理

科普项目实施之后，需要对其进行评估，以便于对项目进行很好的回顾，利于未来相同或类似科普项目的实施。科普项目的评估管理，既包括科普效果评估文件的撰写，还包括用科学的评估方法，以及对科普项目的效益、效率进行评估。评估应该成为场馆科普项目的组成部分。国际上，展览评估已经成为促进项目改善和提高的重要手段，也是场馆自身学习的主要途径。科普场馆应该把评估作为工作的重要内容，加以管理和实施。

二、场馆科普项目管理的基本原则

在场馆科普项目实施过程中，不仅要加强管理，还要遵循管理的基本原则，运用科学的手段进行管理。相应地，场馆科普项目管理一般遵循如下十项基本原则（图3-2）。

> 原则1 项目负责人全过程负责
> 原则2 把握真正的科普需求
> 原则3 根据实际情况调整方案
> 原则4 依靠团队力量
> 原则5 有计划地执行项目
> 原则6 关注内部沟通
> 原则7 持续激励成员
> 原则8 注重仪式
> 原则9 灵活运用项目文件
> 原则10 主动寻求信息反馈

图3-2 科普项目管理的十项基本原则

1. 原则1：项目负责人把控科普项目的实施方向

项目负责人是一个引领者，而不仅仅是一个管理者。前者的主要任务是"做正确的事"，是引人；后者的主要任务是"把事情做正确"，是管人。引人可以把人提升到一个高水平，管人则是限制人的行为，往往会影响人的积极性和创造力，不利于发挥人的主观能动性。

作为项目负责人，需要把控场馆科普项目的实施方向，需要使项目运行符合项目理论、目标人群的需求，有效地进行布局和讲解，适时地收集项目反馈信息。其实，不仅是项目管理如此，一般的行政管理、组织管理、机构管理都是如此，只有能引导人的领导，才能把事业发扬光大，才能把组织中的人引领到更高的水平。

2. 原则2：把握场馆科普的基本属性

场馆科普与一般科普项目没有什么本质的区别，只不过场馆科普更具有经常性、规模化、功能化等特征。场馆科普教育具有一般科普的基本属性，如科学性、通俗性、参与性、人文与科技融合等；公众到科普场馆来也是冲着科普项目的这些特殊作用来的。因此，场馆科普项目管理就要对实施项目的这些属性进行评估、测试，以满足公众的科普需求。如果场馆科普项目本身不具备科普项目的基本属性，也就不可能满足公众的科普需求。而不能满足公众科普需求的项目，也就难以产生应有的效果。所以，了解和掌握场馆科普项目的基本属性，是场馆科普项目管理的重要方面，也是科普项目管理的出发点。

3. 原则3：有计划地执行项目

凡事预则立，不预则废。场馆科普项目大多是根据年度计划来执行的，这样场馆科普项目管理者就要结合科技发展的形势、国内外宏观形势的需要，进行项目规划和计划。在很多情况下，科普项目实施计划就是科普项目管理的指南和索引。只有有计划地执行科普项目，才能期待实现既定的科普目标，满足发掘的科普需求，从而使科普对象满意。

4. 原则4：依靠团队力量

场馆科普项目从策划、设计到开发、实施，需要方方面面的人才共同合作，需要众多人员参与，还需要协调诸多方面的支持才能完成。因此，场馆科普项目需要发挥团队的力量，相互合作，互补有无。

众多的科普项目实践表明，科普项目团体的凝聚力如何决定了科普项目组织实施的程度如何；参与科普项目人员的积极性调动得如何，决定了科普项目的产出效果和结果。

5. 原则5：根据实际情况调整方案

即使制订了严密的科普项目计划，也不能保证现实情况与假设情况相符。计划只是对未来可能出现情况的某种假设的规划，在科普项目的具体执行过程中，项目管理者需要根据实际发生的情况进行及时调整，以使科普项目能更好地贴近科普需求，更好地符合现实执行情况。在场馆科普项目实施过程中，还需要因时、因地制宜安排项目，并根据不同的人群及时调整内容，还要根据社会上发生的热点事件，安排科普项目，达到借势科普，以取得最大的效果。

6. 原则6：关注内部沟通

无论是科普组织、实施、管理团队内部，还是科普参与的人员之间，都要高度重视沟通的作用。

在很多情况下，科普项目的实施是一种自愿活动，科普项目组织大多是一种非正式组织，科普组织者并不一定具备行政所赋予的权力，更多情况是内部认同而形成的行动一致。因此，科普项目的内部沟通，不仅能够让众多人员目标一致，还能凝聚全体人员的力量共同克服科普项目实施过程中可能出现的困难和挑战。中国科协提倡的大联合大协作大平台的科普形式，在一定程度上就是这种通过沟通、协作，充分调动资源，取得社会效益的最好形式。

7.原则7：持续激励成员

教育心理学的研究表明：群体行为往往朝期待的方向进行。因此，对成员的持续激励不仅仅在于强化对科普项目本身的认同，更在于积极调动全体成员的积极性，进而有效地保证科普项目的实施。

8.原则8：注重仪式

国歌背景下的金牌颁发更能让奥运会金牌闪闪发光。试想，奥运会金牌在结束之后通过邮寄方式送达运动员手中，其神圣感、荣誉感、成就感等都会大大逊色。同样，在科普项目管理中，也要高度重视仪式的作用，这其中包括项目启动仪式、项目阶段仪式、项目结束仪式等的灵活运用。

在科普工作中要动员大量科普志愿者。对这种志愿人员就需要注重仪式，把大家的责任感、自豪感、使命感调动和凝聚成一种力量，就能形成全社会共同关注科普、参与科普的局面，促使全社会形成爱科学、用科学的社会氛围。

9.原则9：灵活运用项目文件

项目文件在于能在更广的范围内进行内部沟通，让项目信息传达更多成员手中，使科普项目的意向达成广泛一致。

现代条件下，项目文件要注意形式的生动性，要多注重多媒体文件的应用，要注重项目文件的共享和分级管理。

10.原则10：主动寻求信息反馈

科普项目管理不是单向的信息传统，而要寻求科普对象的信息反馈，这种信息反馈贯穿于科普项目过程的每个环节。科普目标设定之前，要寻求科普对象的科普需求信息；科普项目实施过程中，要寻求科普对象的反馈信息以便进行及时调整；科普项目结束之后，要参考反馈信息对科普项目进行有效性评估等。

三、场馆科普项目的特点

科普场馆的科普活动几乎包括所有类型的科普项目，因此，一般科普项目管理和评估的相关理论和方法，对于科普场馆的科普教育项目都是适用的。但是，科普场馆的科普教育项目具有一些自身特点，在进行管理和评估的过程中，需要加以分析，具体情况具体对待。这些特点主要体现在以下几个方面。

1. 日常性

科普场馆是做科普的主要场所，其所承担的科普教育项目具有工作性质，体现出日常性。因此，应该把场馆科普项目评估和管理作为重要内容，列入工作程序。我国的科普场馆很多，涉及不同的部门、领域、学科、层级水平，虽然有些场馆只是被授予科普基地的称号，其主业并不是做科普，但在科普基地的命名和管理过程中有明确的要求，每年必须承担一定量的科普任务。这说明，科普项目也是这些场馆的重要工作内容，对于这些科普项目进行评估也是十分必要的。对于科技馆、科学中心、青少年科技活动中心等以科普为主要业务的场馆，科普项目是其主要的运作方式，更应该加强科普项目的管理与评估。

上海市科普教育基地管理办法（节选）

第四条　申报科普基地的基本条件：

1. 面向公众从事《中华人民共和国科学技术普及法》所规定的科普活动，有稳定的科普活动投入；

2. 有适合常年向公众开放的科普设施、器材和场所等；每年开放时间累计不少于200天，对青少年实行优惠或免费开放时间每年不少于20天（含法定节假日）；

3. 有常设内部科普工作机构并配备必要的专职科普工作人员；

4. 有明确的科普工作规划和年度科普工作计划。

申报"上海市基础性科普教育基地"，除符合第一款规定的基本条件外，还应同时符合以下条件：

1. 室内展示面积不少于300平方米；

2. 至少配备1名专职科普管理者和2名专职科普讲解员。

申报"上海市专题性科普场馆"，除符合第一款规定的基本条件外，还应同时符合以下条件：

1. 室内展示面积不少于 2000 平方米，配备专门的科普教室或报告厅；

2. 每年向社会公众开放不少于 250 天，法定节假日至少开放一半天数；

3. 至少配备 2 名专职科普管理者和 4 名专职科普讲解员。

申报"上海市综合性科普场馆"，除符合第一款规定的基本条件外，还应同时符合以下条件：

1. 建有独立科普建筑，展厅（馆）面积 30000 平方米以上，设有 400 平方米以上的科普报告厅和 1000 平方米以上的临时展览厅；

2. 每年向社会公众开放不少于 300 天，法定节假日至少开放一半天数；

3. 具有不少于 50 人的专业科普工作团队，并至少配备 20 名专职科普讲解员。

资料来源：上海市科学技术委员会. 关于印发《上海市科普基地管理办法》的通知［EB/OL］. (2019-08-30)［2019-10-20］. http://stcsm. sh.gov.cn/p/c/162039.htm.

2. 专题性

很多场馆是专业类的，其科普项目集中于某个领域、学科或专业，比如动植物园、地质馆、水族馆、海洋馆等。这些场馆的科普教育项目也具有一些专业特点，在开展科普教育的过程中，具有一些自身的独特性。比如，动植物园中大多是标本结合标签说明的展示方式，有时可能是纪录片，大多数情况下以知识传递为主。因此，在衡量其教育效果时，就要依据教育对象的不同，设计具体的指标。比如，针对学生可以结合学校教育来设计评估指标，也可以采取学习单或活动单的形式进行考核；而针对成年人，可能更加注重提高其环境意识、生物多样性的认识等方面。

3. 参与性

一些科普场馆主要以参与互动为主。这类场馆的教育效果评估也要注意结合其教育性质来设计指标，比如天文馆、气象站的科普教育，以及航模制作、比赛，植物种植，动物饲养等。这类科普教育更加侧重培养公众的观察能力、分析能力和探索精神，其教育效果不能采取考试的方式进行评价，而需要通过绘图、描述等方法来进行评价和考核。随着我国中小学科学教育课程改革的推进，各地都推崇科学、技术、工程与数学（STEM）或科学、技术、工程、艺术与数学（STEAM）教育，这为各类场馆与学校教育的紧密合作，设计开发参与式的教学课程等教育项目开辟了空间，也将日益凸显科普场馆教育的优越性。

> 参与式教学法是一种源于国际非营利（NGO）组织、强调听课者高度参与的教学法。由于可以充分调动学习者的积极性，培养学习者的创新精神，20世纪90年代以来，该方法在西方高等教育机构中逐渐普及。自20世纪末开始引入中国，引入中国后首先在健康学、医学和MBA等专业培训与学历教育中展开，而后扩展到各类学科的教学中，并取得了良好的教学效果。

4. 群众性

群众性是说，科普场馆的教育对象不仅有适龄儿童、青少年，还包括各个年龄段的公众，有时甚至可能是一些行动不便的残疾人、老年人。这样，在课程设计、项目开发尤其是展品的开发过程中，就要照顾到这些公众的需求。比如，设计一些盲文，设计声音提示，进行专门的引导，等等。那么，在对一些专门的展览教育项目进行评估时，就要考虑一些额外的因素和指标。要特别注意其可进入、可触及、可使用等方面的属性，即除了通用的评估指标外，还要考虑可达性（accessibility）。

第四章
场馆科普项目评估的理论和方法

第一节　场馆科普教育效果评估基础理论

系统科学理论包括系统论、信息论和控制论，理论界将其统称为"三论"。系统论是把研究的对象视为完整的有机的系统，从整体的结构与功能上研究问题；控制论是对系统中的调节和控制的研究，其重点是反馈对系统控制的作用，从控制的角度去研究在各种控制作用下，一个系统的运转规律；信息论是从信息的获取、转换、传递、储存的过程来研究系统的运动规律。系统论、信息论和控制论三者是互相关联的，其中的概念、原理、规律是相互渗透的。三者的核心是系统。在研究系统问题时，以信息传递的观点来研究，就是信息论的问题，以控制的观点来研究，就是控制论的问题。由于"三论"是相互联系的学科群，所以一般将其统称为"系统科学"，也有人统称其为"信息科学"。

一、系统的理论与科普效果评估

1. 系统理论

简单地说，系统是相互关联并组成一个整体的一组事物[①]。如果我们抛开一

---

① ［美］斯蒂文·小约翰. 传播理论［M］. 陈德民，叶晓辉，译. 北京：中国社会科学出版社，1999：74.

切具体系统的具体形态，可以发现一切系统都具有一些共同点：系统是由两个以上可以相互区别的要素构成的集合体；各个要素之间存在着一定的联系和相互作用，形成特定的整体结构和适应环境的功能；系统具有不同于各组成部分的新的功能，即"整体大于部分之和"。一些复杂的大系统或巨系统还具有一些共同的特性，如整体性、相互依存性、层次性（等级制）、自我调节和控制、与环境的相互作用、变化和适应性、平衡性等。美国著名传播学家斯蒂文·小约翰认为："传播研究中最有代表性的理论是系统论。"由此可见，系统论对科普理论研究也是十分重要的。

2. 科普系统

由系统的概念可知，系统由要素组成，具有整体性、层次性、结构性、协调性。科普系统也不例外。从实践中看，科普系统的组成要素有：科普主体，即广大的科普工作者；科普渠道，即广播、电视、报刊、网络等媒体，以及科技馆、科普橱窗、画廊等场馆；科普受体，即广大受众；还有科普的内容。

3. 科普效果系统

科普效果系统由科普行为系统和科普效果表现系统两个子系统构成。对科普效果进行评估，就要对科普的行为系统和效果表现系统，以及两者的相互关系进行系统的研究剖析。由于科普效果的表现不在系统内部，更主要地表现为科普对社会经济大系统的贡献，因此，正确反映科普效果，还要摆脱科普系统本身的束缚，从整个大系统的角度加以考察。科普效果的这种外溢性，给整个评估工作增加了难度，但也正因为科普效果的这种特性，使科普作为一种社会公益事业，受到全社会和世界各国的关注。

二、信息论在科普效果评估中的运用

信息论是关于通信的理论，它是研究通信中传输和变换的规律性的科学。它撇开消息的具体种类和实际意义，并把通信系统理想化、数学化，从而概括一切通信系统的共同特征，深入揭示信息在通信系统中是怎样传输变换的。

信息论的研究范围相当广泛，它原则上可运用于自然、社会和人类思维等领域。有人把信息论划分为两个层次：狭义信息论和广义信息论。狭义信息论主要是应用数理统计方法来研究信息处理和信息传递的科学。它是研究通信和控制系统中信息传递的共同规律，以及如何提高各信息传输系统的有效性和可靠性的一门通信理论。广义信息论被理解为凡是利用狭义信息论观点来研究问题的理论。

信息论的理论和方法可以用于科普效果评估，主要理由有如下两点。

1. 信息论方法符合科普系统的属性

简单地说，科普可以看成是知识的学习、信息获取和传播的过程，是科学大众化的过程，在这个过程中，信息流是核心内容，科普不仅是个物质系统，更是一个信息系统。在这个系统中存在着信息的接收、存储、加工处理和传递的信息变换过程，正是由于这一信息流动过程，才维持着系统正常的、有目的性的运动，从而揭示了它们之间的信息联系。科普效果研究就是要对这个过程的效率表现，进行科学的评价和估计。可见，信息论方法对科普效果评估是有效和科学的理论方法。

2. 信息是一切系统的共同属性

人们认识世界和改造世界的实践活动，尽管有不同的形式，但都可以归结为"三股流"，即劳动力组成的人流，生产资料、劳动资料组成的物流，以及组织、计划、指导、协调以达到预定目标的信息流。任何一项实践活动都离不开这"三股流"，其中信息流在实践活动中起着更大的作用。它调解人流、物流的数量、方向和速度等，有时信息流的中断、堵塞能使整个实践活动遭到破坏。所以，只有不断提高获取信息的准确度、传送信息的及时性和使用信息的有效性，才能真正提高科普的效率，实现好的效果。

三、控制论方法在科普效果研究中的运用

科普系统同样可以看作一个控制系统。在科普系统中，产生和发出控制信号的人或机构可以看作是科普控制者（这里主要指科协），普通人民群众可以看作科普受体，而科普内容和渠道可以看作受控体。运用控制论的观点去考察科普控制系统的结构，可以帮助研究科普控制系统中各要素的功能，以及它们之间的关系，进而探索科普工作的有效途径。

反馈控制是控制论研究的重点。对于科普实践来说，要达到好的科普效果，就要建立科普工作的反馈机制，及时掌握群众对科普知识的需求情况，根

据反馈信息提供群众需要的科普内容，这样才能有的放矢，达到较好的效果。反馈就是把施控系统的信息作用于被控系统，再让产生的结果输送回来，并对信息的再输出发生影响的过程。反馈控制法就是通过反馈信息来调整下一步行动的控制（图 4-1）。

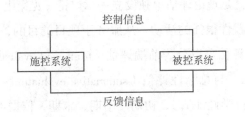

图 4-1 反馈控制系统

施控系统可以看成各级的科普组织机构和科普工作者、科普自愿者；受控系统可以看成各种科普渠道、媒体和受众；控制信息主要是科普内容和形式；反馈信息主要是科普效果。

在科普工作中，可以运用反馈控制法来研究人的心理活动、科普过程和科普机构管理，以达到检查、提高科普效果的目的。根据研究，目前对系统控制的方式有反馈控制、预先控制、模式控制、随机控制等。

在科普研究中，也可以运用控制论的思想进行系统研究。研究的客体就是被控系统，研究的主体就是施控系统，科普研究过程就是控制过程，科普研究者利用具体的研究方法和技术，从科普研究的客体（被控系统）中获得种种信息，取得种种研究成果，用来制订一系列的科普政策、方针、计划，而后再贯彻到（即应用到）被控对象中。这是一个简单的科普研究的反馈控制过程。控制论方法对于科普研究来说，是一种十分普遍且极其有效的科学方法。

第二节　场馆科普项目开发与评估

在进行场馆科普项目评估中，依据项目运行进程的不同阶段，可以分为理论性评估，以及前端评估、形成性评估和总结性评估（图4-2）。项目理论性评估虽然重要，但在具体的执行中却很少被使用。原因是项目的策划、设计和形成大多是专业人士进行操作，很多情况下假定项目是基于正确的理论基础上的，其科学性都没有问题，尽管现实中的情况不一定如此。所以，本书把项目的科学性评估，也就是理论评估单独设立一章讨论（见第七章）。

评估是一种实践性很强的活动。从服务于项目的目的，以及项目生命周期的不同阶段来看，评估可以分为前端评估（front-end evaluation）、形成性评估（formative evaluation）与总结性评估（summative evaluation），分别在项目的前期（如需求评估、科学性评估）、初期—中期、末期，依据不同需要进行。

图4-2 评估阶段划分

一、前端评估

场馆科普项目设计需要遵循科普教育的基本理论，针对不同的教育对象，通过精心谋划，开发设计不同形式的科普项目。场馆科普项目是否科学合理，在理论上是否站得住脚，除了进行理论性或科学性评估，还需要进行前端评估。前端评估也称前期研究或前期分析，其目的是收集必要的信息，服务项目的规划和开发。它一般在项目的开端实施，其服务对象主要是项目的设计者。项目设计者在根据展览的主题进行内容设计之前，需要从潜在的观众中了解项目目标是否可行，观众就有关主题已经知道什么、不知道什么、想知道什么，有哪些经历和体验，是否有兴趣以及有哪些兴趣，如何通过有意义且观众能够理解的方式将展览的主题表达出来。在项目评估中，这个过程也常做需求评估或需求分析，旨在了解观众的需求，以及相关的特征。大多数情况下，观众的需求具有隐蔽性，如何把潜在观众发掘出来，以及把潜在观众吸引到展览中来，也是这个阶段需要考虑的课题。前端评估的方法主要有一对一访谈、焦点小组访谈和正式（小样本）调查。对那些只依赖专家意见的设计者来说，前端评估有时候能发挥独特的作用，避免项目出现"叫好不叫座"的现象。一般来说，凡是面向市场举办的展览，大多需要进行项目的前端评估。

以科普展览为例，有效的前端评估具有如下作用。

第一，前端评估可以帮助展览设计者明确受众对象，定义出清晰的展览主题。有的展览主题在拟定时，设计者并不清楚自己对这个主题的理解是否与观众的理解相一致，前端评估能弥补这一缺陷。

第二，前端评估的结果可以直接帮助设计者进行观众定位，确定具体的展示内容，以及展品呈现方式。例如，福特·沃特（Fort Wort）科学与历史博物馆在设计"史前德克萨斯"展览时，有一个设计的展项是层状岩体墙，为了解观众如何观看这个展项，以及观众是否理解这个展项所表达的内容，前端评估组制作了一个模拟的层状岩体墙，让被访谈者来描述这个岩体以收集信息（Randi-Korn-Associates，1998）。

第三，前端评估可以帮助设计者识别哪些内容能让观众感兴趣，哪些内容观众根本就不在意。比如，对于同一内容可以有多个替代的展项，同一展项可以有多个替代的操作方式，前端评估可以让更好的选项脱颖而出。前端评估也能帮助设计者确定展览的进入点，即观众对于某一主题较为熟悉的内容。对于结构性和综合性教育项目来说，前端评估能更好地指导项目设计。对于表演性的教育项目，前端评估也可以了解观众潜在的需求。

案例4-1列出了波士顿科学博物馆为一个新展览所做的前端评估的主要内容。从中可以发现，这项前端评估的作用主要在于从观众的角度来辅助确定展示的内容，以及了解观众可能的兴趣点。需要提及的是，前端评估主要是为了鼓励被访谈者表达观点和感觉，因此，定性方法的使用更多些。

前端评估往往能为设计者提供非常丰富的信息，这些信息对展览设计者具有极为重要的意义。特别是在展览设计者遇到展览主题表现的难题时，从潜在的观众那里收集的信息甚至有决定性的作用。旧金山的探索宫在设计有关纳米主题的展览时，由于意识到纳米级别的微观世界难以通过视觉表达，因此前端评估组邀请观众说出他们能够想象的最小物体，并通过一定方式将其画出来。这一评估方法获得了丰富的信息，对展览的设计有着重要的启示作用（表4-1）。

案例 4-1　前端评估案例——人类身体与进化的"催化剂"

2008 年，波士顿科学博物馆的研究与评估部为该馆计划开设的新展览"人类生命"提供了前期评估服务。内容开发团队想为该展览创建目标、确定要传递的信息和内容理念。团队决定，展览应该聚焦向观众传递"人在变化"这一主要思想。展览的目的向观众介绍生态系统的复杂性，表明生态系统中的力量（包括人类的技术）影响着人的生理，也影响着人类的进化。为此，他们拟定了 5 类共 14 个导致人身体变化和人类进化的"催化剂"。

1. 物理的力量：人工光源、重力、阳光、温度
2. 经验的力量：飞机旅行、穿衣、语言、短信
3. 成熟的力量：成熟与衰老、老年生活辅助装备
4. 食品的力量：罐头食品、未加工食品
5. 微生物的力量：疫苗接种、病毒

前期评估要回答的问题是：观众对于环境（生态）因素既影响人类身体（解剖学）也影响人类进化的观点是什么看法？

研究与评估部花了 5 个月的时间收集数据。数据来源有两个部分，一是通过对博物馆的观众所做的访谈，共有 42 名观众参加；二是对博物馆的邮件列表发起的网络问卷调查，共回收 227 份问卷，以及对博物馆的观众所做的同样的问卷调查，共回收 68 份问卷。在访谈中，评估人给观众 10 张带有图片的卡片，代表 5 类"催化剂"（不含重力、温度、飞机旅行和穿衣），并让观众将这些卡片归为三个类别："了解""怀疑"与"惊讶"，即观众对于"这 10 个因素对人类身体以及人类进化有影响"的不同态度。在分好类别后，观众需要选出一张他 / 她认为"惊讶"的卡片，解释为什么会惊讶，然后再选择一张"了解"和"怀疑"的卡片，解释原因。在网络调查中，被调查者除了提供一些基本的人口学信息外，也要和访谈中一样，将 14 个因素归为三个类别并各选择一个因素解释原因。

评估结果和讨论分为 4 个部分：观众对于这 14 个因素的反应；比较观众对 14 个因素对人类身体影响和对人类进化影响的看法；比较观众对于自然因素（如阳光）和人造因素（如人工光源）影响的看法；观众可能的兴趣点。

通过一系列的定量和定性分析，评估部门得出结论：这 14 个因素中，尽管很多观众了解其中一些因素会影响人类身体或人类进化，如罐头食品、病毒等，但观众仍然对某些因素会影响人类身体或人类进化的观点感到十分惊奇，如空中旅行对人类进化的影响。观众更能接受自然因素对于人类身体或进化的力量，对于人造因素的力量则不太理解。观众更能接受一些因素影响人的身体，但对于影响人类进化则不太接受，也说不出原因。观众一般认为进化需要很长时间，而这些因素的影响则没那么长时间。

评估部门建议在内容设计时保留所有的因素，因为那些观众"了解"的因素可以提供更容易、更熟悉的展览进入点（entry point）。对那些不容易理解的因素，观众似乎有误解，甚至更加怀疑，所以在内容设计上也需要谨慎对待。

来源：*Kollmann E K，Reich C.Hall of Human Life Catalyst Sort Front-End Evaluation*，2008.

表4-1 前端评估案例——观众画出的"小"

发现1：有1/4的画中画了一个小点，被用来表达"小"，要么用来和他物比较，要么表示"小"是看不见的	→启示1：在可视和不可视的边界处的物体可以被用来向观众介绍微观世界
发现2：有15%的观众试图描述出他们所能想象的最小物体的实际大小	→启示2：考虑把实际大小的物体以可视化的形式展示，以建立大小和单位的概念
发现3：观众用类比的形式来表达熟悉的宏观物体和微观物体之间的大小差异	→启示3：使用类比法，用熟悉的宏观物体来帮助观众对纳米物体和其他大小物体之间的大小差异进行可视化
发现4：有10%的观众在图画中使用了数字	→启示4：帮助观众解释项目中的数字
发现5：少于10%的图画中画了人体。人体主要在放大中被使用，一般作为一系列更小物体中的最大一个	→启示5：人体作为微观物体的参照物过大，考虑使用更小的，人们更熟悉的物体作为纳米物体的参照物

来源：*Ma J. Visitor's Drawings of Small Front-End Evaluation*. 2007.

二、形成性评估

评估的重要作用在于发现和改变，促进学习与提高，达到预期或设定的目的。正如著名的教育评估专家斯塔福尔比姆所强调的："评价最重要的意图不是为了证明（prove），而是为了改进（improve）"（陈玉琨，1999）。为项目修正、改进目的而实施的评估被称为形成性评估。形成性评估主要收集项目的优缺点信息，并以此为基础改进或增强项目。形成性评估一般发生在项目运行的初期或中期。比如，巡回展览在几个科技馆展出后，为改进展览缺陷，提升展览效果，会安排形成性评估；某些展品在展出一段时间后，设计者想改进或修正，也可以安排形成性评估。形成性评估可以由项目开发者组织，也可以委托给外部评估团队实施。廖红（2001）在展品质量评估体系中，很好地运用形成性评估收集信息，提出的一些评价指标，如趣味性、参与性、公众的可接受性等，对形成一个好的展览，具有重要的指导价值。形成性评估既可用于展览的形成阶段，也可以用来改进和完善展品，以及用于展品定型阶段。但在展览的形成性评估中，要更多依据观众反馈的信息进行改进。因为展览的"顾客"是观众，观众群体的异质性要远远高于专家群体的异质性。教育评估专家斯泰克（Stake R E，1976）曾言，"当厨师品尝汤的时候，评估就是形成性的；当顾客品尝汤的时候，评估就是总结性的"。这句话虽然很简明地说明了形成性评估与总结性评估的不同，但面向公众的服务项目中，品尝也需要公众的参与，这样才能符合观众的口味。可以利用一部分公众（尤其是特殊群体的观众）对展品/展览的评价来改进质量，让展览和展品的科普教育效果更好，以惠及更多观众。案例 4-2 是一个形成性评估案例。

案例 4-2　形成性评估案例——"扩散"

"扩散"是一项非常吸引人的视频互动投影装置，它展示分子之间的碰撞。观众可以用手的影子来"推动"屏幕上投影的分子形状。碰撞会产生白色的火花。如果手的影子碰到屏幕上的"这是什么？"图标，屏幕上就会投影出信息"分子总是处于运动中，如果他们碰撞得当，能形成更大的分子"。装置在 2008 年 2 月完成后，已经在几个活动中展示。

评估小组访谈了在此装置中度过超过 1 分钟的 53 个观众小组（大部分是带小孩的家庭）。访谈问题主要包括：

1. 便利程度/趣味性（这个活动有多有趣？弄清楚如何操作是否容易呢）

2. 科学内容（用你自己的话来说，这个展品想展示什么？这个展品与你所知的东西有没有联系，或者说有没有让你想起什么）

3. 展品操作（在操作中有没有什么让你感到糊涂的呢）

4. 扩展（这个展品有没有让你想到了解其他东西呢）

根据评估的结果，展品设计者拟做出如下改进：

1. 改进装置的操作性和颜色；

2. 考虑增加一个动画的物理开关；

3. 更加全面地培训讲解员；

4. 把这个装置列入有关纳米或分子的展览中去。

来源：*Motto A，Seigel，E. Diffusion Formative Evaluation*. 2009.

与前端评估一样，形成性评估也需要收集观众关于展览或展品丰富的反馈信息，因此访谈等定性方法应用较为广泛。此外，由于观众对于某个展品的评价要比对整个展览的评价更具体、更深入，因此形成性评估在展品评估中的运用一般要比在展览评估中的运用更加有效。对科技馆的非展览教育项目，形成性评估同样起到非常重要的改进作用。例如，美国自然历史博物馆有一系列的可视化项目，即针对太空、地球、生物等主题，运用卫星动态图像制作的 3 分钟左右的短视频，来解释某一自然现象。这些视频在博物馆的网站上展示，也

可以用于相关主题的展览。目前，我们看到这些制作精良的视频中有不少是经过多轮的形成性评估不断改进后的作品。形成性评估案例见案例 4-3。

案例 4-3　形成性评估案例——"海面温度"视频

以"海面温度"为主题的视频项目（现已更名为"厄尔尼诺与拉尼娜现象"）经过了长时间的使用和评估，在评估后还经历了数次改进。视频项目的主要表现方法是通过颜色来增强卫星数据、图例和说明（如温度）；通过时间轴来标明时间变化；通过标签标明数据和地理特点；通过标题来传递主要信息。在第一次评估中，外部评估团队提出两个主要的评估问题：第一，视频在向观众传递信息时，其表现方法的有效程度如何？第二，视频有没有向观众传递出期望的关键信息（big idea）？

评估团队使用焦点小组访谈法收集信息，共有 6 次访谈，每次访谈持续 1 小时。焦点小组的成员从美国自然历史博物馆的观众中随机选取，尽可能做到多样化。观众们对视频中的地理位置、时间点、颜色选择、图例、地球形状表达、标题与叙述、音乐、图像等各个元素提供了详尽的评价意见，比如很多观众认为原始视频的时间变化速度过快；有的观众倾向于用相对量表达温度等。大部分观众用自己的语言表达了该视频期望传递的关键信息。评估团队根据观众的意见和建议对视频做了进一步的改进。

本视频项目页面：

http://www.amnh.org/explore/science-bulletins/%28watch%29/earth/visualizations/el-nino-to-la-nina

来源：*Foutz S. Data Visualisation Year 1 Formative Evaluation.* 2010.

三、总结性评估

总结性评估与形成性评估的目的不同，其目的是给项目作出明确的鉴定，评价项目在多大程度上实现了目标，鉴定项目的总体效果和价值。因此，它一般发生在项目开发的末期，其结论对项目的继续或终止有重要的参考价值（案例 4-4）。总结性评估还有另一项功能，即为其他项目提供借鉴经验或学习结论。由于总结性评估的鉴定作用，其结果具有不同程度的利害性，因此由内部人（项目开发者）来评估不合适，一般应交由专业、客观和中立的外部评估组织来实施。美国的许多科技馆中有向美国国家科学基金会申请的非正式科学教育项目，这些项目均要求有总结性评估。因此，总结性评估一般应项目的出资者要求而开展。总结性评估尽可能地从多个方面收集项目的效果信息，因此采用的评估方法往往是定性和定量结合，观察、访谈和调查相结合。

案例 4-4　总结性评估案例——设计区巡回展

"设计区"是俄勒冈科学与工业博物馆（OMSI）设计的巡回展。这个接近 600 平方米的展览目的是引导观众应用代数思维，目标观众是 10—14 岁少年及其家人。所有展品都是基于真实世界所涉及的数学和代数的设计挑战。展览项目给出了明确的代数思维定义，并将展览的目标效果分为：

1. 目标群体及其家人会使用代数思维技能。
2. 目标观众拥有高兴的、值得纪念的与数学 / 代数的接触体验。
3. 目标观众意识到代数不仅仅是解方程。
4. 目标群体及其家人会舒适地共同参与代数活动。

对于每个维度的目标效果，评估组制定了具体明确的指标体系。如针对第一个目标效果，有五个指标：①参观中，有 70% 的目标群体会发现展品中不同的代数关系和规则，这一效果由他们可以使用这些关系和规则来表现；② 60% 的目标观众能描述所遇到的代数关系和规则（文字、图片、模型、表格、方程等）；③ 50% 的目标观众能创造出自己的一套规则，能使用这一规则来扩展或创造一种趋势或其他的物体 / 数字转换；④在每个展品前平均逗留时间为 2 分钟；⑤展品使用的人口学特征能反映整个博物馆观众的人口学特征。

外部评估团队使用定性和定量结合的数据收集方法，在举办巡展的三个场馆开展总结性评估。第一个数据来源是展览结束后的调查。主要收集的是展览总体效果的达成度，尤其是那些量化的信息。展览结束调查的拒绝率大概为 50%，最终在太平洋科技中心（Pacific Science Center）和富兰克林科技中心（Franklin Institute）收集到了 900 份问卷。第二个信息来源是观察和跟随访谈。观察和访谈聚焦于了解观众体验的特点，比如观众是如何与展品互动的，观众小组内部是如何互动的等。总共在不打扰观众情况下观察了 154 个观众小组（绝大多数是带小孩的家庭），其中 113 个小组是随机选取的，41 个小组是有意选取，因为对后者又做了展后访谈。观察法在巡展的三个科技馆中均有实施。对于展后访谈，主要用的是半结构化的访谈法。第三个信息来源是视频数据。在 OMSI 的 3 个展项中设置了录像设备，来检验个别展品的哪些方面促进和支持了观众的代数思维，在共计 13 次录像后，评估组又对被录像观众进行了深度访谈。

通过对上述 3 个来源数据的分析，评估组得出如下结论：该展览成功地实现了既定目标和产生了影响。四个维度目标效果的 15 项指标中有 12 项达标，3 项未达标。

1. 84% 的参观者是以家庭的方式参观。37% 的参观组里有 10—14 岁的孩子。
2. 平均单件展品参观时间为 4 分 33 秒，超过预计的两分半钟。3/4 的组至少参观了一件展品。
3. 证据显示，参观者在过关或者解决挑战时确实使用了代数推理。
4. 有家长参加有利于孩子运用代数思维。
5. 77% 的组看到了展品上的数字、图画、表格等数据，但使用这些数据的比例稍低，约为 55%。
6. 孩子比大人更倾向于直接参与到展品游戏中。
7. 95% 的参观者表示参观过程很享受。
8. 94% 的参观者表示参观过程很舒适。
9. 74% 的参观者认为这些展品很有挑战性，不过他们最终还是完成了。
10. 82% 的参观者认可自己在参观中使用了代数知识。
11. 71% 的观众小组承认这些展品使他们回想起了他们在学校学到的代数。

来源：*Garibay Group. Design Zone Exhibition Summative Evaluation*. 2013.

四、不同类型评估的比较

不同类型的评估有不同的特点，下面主要比较形成性评估与总结性评估（表4-2）。

表4-2 形成性评估与总结性评估的比较

项目	形成性评估	总结性评估
目的	改进方案，修正展品	判定最终的学习效果
作用	获得改进方案的依据	获得判定成效的依据
评估目标	即时性的影响	长期影响和效果
方法	对每个展品进行试用、测试和观察	对展览、展项的整体评估
指标	依据教育目标设计指标，以适用性为主	观众的满意度、效果呈现等
实施时间	展览开发过程中或者未正式展出之前	展览完成或者正式展出期间
数据采集	观察反应、跟踪调查	问卷收集、访谈、座谈调查

第三节 场馆科普教育评估的基本方法

一、定性评估、定量评估与混合评估

从评估依赖的信息特点来看，评估可以分为定性评估、定量评估与混合方法评估。定性评估主要依赖质化的信息，它有时也被称为自然主义的评估。定量评估主要依赖量化的数据，混合评估两者皆有。在评估中使用定量或定性的信息，本身并没有优劣之分，主要取决于评估的需求。例如，展览平均参观时间、展品的平均观众逗留数等信息是定量的总结性评估所需要的，而观众对展品表达内容的描述，则是定性的形成性评估所需要的。但是，评估依赖的信息特征与评估的目的功能也不是完全的对应关系。对定性的信息，可以通过归纳编码方法进行量化的处理；对定量的信息，同样可以质化处理。所以，定性和定量之间在绝大多数情况下不是谱系的两极，而是呈现相互补充印证的关系。

评估中依赖定性资料还是定量资料，与评估人员对项目评估本身的认识论假定也有关系。世界观决定着人的行为，认识论决定着评估人员选择定性评估还是定量评估。

一般来说，偏重于定量信息的评估，被认为评估结果具有客观性和科学性，评估结果往往也更具说服力，有些信息主要来源于日常的统计记录和观察，是非常客观的事实信息。比如，人口统计学信息，如，收入、学历、文化、民族等信息，只需要通过数学的方法将信息提取出来即可。定量评估重视教育目标的实现情况：预设的知识、技能、情感的变化。偏重于依赖定性资料的评估人员，一般认为项目的教育效果具有建构性和情境性：这些信息存在于观众对展览后教育收获的解读中，需要通过问卷借助观众的回答来分析归纳。反对把复杂的教育现象简化为数字，认为这会歪曲教育信息，且有可能丢失重要信息。定性评估非常重视评估者本人对项目的熟悉乃至参与，强调评估在自然环境，以及自然发生的活动中而非人工控制的环境中进行，对资料分析则强调归纳和解释。定性评估重视那些项目参与者认为重要的、有价值的知识、技能等的变化。这些教育效果有时是项目设计者无法预测的。

二、专家评估、观众评估

从评估维度和信息的来源来看，科普场馆的教育项目评估可以分为专家评估和观众评估两类。所谓专家评估，即评估者依赖专家的专业知识对项目进行评估；所谓观众评估，指评估者依赖观众提供的信息对项目进行评估。严格地说，无论是专家还是观众，都只是评估的不同维度，都不能算作是完整的评估。但专家和观众都是评估信息的重要来源，只是他们评价的角度和具备的知识背景不同而已。有学者认为"观众具有最终的决定权，但专家对展品质量的评估却具有主导意义，观众对展品的评价是观众满意度研究的范畴"。这种说法虽然有一定道理，却在一定程度上降低了观众评估的重要性，从评估思维的角度看，现代评估技术一般将专家和公众作为评估的主要维度，都作为项目评价的意见，纳入总体评估体系，并依据不同的项目需要给予相应的权重。

从发达国家的经验看，通过观众对科普场馆教育项目进行评价，已经远远超出了观众满意度研究的范畴。并且，国外学者认识到，专家评价带有很大的局限性。例如，学龄前儿童对科技馆教育项目的评价有没有意义？如果单纯从专业知识的角度，似乎他们不能为项目改进提供任何意见，专家的意见应该更可靠。但是，澳大利亚博物馆的工作团队和大学的研究者就"咨询"了这些孩子的意见，并据此在博物馆内重新设计了新的"儿童空间（Kidspace）"展区（Dockett S，Main S and Kelly L，2011）。再如，博物馆工作人员能不能被视为专家？从常识来判断，这些工作人员展览教育工作经验丰富，当然可以视为展览项目的专家。但是，从事评估工作近30年的专家（Preskill，H，2011）发现，很多博物馆工作人员对厘清工作成功的具体效果方面的表现都存在困难。他们更多强调的是"做了什么事"，即每天例行的公事，而不是展览的效果。最后，从我国的评估文化来看，专家评价的批判性往往不足。受儒家文化的中庸传统影响，以及所谓的"面子"问题，专家一般不愿意对他人设计的教育项目给出十分具体的批判性意见。笔者的研究经验显示，在李克特量表式的评分中，选择类似"很好"或者"较好"的专家比例非常高。其实，从总结性评估看，项目管理者和实施方的意见同样事非常重要的，对于项目的改进和提高更具有针对性。所以，真正有效的评估，还应该收集管理方和项目实施方的评价。

在前端评估和形成性评估中，专家评价是非常重要的，但在总结性评估中，专家不能代替项目参与者（组织、管理、实施、观众等）的作用。在评估过程中，坚持多维度、全方位的评估理念，坚持多种方法结合的评估思维是很有必要的。科普场馆教育项目的效果最终要体现在参观者身上，专家认为好的项目并不必然能产生好的效果。这与学校教育中，学生评价教师和专家评价教师的结果经常不一致是十分类似的。专家对项目的评价往往从其已有的知识开始，强调项目的知识性、趣味性、可管理性、安全性等因素；而观众对于项目的评价往往是从其个人体验开始，强调个人的收获。不同的开端、不同的标准、不同的经验会造成评价结论的差异性。正如福克和迪尔金（Falk J H and Dierking L D，2013）所言"考虑到博物馆的性质，一般来说展览是由内容决定的，是由管理人和其他学术专家决定的，但如果展览内容成为唯一被关注的对象，展览的效果将被削弱。"因此，只依赖某一个信息来源是不足的，只依赖专家评价极有可能造成项目"叫好不叫座"的情况；只依赖观众评价来改进项目则有可能造成项目娱乐性过强、教育性不足的情况。

三、自评估、第三方评估与合作评估

根据评估实施方来自机构内部还是外部，可以将评估分为内部评估（自评估）、外部评估（第三方评估），以及内外共同组成评估队伍的合作评估。内部评估的主要人员，要么来自机构设置的研究与评估部门，要么是项目的实际执行人（自评估），或者是管理人员临时指派的人员。外部评估的主要人员一般来自机构聘请的第三方，他们有大学中专门研究非正式科学教育评估的人，也有专门从事评估的公司、事务所，还有可能是其他机构的评估人或者是上级主管部门委派的人员。

内部评估和外部评估各有其优势和劣势。就专业知识而言，内部评估人员工作在项目实际运作的场所，他们拥有有关项目内容的第一手知识，也熟知相关的机构政策与实践。外部评估人员则可能有全面的评估方法和技术，而缺乏对项目的整体认识和理解。外部评估中的专门研究非正式科学教育的人员，一般而言评估能力更高，视野也更为开阔。从获取成本来看，场馆固然可以指派工作人员去开展评估，似乎不需要付出额外的成本。聘请外部评估人员的成本一般要高于内部评估。但场馆如果要保持持续的、跨项目的评估能力，必须成立专门的部门来从事评估工作，这项成本应该远远高于临时聘请外部评估人员。从评估本身而言，内部评估在评估时往往要考虑同事对评估结果的看法，因此其客观性可能会低于独立的第三方评估，这在涉及总结性评估时尤为如此。但从可得性考虑，内部评估要比外部评估更方便，因为在场馆当地并不一定存在合适的第三方评估。

正因为内外评估各有优势，近年来内外双方兼有的合作评估逐渐兴起。通常来说，在场馆评估能力较弱的地方，合作评估一般由外部评估主导，场馆工作人员在合作评估中可以逐步提升评估能力。在场馆评估能力较强的地方，评估则由双方合作进行，由双方各自发挥优势并扬长避短。

第五章
约束条件与评估实施

通常情况下，对评估影响最大的因素有预算、时间和数据。在评估实施过程中，评估者经常会遇到两种情形。第一种情形：项目已经实施了一段时间，管理方才要求进行项目评估，并且要求评估必须在指定的紧迫的时间内完成。此外，项目预算种没有评估经费，项目实施中也没有必要的数据记录和统计。第二种情形是：项目实施早期，就有了评估要求。但是，同样存在预算、数据收集和评估方法上的困难。比如，难以获得管理的群体有时甚至项目区的人口对项目的态度。在这两种情形下，囿于条件限制，评估者往往不得不放弃（效果）评估设计的许多基本原则。例如，项目实施前的设计和实施后的情况的可比较性、管理的群体、工具的改进和测试、随机样本的选择、研究者主观偏见的控制和有关评估方法的完整文件等。

本章介绍的评估方法是笔者总结评估实践经验得出来的一些工具。这些工具结合评估思维在具体评估实践中，对于解决一些特殊条件下评估问题，具有重要意义，尤其是在遇到预算、时间和数据限制的条件下，能够使评估者尽可能获得高质量的评估。对于有经验的评估人员而言，他们都熟悉数据收集和分析技术，这里介绍的是约束条件下完成评估的一些技巧和评估步骤。概括起来就是：①确定评估计划和评估范围；②选择与成本、时间和数据相关的处理方法；③确认评估设计的强弱点（有效性和适宜性）；④采取措施找出对评估的威胁因素，加强评估设计和结论。在评估报告中，对结论进行适当的调整和修正。

第一节 概 述

这里介绍的条件约束下的评估方法，是为了帮助那些面临时间、预算约束或者数据类型限制的评估人员，找到一种从方法上合理有效的工具去执行评估。而对场馆科普评估的实施者来说，很多评估任务都是临时要求的，往往会遇到类似时间紧、没有经费预算、缺乏基期数据甚至过程记录等情况，这就对评估者在条件不具备的情况下依然能够做出高质量的评估提出了挑战。应对这种挑战的最好方法，无非就是事先练好本领。

一、约束条件下的评估

在评估实践中，开发了许多快速而经济的评估方法，以应对日益增长的有时间和预算限制的评估要求。这些方法能够帮助评估者，在预算内按时提交评估报告，并最大限度地遵循可靠的评估设计所必需的一些基本原则。这种评估方法不仅提供了在预算、时间和数据限制情况下的一些工具，而且提供了一些框架和操作指南，以识别和处理对评估结果的有效性和合理性构成威胁的因素。

对有经验的评估人员而言，他们对这里所引用的绝大部分评估工具和方法应该是熟悉的。笔者只是将这些工具整合成一个操作指南，以指导新手处理评估中经常遇到的特殊情况，进而保障在受到时间、预算和数据约束的情形下，获取最高质量的评估结果。因此，在这里大部分数据收集和分析方法只是被简单地提及，重点讨论一些不熟悉的方法，比如，最显著变化法（MSC）、欣赏性探究（AI）、影响日记法（IL）、快速评估（RE）和其他方法。这是为了重建基期数据、控制群体、处理三种约束（时间、预算和数据）的方法，目标是为了在给定条件下完成评估，使评估的置信度和合理性满足委托方的要求。

二、有约束条件评估的类型

大多数情况下，评估人员不会同时遇到三种约束条件，而是遇到其中的某种条件限制。比如，有时只有预算约束而没有过多的时间约束；或者主要是时间约束而没有其他约束；或者缺乏数据等其他约束。在不同的情况下，建议评估人员采取不同的策略，以减少盲目性，提高评估的效率。表 5-1 列出了评估人员面临时间、数据和预算约束的一些典型评估类型。

表 5-1　有约束条件评估的类型

面临的约束条件			情景描述
时间	预算	数据	
※			评估人员受到邀请时项目已经处于结束阶段，而评估必须在指定的时间完成，以便使评估结果能够运用于决策或对报告有所帮助。也许预算不成问题，但在指定的时间内，收集和分析调查数据可能是困难的
	※		评估预算的配额很少，完成评估的时间压力不大。由于预算的约束，收集样本、调查数据有困难
		※	评估人员受到邀请时，项目已经取得很好的进展，但是缺乏项目基期的数据，比如，项目区人口和评估群体。评估过程中，即便时间和预算没有问题，在收集可靠的数据时却遇到了困难
*	*		评估人员处于预算不足和时间短促的境况，具有二手的调查数据，但是，分析所需的时间和资源不足
*		*	评估人员由于时间限制无法获取基期数据或控制组数据。收集其他数据的资金不是问题，但是，时间紧迫而使调查设计受到限制
	*	*	评估人员介入较晚，且没有基期数据或控制组数据。预算没有限制，时间有限
△	△	△	评估人员介入较晚，预算不足，没有基期调查数据，也没有明确的控制组数据

注：※ 表示约束条件为一项；* 表示有两项约束条件；△表示有三项约束条件。

下面，分别讨论不同情况下的评估技术。

1. 时间约束

最常见的时间约束是项目已经开展了很久评估人员才介入，并且评估要求完成的时间比评估人员认为需要的时间少很多。这种情形下的评估目的有以下几种情况：要么是对项目的寿命进行长期的观察；要么仅仅是为了对项目的结果给出一个评价；或者两者都有。在这样的情形下，已经不可能对基期数据从（系统）方法的角度进行研究。因此，也就没法与总结性评估相提并论。因为，为了在限定时间内提交报告，计划内与利益相关方沟通的时间、现场调查的时间、追踪调查的时间和数据分析的时间会大大地减少。评估人员没有时间熟悉、研究需要了解的有关各方的情况。

2. 预算约束

这样的情况是常有的，即在项目的原初计划里没有评估资金预算，做这类评估研究所必需的经费就大打折扣。因此，也就不可能采用所想要的数据收集手段（比如，跟踪研究、样本调查等），也不可能采取方法重建基期数据或控制群体。缺乏资金还可能造成严重的时间限制。

3. 数据约束

由于评估在项目晚期介入，而且在项目启动之前，可以用来与目标群体相比较的基期数据很少或没有；即使有项目记录，也不是按照评估所要求做的，不能使数据按项目可以进行前后对比的方式组织起来；或者是项目记录或二手材料记录质量太差，或有系统的偏差、扭曲；即使有接近项目起始日期的二手材料，常常也不一定符合项目人口统计要求。例如，也许只有大的场馆有记录，而非正规部门的小场馆则对活动和公众未作记录；公立学校有学校记录而私立学校没有；等等。还有一种情况就是记录信息不完整、没有结构化，只有人数统计，而没有性别、年龄、学历、来源地等记录数据。

大多数场馆仅对收集与他们工作有关的群体的数据感兴趣。有时开展科普的场馆并不是专业的科普场馆，也不是专业的科普组织和人员，这种情况下，他们也就不知道该记录什么样的数据，尤其是很多机构的科普都是为了完成任务，甚至是形式主义的，也就不会主动记录数据。同时，这些机构也没有评估的压力和动力。换句话说，即使这些场馆有评估的意识，对于他们来说，在资金没有困难的条件下，要把控制群体界定清楚也常常有困难。

三、约束条件的评估方法

无论什么类型的评估，结论的可靠性与采用的方法密切相关。因此，掌握必要的方法，对于克服约束条件所带来的不利因素，具有一定的效果。从现实情况看，科普场馆的展教项目都是事先设计的，具有明确的目的性。这样一来，了解项目的目的就显得非常重要。

1. 有约束条件的评估方法及使用

在目的明确的情况下，掌握一些方法就可能具有锦上添花之效。表5-2列出了在时间、预算和数据约束下，完善展教效果评估的基本方法。在时间、预算和数据约束下，不同阶段引入评估的评估方法及其使用指南见表5-2。

表 5-2　有约束条件的评估方法及使用

起始时间	评估人员（设计和实施评估）	管理者和资助方
与项目同步	● 管理建议：当接近评估目标时如何降低成本和减少时间 ● 为了降低对评估有效性和适宜性的威胁，找经理谈判，放宽某些限制 ● 找出在时间、预算和数据约束条件下的最好的评估路径	● 找寻降低评估成本和时间的方法 ● 评估实施方提出来的评估设计的质量
在项目实施的过程中	● 找出在时间、预算和数据约束条件下最好的评估路径 ● 重建基期数据 ● 在现有约束下，保障评估质量尽可能的好	找出正在进行中的评估路径优势（管理部门和项目机构也许直接采用这些措施，也可以推荐给项目机构去作评估）
在项目结束时	● 找出降低成本和减少时间的方法 ● 重建基期数据 ● 在现有约束下，保障评估质量尽可能的好	找出受时间和预算约束的评估的弱点及改进方法

2. 实施步骤

图5-1中展示了有约束条件的评估方法进行评估的基本步骤。在受到时间、预算和数据约束的情况下，这六个步骤可以从方法上尽最大可能地保障评估效果的精确性。

无论是评估人员、经理人员还是资助方，也无论是在项目（表5-2）的初期、中期或者晚期，均可以利用图5-1中的方法来进行评估。经理人员可以利用第二步和第三步的方法找出减少项目评估所需时间和成本的途径。如果评估被转包给外面的咨询人员，项目经理也可以利用对有效性和适宜性构成威胁的因素清单，去评估提出来的评估设计的强弱点（第五步）。资助方也可以找到一些有效的方法，提高评估报告的结论和建议的有效性。有些案例还提供了一

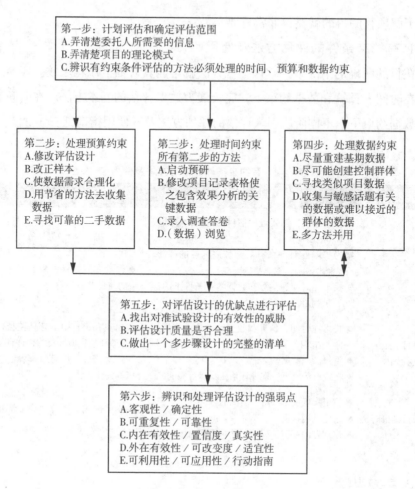

第一步：计划评估和确定评估范围
A.弄清楚委托人所需要的信息
B.弄清楚项目的理论模式
C.辨识有约束条件评估的方法必须处理的时间、预算和数据约束

第二步：处理预算约束
A.修改评估设计
B.改正样本
C.使数据需求合理化
D.用节省的方法去收集数据
E.寻找可靠的二手数据

第三步：处理时间约束
所有第二步的方法
A.启动预研
B.修改项目记录表格使之包含效果分析的关键数据
C.录入调查答卷
D.（数据）浏览

第四步：处理数据约束
A.尽量重建基期数据
B.尽可能创建控制群体
C.寻找类似项目数据
D.收集与敏感话题有关的数据或难以接近的群体的数据
E.多方法并用

第五步：对评估设计的优缺点进行评估
A.找出对准试验设计的有效性的威胁
B.评估设计质量是否合理
C.做出一个多步骤设计的完整的清单

第六步：辨识和处理评估设计的强弱点
A.客观性／确定性
B.可重复性／可靠性
C.内在有效性／置信度／真实性
D.外在有效性／可改变度／适宜性
E.可利用性／可应用性／行动指南

图 5-1　有约束条件的评估方法的六个步骤

些手段，处理和修正评估过程中出现的缺点（第六步）。作为评估人员，常常要考虑项目实施方和资助机构提出的要求，使评估所需时间和成本最小化（第二步和第三步）。在某些情况下，评估人员还会用威胁评估有效实施的因素（第五步）与经理们谈判，使他们放宽一二项的时间和预算限制，避免对评估报告有效性和适宜性的一些主要威胁。一旦所有的相关方在这些问题上达成一致，评估人员就执行第二、第三和第四步，以便在现有的约束下，做出最好的评估设计。

第二节 评估设计

一、计划评估和确定评估范围

这是实施评估的第一步。这个阶段需要做到：弄清楚委托人所需要的信息；弄清楚项目的理论模式；辨识有约束条件评估的方法所必须处理的时间、预算和数据约束。

（一）了解需求信息

在任何评估设计中，了解委托人（对于项目评估内容）的优先次序和信息需求都是必要的。这是开展评估工作的第一步，同时也是评估人员减少不必要的数据收集和分析的一个有效方法。这样可以降低评估成本和节约评估时间。委托人的信息需求和评估报告所服务的对象，决定评估的时间选择、中心内容和水平（要求）。

评估人员在有约束条件的情况下，应尽早地与委托人和关键人员会面，使他们充分了解启动评估的理由。与委托人讨论项目理论模式有助于把主要精力集中在收集关键数据上。理解政策和操作决定（实施决定）也特别重要，因为，这将会决定评估报告应该做到一个什么样的精确水平。

（二）明确项目影响范围及影响因素

下面是决策者必须弄明白的一些典型问题。

（1）项目可以取得哪些（预期）目标？哪些目标能够达到，哪些达不到？为什么？

（2）目标人口所有群体均会从项目中获益吗？是不是有群体被排除在外？

（3）项目是不是可以持续发展的？项目的福祉有可能持续吗？

（4）关于决定项目成功与失败程度的结构性因素是什么？

（5）从项目企图达到的结果来看，目标人口的特征是否有了可以测度的变化？

113

（6）项目对目标人口的哪些群体产生了效果？是否包括了最贫困人口和最弱势群体？对男人和妇女之间是否有不同的效果？是否有少数民族群体或者宗教信仰群体没有获益或者对他们产生了不利影响？

（7）从合理性的角度考虑，项目是不是包含更广泛的人口（比如，贫困的农民或者都市的贫民窟）。如果项目按一定的规模进行扩张，是否有可能取得同样的效果。

（8）为什么会发生这些变化？有利于这些变化的条件有可能持续吗？效果是不是可以持续的？

（9）我们做出这样的假设是合理的吗？即由于项目的实施引起了这些变化的发生，而不是因为其他外部因素（不是项目实施者可以控制的因素）。

评估人员在有约束条件限制的情形下，必须明白哪些是有待深入探索的关键性问题，哪些是不必要进行深入探讨的次要问题。同样，还必须了解哪些数据是委托人需要的，必须进行精确的统计分析（有时取得这些数据很不划算）。通过对这些问题的精确数据分析，可以精确评估费用，特别是对所需样本的设计、样本大小和精确度水平等发生积极的影响。

二、界定项目理论模型

了解清楚委托人和利益相关方（对于项目评估内容）的优先次序和信息需求，评估人员就应该建立项目理论模型或者假设。对有条件约束评估特别有用的是，项目理论模型有助于找出关键的项目区域和问题，并利用有限的评估资源或时间集中解决，或者有助于找到最有效地利用三角测量（复合关系）方法的途径。

所有的工程和项目都是基于这样一个简明的理论，即如何找到最有效的方法去取得希望的项目结果和效果，是哪些因素限制任务的完成，哪些因素有利于任务的完成。在有些情况下，项目理论在工程文件中得以说明，或者可能通过逻辑模型可以总结出来。多数情况下，需要评估人员与项目职员、参与人员和实施机构协商，且常常需要反复多次才能得出评估模型。即评估模型是建立在评估人员与项目人员协商的基础上的，通过反复讨论与修改得以完善。

在场馆项目或类似项目评估中，评估理论模型常把项目工程寿命期划分为四个阶段：投入、实施、产出、结果（或效果）。逻辑框架分析（有时也被称为逻辑模式）也是一个被广泛利用的项目理论方法。在评估项目实施的每一个阶段时，利用这个方法，可以弄明白哪些是关键性的因素，以及它们的有效性如何。

三、界定限制性因素

第一步，搞清楚评估所面临的限制因素，决定第二、第三、第四步（处理预算、时间和数据限制的工具）中最需要的部分。

第二步和第三步：处理预算和时间限制性因素。评估人员面临的典型的预算和时间限制因素，其应对策略见表 5-3。

表 5-3　降低成本和 / 或减少数据收集和分析时间

	详细细节见表 5-4，下面是用于降低成本和时间的设计
A. 简化评估设计	● 在项目中期开始评估 ● 评估应将项目群体的前后比较与项目群体和控制群体的比较相结合（模式四） ● 项目群体的前后比较（模式 5） ● 项目群体与控制群体的前后比较（模式 6） ● 项目群体的前后数据是评估得以建立的基础（模式 7）
B. 弄清楚客户信息需求	经常与客户讨论可以减少对评估目标不需要的数据收集
C. 减少样本数量	● 降低精确度水平 ● 减少非聚集性人口群体的类型 ● 分层设计样本 ● 利用聚类样本
D. 降低数据收集成本	● 采用自我管理的调查表（对于识字人口） ● 降低调查工具的复杂性和时间长度 ● 利用大学生、学生保姆和社区居民收集数据 ● 利用直接的观察（材料） ● 利用计算器和其他不深奥的方法 ● 召开主要群体论坛和社区论坛 ● 与关键性的信息提供人一道工作 ● 利用参与者快速评估（PRA：Participatory Rapid Appraisal） ● 运用综合的多步骤途径，独立地评估关键性的变量，这样也许可以减少样本数量，同时提高评估可靠性和有效性 ● 重新制定项目数据表格，使之更容易收集和分析目标人口和他们利用项目服务的信息
E. 简化和加速数据录入和分析	● 利用笔记本电脑和其他便携式工具直接录入调查数据 ● 光学仪器浏览调查表格

四、简化评估设计

当预算和时间不受限制时，许多效果评估将采用表5-4中的两种"健全的"设计之一。在受约束时，评估人员常常必须选择表5-4中的下五项"次健全的"设计，因为他们对时间和预算的要求就不那么严格了。所有这些"次健全的"设计减少了一项或多项试验前或验前后对工程或控制群体的观测，结果常常是脆弱的——即对评估结论的有效性构成了更大的威胁（在模式的第五步中有描述）。第四步讨论如何强化这一些设计的途径。

在预算和时间不是主要的限制因素时，模式2很可能是最广泛运用的评估设计。观测（值）从项目受益人（P1）的随机选择样本中得出，用于对照的控制群体（C2）在项目开始之前也已经选择好。在项目结束时，观测（值）（P2，C2）也可以得到。将项目带来的变化均值和比例与控制群体的均值和比例的差别相比较，可以估算出项目干预的效果（X）。项目效果还可以通过比较不同均值之间的差异和不同比例之间的差异测度出来；或者通过多变量分析控制诸如收入、年龄、教育和家庭大小等因素的初始影响而测度出来。

在五个次优模式中，每一个都省略了一项以上的控制群体或者项目群体的前后观测。

（1）时间尺度缩短的纵向设计（模式3）：评估在工程实施一些时间后才开始（没有基期数据），但是在工程实施期间做了一些数据观测。

（2）项目实施前没有控制群体的数据（模式4）：仅仅是在项目实施后才引入控制组。

（3）项目群体的前后比较（模式5）；没有控制组。

（4）项目群体和控制群体的前后比较（模式6）；假定项目实施前控制群体的情况接近项目干预人群的初期情况（两个群体都没有基期数据）。

（5）只有实施后项目群体的情况（模式7）：对项目群体而言，既没有控制群体作为参照也没有基期数据。

本节介绍的项目模式和设计要素，不仅适用于场馆科普教育项目，而且适用于其他社会干预项目，甚至工程项目，比如，社会救济、扶贫、环境改善等项目。尤其对效果评估且要求较高的有效性和适宜性的情况下，这种设计模式都可以作为指导性方法。

表 5–4　评估设计的常见模式

	评估设计	项目开始之前（试验前）	项目干预	实施过程中的几个观测与评估	项目结束	项目进行一段时间后的追踪评估	项目寿命周期
两种最优评估设计	1. 以时间为度的纵向设计：包括事前、事后观测。观测在项目开始、期间、期终甚至结束以后都可以。允许评估项目的实施和可见的变化过程	*P1* *C1*	*X*	*P2* *C2*	*P3* *C3*	*P4* *C4*	开始
	2. 项目群体和控制群体的前后比较。当评估可以从工程初期启动、预算没有问题、利用控制群体没有特别限制、数据可获得性好，则对大多数评估的而言，这是最有效的评估	*P1* *C1*	*X*	*P2* *C2*			开始
五种次优评估设计	3. 以缩短的时间为度的纵向设计。项目群体和控制群体的情况可以在项目实施期的不同点观测到，但评估在项目实施中期才开始，缺乏基期数据		*X*	*P1* *C1*	*P2* *C2*		中期
	4. 项目群体的前后比较结合项目群体和控制群体的前后比较	*P1*	*X*		*P2* *C*		开始
	5. 项目群体的前后比较	*P1*	*X*		*P2*		开始
	6. 项目群体与控制群体的前后比较		*X*		*P*		结束
	7. 只有实施后项目群体的分析		*X*		*C*		结束

　　P：项目受益人；C：控制群体；P1、P2、C1、C2 等，表示在特定评估中的项目受益人和控制群体的第一、第二、第三次⋯⋯观测值；X：项目干预（通常表现为一个过程，而不是只有一个具体的事件）

第三节　评估策略

一、数据处理技术

数据的收集和处理是评估过程中的核心环节，在评估指标甚至评估维度确定以后，决定评估质量的关键因素就是评估指标的数据可获得性，以及数据获得成本和数据的有效性。在评估受到的限制因素较多时，如何获得评估所需要的数据，更需要一些技巧。

（一）缩小样本规模

评估实践表明，在时间和经费都比较紧张的情况下，充分了解客户的需求，比如需要决策的类型和决策所需要的精确度，可以大大缩小样本规模。样本容量是指一个样本中所包含的单位数，一般用 n 表示，它是抽样推断中非常重要的概念。样本容量的大小与推断估计的准确性有着直接的联系，即在总体既定的情况下，样本容量越大其统计估计量的代表性误差就越小；反之，样本容量越小其估计误差也就越大。在确定抽样方法和样本量的时候，既要考虑调查的目的、调查性质和精度要求（抽样误差）等，又要考虑实际操作的可实施性，非抽样误差的控制、经费预算等。在评估设计和实施中，要进行综合权衡，达到一个最优的样本容量选择。在场馆科普教育活动中，如果仅需要了解某个项目的教育效果，那么，通过简单的前后评估，就可以衡量项目的效果。通常比较参观前后，或者参与科普活动前后，目标人群发生的变化，就可以大致了解项目的教育效果。虽然样本容量的大小对评估的精确度有实质性的影响，但是，对于教育项目评估来说，其效果不仅不是一个精确的数据，而且大多是动态的。因此，精确度不是追求的主要目标，这种情况下，对调查的样本量也就不是一个很严格的变量。

应该尽量避免的是，单纯为了节约时间和成本而武断地缩小样本。对样本大小的估计应该建立在对客户的信息需求和精确性水平的充分理解基础上。同样重要的是，要让客户理解，每增加一个额外因素的分析（如参观者的宗教信仰、性别、学历、职业等），相应地就得增加样本的规模，尽管由于计算技术的进步，不会增加太多的计算成本。

（二）降低数据收集和分析的成本

通过降低调查工具（方法）的复杂性和时间长度，可以节约时间和成本。因此，舍弃一些调查工具（方法）从而删除一些不必要的信息，常常可以大大地减少调查的时间长度。同样重要的是，要与客户一道界定什么是必需的信息，以防止为减少成本而武断地减少需要的信息。要搞明白的是，什么样的指标对要评估的对象具有重要的意义。下面是一些降低数据成本的方法。

（1）从已有调查成果中收集观众的态度、时间分配方式、是否可以得到服务和如何利用服务等信息。

（2）通过直接观察而不是调查获取数据。例如，时间利用方式、旅游类型和公共服务设施的利用。

（3）找关键性的咨询对象获取观众群体行为和服务利用信息。

（4）利用自我管理的方法——比如日记，收集收入、开支、旅游类型和时间利用方式。

（5）最大限度地利用二手资料，包括项目记录等。

（6）图片和录音录像资料有时也能有效而又经济地提供文献性证据。

一般说来，无论什么类型的评估设计，混合调查方法都可以使用，即定性与定量结合的混合调查对于获取数据信息是十分有效的。当评估人员遇到预算和时间限制时，将定性和定量的数据收集方法整合起来使用，具有特别重要的意义。

二、减少数据收集和分析所需时间的几种特殊方法

除了上述的方法可以节约资金和时间，还有一些节约数据收集和分析所需时间的方法。但是，有的方法可能会增加成本，在某些特殊的情况下，就需要增加支出费用以节约时间成本，所以向客户说明预算约束和时间约束之间的相对重要性是很重要的。

（一）有效节约时间的方法

（1）当我们与花费较大、时间有限的咨询人员（通常是外国专家）一道工作时，对调查而言就可能要特别考虑时间约束。比如，在外国专家到来之前，就得准备好项目的背景资料和（相关）内容。从而，在评估正式开始之前，使咨询专家可以得到这些资料。在这种情况下，应该注意到，只有外国咨询专家受到时间限制，因此应考虑如何利用当地资源和当地专家的时间，以弥补外国专家的时间制约。

（2）提前重新调整项目监控记录和数据收集表格，从而可以更容易、更快捷地分析目标观众的资料和他们利用项目服务的情况。

（3）将调查数据直接输入笔记本电脑和其他便携式工具，可以大大地减少数据处理和分析时间。

（4）利用光学仪器扫描调查数据也是节约时间的有效方法。

（二）处理数据制约

在受到条件约束时，评估人员因为缺乏标准的评估数据，至少会面临的4个问题：①缺乏目标受众的基期数据；②没有控制组；③对照组与项目干预组不等价；④敏感问题的数据收集问题。

若评估工作在工程中期甚至在晚期才开始，评估人员常常会发现，没有项目干预群体的基期数据，也没有对照组。这种情况下，需要利用一些特殊的方法和技术来处理，以便达到评估的有效性。

1. 利用二手数据

有关部门的数据记录或文献资料常常可以帮助解决一些数据难题。比如，从政府管理机构、统计部门、非营利组织和高校科研院所的研究资料，都可能记录了目标观众的数据，这些数据一定程度上可以代替基期数据。例如，项目区域人口的学习习惯、学历、休闲、旅游时间和模式等因素。这些数据一般与基期情况非常接近，不但非常有用，常常也是唯一的可获得数据。

2. 利用回忆法

可以估计项目干预之前的情况，从而重建和强化基期数据，回忆是一种简便而可靠的方法。尽管从回忆中获得的有限的证据表明，用回忆来估计数据具有偏差，但这些偏差的大小常常是可以预测的。回忆是一个有效的工具，在没有其他系统的基期数据时尤其如此。

不过，也应该清楚，回忆被用于收集精确性较高的数据通常是不可靠的。但可以用回忆获取家庭的有关社会福利的主要变化信息。比如，家庭成员通常可以记起在村办学校没有建立之前，那些孩子们去了社区之外的学校上学，他们是如何去学校的，花了多少时间和多少钱。

3. 与关键知情人合作

关键性的信息提供者包括社区领导、医生、教师、地方政府管理代理、非政府组织和宗教组织。他们也许能够提供有关基期数据的有用的参考资料。然而，许多资料有偏差，比如卫生官员和非政府组织希望夸大卫生和社会问题，而社区领导可能低调地讲述过去的社会问题。对于科普教育项目而言，调查学校带队教师、场馆科普项目的设计开发人员、之前的评估人员等，都可以获得一些关键的二手数据，在大多数情况下，这些数据可以作为对照组或者项目的基期数据。

三、发现影响评估的因素

评估者在努力降低成本、节约时间和克服数据限制时，常常会忽略评估设计的一些基本原则。比如，随机抽样、评估模式规范化、改进工具、数据的收集和分析过程的文件完善等。从结果来看，许多受约束条件的评估者，由于遭遇方法上的严重缺点，而对评估结果的有效性和科学概化性构成威胁。这些威胁有四方面。

（1）推论有效性。关于两个变量的关系推论也许不正确。

（2）内部有效性。关于两个变量是因果关系的推论也许不正确。

（3）建构有效性。关于描述研究运算的构造也许不正确。

（4）外部有效性。关于研究结果受到变量的约束的推论不一定正确。

四、找到并降低对评估设计有效性和适宜性的威胁因素

有条件约束评估方法给出了可操作的措施，用这些措施可以修正和降低对于评估有效性和适宜性所构成的威胁。

1. 评估设计有效性和适宜性的挑战及处理方法

（1）测度的不可靠性。可以用3个方法处理这种情况：①保证有足够的时间和资源来开发数据收集的工具。②多个数据收集方法一起使用，保证至少有两个独立的方法测量所有关键性的变量。③在检查不同估计的可靠性和一致性时，利用三角测量（复合测量）。

（2）选择性偏见。可以用4种方法来处理这种威胁：①比较参与者和控制组的特征；②用统计方法控制两组不同参与者的特征差别；③利用关键知情人提供的信息（如果没有控制组）将参与者与总人口相比较；④利用直接的观察/或焦点组，估计自信心和动机等心理特征。

（3）对试验情形的反作用。利用探索性研究、观察等，理解预期的答案和辨别可能的回答偏见。

（4）政策制定者的干预。如果项目在不同的地方实施，就要区别每一个地方的政策制定者的态度（比如通过访谈、二手资料或信息的提供者），估计政策差别对于项目的影响。

2. 评估设计有效性和适宜性的威胁因素

（1）不适宜的档案。要求研究者更好地做好档案工作或提供缺失的文件。

（2）收集的数据不完整或者没有代表性。如果研究工作没有完成，可以采用修正样本设计的方法，或运用定性的方法解决代表性不够等问题。如果数据收集已经完成，可采用快速评估方法，比如焦点组座谈、知情人访谈和参与者观察等，去填补缺失值。

（3）解释没有真实反映当地的实际情况。组织工作组，或者访谈关键知情人，从而确定问题是否与缺失的信息有关（比如，只采访了男性），是否存在实际的争论，或者问题是否与评估者采访的材料有关。基于不同类型的问题，要么返回实地进行调研以填补缺失数据，要么将关键性的信息提供者、主要群体的参与人员和新的参与观察者的印象写出来，提供不同的视角。

（4）抽样分层不够细，不能对总体人口进行推论。可以考虑扩大样本的一些措施，使样本代表的人口类型更广泛；也可以针对一些人群进行访谈，考虑样本未覆盖的部分群体；还可以通过关键知情人访谈，获取缺失群体的信息，或者运用直接的观察获取这些群体的信息（年龄、妇女、失业者和少数民族等）。

（5）结果（结论）不能作为未来行动的指南。可以组织头脑风暴会议，邀请业内专家，对评估的结果进行分析，提出未来行动建议。

五、提高评估设计的有效性和适宜性应该综合考虑的因素

1. 客观性／实证性

结论是从可以获取的证据中得来的吗？研究是否相对地摆脱了研究者的偏见？

（1）研究方法及其程序可以被恰当地描述吗？研究数据存档了吗？分析起来方便吗？

（2）提供的数据支持结论吗？

（3）研究者对于自我的假设、价值和偏见有自知之明吗？有方法可以用于偏见的控制吗？

（4）有没有完善的假设，是不是将对手的结论也考虑进去了？

2. 可靠性／可信性

对不同的研究者和不同的方法而言，研究过程在一定的时间内是一致性、合理而稳定的吗？

（1）研究的问题是明确的吗？研究的设计与问题吻合了吗？

（2）不同的数据源（的数据）是一致的或者吻合的吗？

（3）基本的范例和分析概念有明确的规定吗？

（4）收集的数据覆盖了所有合适的设置、规定的时间段和所有的回答者吗？

（5）所有的实地考察工作者都拥有可以比较的数据收集表格（草案）？

（6）进行了编码和质量检查吗？它们显示出一致性吗？

（7）不同的观察者的说明（诠释）都收集了吗？

（8）同等人的或者同事的评论都采用了吗？

（9）结论与"构造的有效性构成威胁"有关系吗？果真如此，这些东西被找出来了吗？

3. 内在的有效性／置信度／真实性

研究这些东西的人们或读者会相信这些结果吗？对正在研究的东西，有一

个真实轮廓吗？

（1）这些千回百转的来龙去脉和厚重深远的意义是如何描述的呢？

（2）这些诠释听起来是真的吗？有意义吗？显得可信吗？真实地反映了当地的情况吗？

（3）各种补充方法与数据源的复杂（三角）关系能够产生一般性的聚合结论吗？

（4）提供的数据与原来的大纲（目录）和出现的理论有联系吗？结果有内在一致性吗？概念之间的联系系统性强吗？

（5）用之于证明命题、假设等的规则清楚吗？

（6）不确定区的域性可以识别吗？不利的证据可以找到或发现吗？如何利用它呢？积极地考虑了可以与之相匹敌的解释了吗？

（7）原始的观察者考虑了结论的精确性吗？

（8）在研究中做出过任何预测吗？如果有的话，预测的准确性如何？

（9）结果与"内在的有效性威胁"有关吗？若如此，这些结果能够找到吗？

（10）"统计的有效性威胁"有关吗？若如此，这些结果能够找到吗？

4. 外在的有效性／可以转移性／适宜性

这些结论也适合其他的环境吗？他们在何种程度上可以被更广泛地概括？

（1）对样本的人口特征、设置特征和过程特征等的刻画足够详细了吗？可以用他们与其他样本的这些特征相比较吗？

（2）从理论上说，样本的设计允许用来概括其他的人口吗？

（3）从研究的角度看，研究者怎么定义概括的范围和边界才算是合理的呢？

（4）结果里包含了足够的"有力的描述"吗？读者可以凭借这些描述估计潜在的转移性吗？

（5）有广泛的读者群体报道这些结果与他们自己的经历一致吗？

（6）这些结果被证实了吗？与已经存在的理论一致吗？转移性理论被阐述清楚了吗？

（7）这些结果和过程具有普适性吗？可以在其他设置中应用吗？

（8）描述的结果保存了吗？用于这些结果中的、更一般的交叉在各种案例间的理论得到发展了吗？

（9）报告是否提出了设置建议？在设置中，可以更进一步卓有成效地测试结果吗？

（10）在其他的研究中，结果可以被运用于评估它们的强度（好坏）吗？

（11）这些结果会对外在的有效性构成威胁吗？若如此，这些威胁能够找到吗？

5. 效用／适用／行动指南

结果对于客户、研究者和社团的有用性如何？

（1）潜在的利用者从心理上和行动上可以获得这些结果吗？

（2）结果能为将来提供行动指南吗？

（3）这些结果催化了导致特别行动的效果吗？

（4）已经采取的行动实际上对解决当地的问题有帮助吗？

（5）结果的使用者有能力提高和对生活的控制增强的感觉吗？他们发展了新的才能吗？

（6）针对不同的价值观和民族而提高了报告的可理解性吗？是否做了一些研究者没有参与的工作？

第六章
场馆科普的需求评估

场馆科普项目的需求评估亦即科普需求评估，旨在通过调查或者相关分析，评估目标人群对科普内容的需求情况，包括学科、领域、生产、生活、学习、健康等方面的需求。一般情况下，科普需求的满足或实现，需要通过科普项目的形式实施，所以，依据需求设计科普项目并付诸实施，成为科普项目的主要功能，也成为科普需求实现的主要途径。

第一节　基本概念和项目分析

一、基本概念

1. 科普需求

科普需求是科普机构的目标受众在一定时期内对科普项目的需要，包括潜在的需要和现实的需要。由于不同的公众群体在科普内容的需求上存在较大差异，在科普项目的策划和设计过程中，要明确项目的主要目标受众，调查公众在生产生活中对科普内容（知识、方法、思想、精神、能力等）的需求意向。一般来说，科普项目越是目标受众明确，设计的项目就越有针对性，科普效果就越好。比如，针对在校学生，科普场馆就可以结合科学课程的要求设计具体的项目，既可以走进大自然，结合科学课进行观察，以加深理解和巩固知识，也可以通过实验，验证课本上学到的知识和描述的现象；对成年公众，则可以排演一些剧本，如科普剧、科学秀、科普相声、科普动漫、电影等形式，以吸引公众。

2. 科普项目

科普项目是科普需求的实现形式和表现方式，不同的科普项目所承载的科普信息、知识内容不同，特定的科普需求需要通过相应的科普项目形式加以体现。比如，科学实验器材、动植物标本、天体、星球等，都是科学研究的工具和认识对象，通过制作模型、标本进行展览、观测等形式，能形成对相关概念的整体认识。科普教育类的项目则通过讲座、实验、动手制作等形式，容易增加体验感和加深认识，具有较好的效果。

3. 科普项目需求评估

科普项目的需求评估是指科普项目实施的特定时间、地域范围内，科普对象对项目内容的需求状况的一项评价性研究。通过评估，可以确定项目实施的力度、范围和有针对性地开展项目服务，包括项目对象的人群结构、需求特征、需求强度等，以对项目做出调整或选择适合的项目实施，也可以针对不同人群的需求特点，选择合适的项目实施或表现方法，甚至可以通过评估，确定是否要实施新项目。可见，需求评估一般在项目启动之前进行，所以，需求评估属于事前评估。科普项目需求评估与科普项目的前端评估既有联系又有区别。前端评估主要针对项目的科学性、可行性展开，需求评估主要针对项目的目标受众和可能效果展开。前端评估一般发生在项目开发前，已经决定了要开发实施项目，而需求评估则是决定项目是否开发，以及开发实施什么样的项目，或者主要针对什么人群来实施项目等的技术手段。

二、项目分析

1. 了解项目对象（涉及人群）

项目对象主要指科普项目实施过程中所涉及的人群，包括项目的受益者，即实施的目标对象、项目的组织者、项目的投资方（资助者）、项目的志愿者，以及项目的管理和评估人员。通过分析，可以增加实施涉及人群对项目的了解，调动潜在的需求，增加项目的实施效果。

2. 调查目标人群

在一定的地域和人口中进行系统的信息收集，通常可以通过抽样调查、访问、座谈等方式来搜集所需要的信息，以确定项目预期的受益人口和影响范围，也可以联系参与度指标来确定项目的需求程度。

3. 咨询小组座谈

指在项目需求调查以后，对掌握的资料进行分析，并召集知情的专家进行座谈或研讨，以确定问题，提出对策，或改进方案。一般来说，咨询小组应包括群众代表、地区主管领导、项目组织管理人员、理论研究人员和评估人员。

4. 设计指标

设计指标指用以度量项目某个方面特征的问题、概念、尺度；指标既可以是一些标准、一些需要了解的问题，也可以是一些社会认同的客观尺度（如比率、收入、性质、数量等）。

5. 参与度

参与度指目标人群可能参与到项目中的比率和结构。一般说来，任何项目都不可能使所有的目标人群都参与进来，有时可能有直接参与人群与间接参与人群之分。所谓间接参与人群是指通过直接参与人群影响和带动的人群。

6. 覆盖度

覆盖度指项目的直接和间接受益人群占所在地区总人口的比重。很显然，科普场馆的项目一般要求具有一定的覆盖度。如果某个项目的覆盖度很低，本身就说明项目不能满足公众需求，科普内容的需求程度较低，也就难以发挥项目的效果。

7. 实施环境

实施环境指项目实施地的环境支持状况，如领导的支持程度、群众的需求程度、项目资源的可动员程度等。

8. 宣传影响

宣传影响指如何通过宣传，让实施地的人们知晓项目，并积极参与到项目中来的一系列措施。比如，项目设计过程中有没有针对性的措施动员或者激励公众参与，有没有进行广而告之的宣传，让公众知晓项目。因为即使通过需求调查，即使公众对某些科普项目的需求程度较高，但如果不做宣传工作，所在地的公众并不知晓项目的内容，也就难以达到一定的公众知晓度和覆盖度。

三、需求诊断

需求诊断可以明确项目的对象特征，避免无效的人力、物力和财力投入，进而使项目发挥最大的效果，因此好的项目需求诊断是项目重要的组成部分。需求诊断的工作可以采取两种方式进行。第一种是在项目策划以后，对项目的实施对象进行需求调研，使项目在有效需求的人群中进行；第二种方法是，在项目策划之前，对实施地进行需求调研，了解需求特征和人群分布，然后有针对性地设计科普项目，从而做到提高项目实施效果的目的。在没有事先进行需求调查的情况下，一般都采取理论假设的方式来假定项目可能会产生什么效果。而且对实施地的需求情况、人口特点等社会特征也是从社会一般情况来分析并作为项目实施的前提，但这些假定是否符合项目的真实情况却没有充分的根据，所以，有些项目在实施以后才发现效果不好，却不知是环境因素造成的，还是项目本身的原因。关于这类情况，在平时的科普过程中经常遇到的。比如，在农村科普过程中，由于缺乏对需求的评估，许多科普工作都是根据科普工作者的经验，组织讲座、科技下乡，他们想当然地以为某些内容是群众需要的，或者别的地区怎么做，自己也跟着效仿。岂不知，农村的地域条件、经济发展水平、生产结构千差万别，别的地方适合的，自己的地区却不一定适合，不一定有需求。在科普机制由供给单向推动转变为供需共同推动的情况下，认真做好科普项目的需求评估显得尤其重要。

科普项目需求评估的分析步骤

1. 评估前的说服工作。主要是指说服项目执行单位的领导，对他们尤其是项目主管阐明进行需求评估的重要性，以得到他们的理解和支持。同时，主要了解项目实施的约束条件，如经费、人员、时间，以及能够在整个评估中给予多大的支持。

2. 对目标人口和项目环境的了解。这包括地域特征、产业特征、人口统计特征（年龄、文化层次、从事的行业等）。这些特征可以直接为项目的分解、有针对性地组织实施提供依据，甚至可以了解哪些人可以作为项目的直接服务对象，哪些人可以通过间接服务（通过直接科普对象的影响和效果扩散）达到目的。

3. 需求识别。目标人口中存在的问题和可能对项目实施产生的影响，如何解决这些问题。需求识别包括如下因素：对结果的预期，科普项目的可行性和功效。需求识别可以结合需求调查分析进行，可以采用的方法有：运用已有的社会指标分析、调查、座谈和直接观察。

4. 需求评估。针对掌握的情况，结合项目的特点进行综合分析，提出建议、指导项目实施。这个过程需要定性与定量相结合，如对领导的态度、环境的地域分布等就只能采取定性分析方法，而对人口分布特征、需求的特点等则可以根据一些社会指标和调查到的数据进行定量分析。

5. 交换意见。指把需求评估和分析的结果，在决策者、评估者、项目执行单位之间进行交流，努力达成共识。

相关内容可参阅：Jack McKillip, "Need Analysis: Process and Techniques", in Handbook of Applied Social Research Methods.

第二节 项目目标和具体化

项目目标与项目需求是相关的，合理的项目目标既是实现项目效果的表现，又是项目功能的体现，更是项目评估的主要标准和参照。因此，依据项目需求设定合理的目标是项目成功的重要保证。

一、项目要解决的问题

科普项目不仅要提高广大群众的科技素养和生产生活技能，而且要关注或针对社会问题，如促进科技与经济、社会的发展相结合，缓解贫困问题。那么，在这种情况下，对具体的科普项目，我们就要作定性分析，项目要解决什么问题，预期在哪些方面产生效果。这个过程就是科普项目的问题界定。事实上，社会项目都是针对问题设计的，不解决实际问题的项目没有意义，也不会得到资助。

例如，贫困被公认为一种社会问题，是地方平衡发展的主要矛盾。可观察到的事实是：贫富分化导致贫困者难以摆脱困境，素质不高导致贫困，而贫困又加剧了知识沟的扩大，限制了其本人和子女的受教育；失业、下岗人员增加，制约了地区经济的发展和社会的稳定，而技能低下、知识结构不合理，在某方面的知识欠缺，又限制了再就业的能力，等等。这些社会问题是社会项目包括科普所致力解决的目标，因为贫困既是能力问题，也是观念问题。观念不改变，仅从物质上甚至金钱上给予扶贫，是难以从根本上解决贫困的。但是，在制定项目的过程中，所观察到的资料是社会收入及其分布、受教育水平及年龄结构，资源与资本等物质因素，对科普所要解决的意识唤醒和观念改变，往往并不以为然，也不会被作为项目目标。这也恰恰是在解决世界各国的贫困问题时，并没有根据地区的发展水平来界定哪些人是贫困者，哪些人是素质低下者（尽管各国有贫困线和文盲指标，但不同的地区应该有相对的界限）。所以，对于具体项目实施地，就要结合项目的预期目标制定重点受益人口。比如，从增加就业和减少人口流动障碍（如技能培训、技术咨询）的角度来减少贫困，促进地方社会经济发展。这也说明，在项目设计和实施过程中，在项目实施以后的效果评估中，确定问题是十分重要的，这也是正确衡量项目效果的基础工作。

在问题界定的过程中，调查所掌握的资料，很可能为项目大致要反映的社会需求的评估提供有用的信息和参考目标。这不仅对需求评估极为重要，而且可以为项目的整体效果评估提供重要的参照系。比如，在项目经费有限、评估时间受限，数据缺乏而不能进行具体社会调查的情况下，把问题作为评估的对照标准，针对问题进行评估，可以为评估者节省大量的精力，也可以为评估项目的合理性和效果提供一些客观依据。

二、科普项目问题具体化

把项目要解决的问题，转为衡量项目效果的指标或标准，就是项目具体化的过程。科普项目的设计应该与社会需求结合，经费的安排应与其所界定问题的广度、分布、密度相一致。场馆科普项目很大程度上具有校外教育的功能，而一些大型的科普活动也主要起到一种理念宣传的作用。随着社会的不断进步和发展，随着科技的飞速发展和人们对科技对社会生产、生活作用的认识，人们普遍认识到了科普的重要性，也不再满足于知识的科普。人们对科普的需求已经从被动接受转变为主动寻求，在这个阶段，人们对项目的选择具有较大的针对性。科普项目要取得好的效果，就要不断调查需求，发现新需求点、寻找社会热点问题，才能做到有的放矢。因此，界定问题只是找准了方向，要达到目的，还需要分析问题的实质，并采取具体可行的实施方式，也就是要明确怎样才能达到目的。这就需要对问题进一步具体化。

科普项目面临问题的具体化比界定问题本身要复杂得多。因为界定问题只要证明问题的存在，而具体化的过程需要确定问题的程度，科普所要解决的问题很多是可以感觉到，却无法准确测量，或者需要花费很大的成本才能度量的。那么，问题具体化的程度就要看是否所费值当，否则，只能对问题进行大致的估计。

在问题具体化中，可以大量运用第二手资料。具体可以运用如人口普查资料，社会评估结果所反映的一些社会指标，管理机构的记录，适当的调查和观察等。还可以咨询相关问题的研究专家，他们长期从事某个领域的社会问题的研究，对存在的问题有较深的认识；他们提供的资料也往往比较准确。有时为了避免专家个人观点的影响，还可以考虑对一组专家进行调研，通过综合分析得到比较客观的资料。

三、科普需求对象分析

在场馆科普项目的制定和实施过程中，确定科普对象，明确要解决的问题，以及对问题的具体化，这些工作虽然重要，但大多属于一般性的社会问题。科普对象随着社会经济的发展变化会不断发生变化，具体的项目对象分析是提高项目针对性的直接的、主要的措施。从项目对象的界定和识别来看，有两点特别重要。第一，在科普项目方案的制订和选择阶段，明确并识别项目实施的对象和潜在的需求，是一个重要的步骤。对这个步骤的把握，直接影响项目的绩效。因为通过这个步骤可以确定项目实施的侧重点，采取与目标人口（文化程度、需求）相符合的运作方式，从而有利于发挥项目的作用效果。第二，明确项目对象可以在制订项目方案过程中，针对实际需求调整项目的结构、选择适合需要的内容，进一步确定项目实施的阶段和步骤。通过需求分析，可以使项目在规定的时间和经费条件下发挥最大的效果。需求对象分析包括以下四方面。

1. 明确项目对象

场馆科普的对象一般比较明确，比如，大多数情况下会针对青少年设计一些科普教育项目。但是，正因为项目作用对象是青少年尤其是在校学生，不同的年龄、不同的年级，甚至不同的学校，由于其课程设计上的差异，导致需求差异很大。比如，低年级的学生就难以理解和领会高年级的内容，而高年级的学生，对太简单的科普内容也会失去兴趣。因此，如何结合需求分析，设计有针对性、目标明确的科普教育项目，是十分重要的。

不同地域的人群，由于受教育程度不同，文化习惯不同，地方知识差异，对于科普项目的需求也会存在很大的差异，也需要进行项目需求分析。不管项目实施的区域范围多大，辐射面有多广，在需求评估开始时都必须划定所要讨论的区域单位。就个体而言，往往与个人的受教育水平、文化程度、年龄、职业和技能水平有关，比如根据这些特征的不同，可以将科普对象划分为青少年、农民、职工、干部、技术员等。但对象是集合体时，则要根据集合体的特征来定义需求对象的特征，要解决他们面对的共同问题，找到他们的共同需求点。例如，针对领导干部的科普，可以选择侧重组织管理、科学决策等综合性的知识；对于农民的科普，可以选择从事的产业技术、市场观念的科普，等等。

2. 直接需求和间接需求

对于科普项目而言，直接需求和间接需求有两个方面的含义。一是指科普对象直接需要的内容，和通过满足直接需求而衍生出的对间接需求的满足；二是指科普的直接对象接受科普以后，影响和帮助其他对象，而导致科普需求群体的扩大和科普效果的提高。当项目对象是间接的情况下，项目的绩效很大程度上取决于项目设计或项目理论，即是否正确选择了达到间接对象的途径。比如，在农村科普中，有些技术知识、科学理论，如果直接向广大农民进行普及，则可能存在接受能力的问题，而影响效果。在这种情况下，可以选择那些受教育水平高、年纪轻、接受力强的农民进行科普，然后由他们传带周围的农民，达到整体效果提高的目的。在农村科普中，经常会选择科普带头人，技术示范户，技术骨干，"三长"（学校校长、医院院长、农技站站长），大学生村官等，先行介绍科普培训，然后带动其他人，逐步辐射带动整体人群的普遍提高，实现区域的协调平衡发展。

科普过程中，有时把项目设计为满足直接需求，并通过适当的途径满足间接需求，这样做很可能会产生很好的间接效果。关于直接需求与间接需求的划分，对于科普项目的制定、对于科普管理部门达到科普目的，也是非常有用的。例如，我们常说科普的目的是提高公众的科学素养，包括科技知识、方法、思想和精神的提高，但怎样进行科学精神的普及？如果我们直接用有关科学精神的内容进行宣传普及，则由于过于抽象，可能使人无法领会，反而达不到科普的目的。但如果我们在设计项目时，把有关科学方法和科学精神的内容融于具体的需求内容中，通过具体技术的讲解，满足科普对象的直接需求，则更容易积累，产生量变促进质变的效果。

3. 明确需求人群

通常情况下，人们并不会花费精力去分析需求人群的特征，也不会过分看重不同人群的科普需求，而是"面向所有人群"。因而，科普机构也认为科普对象是明确具体的，用不着煞费苦心地去进行调查分析。实际上，在科普过程中，尽管在科普理论描述上也把科普对象细分不同地域、不同职业、不同年龄的人群，但在项目操作中的对象往往是比较含糊的，项目实施者也从来没有把明确科普对象作为项目考虑的内容。即使划分了对象，在内容选择上，与其他对象的科普内容也没有多大差别。

明确科普项目实施对象（目标人口），看似简单，要真正贯彻到项目计划中，却要作认真细致的分析才能达到目的。比如，实施最多的科普培训项目，就要在目标人口中寻找最适宜的对象，并依据对象的人口特征，选择科普培训的内容、方式；同时，要考虑如何使效果扩散，取得一系列间接效果，使培训效果达到梯级带动的目的。越是技术性较强的科普内容，越要将目标人群进行细分。在明确对象人群的过程中，主要依据人口特征，比如文化程度、职业、年龄、需求等选择接受能力强的人群。同时，在项目计划中，要明确科普项目所要达到的目标，建立基准，以利于进行效果评估。

4. 需求满足度和项目覆盖率

一般地，科普对象存在各种各样的需求。对于个体而言，有的人处于贫困状态，需要寻找好的项目、技术和市场，解决贫困问题；有的人知识贫乏，需要接受培训，提高技能；有的人，迷信思想严重，需要通过科普，提高认识，转变世界观。对于集体来说，有的单位需要发展生产、增加收入；有的单位需要提高人员素质，改善社会风气；有的需要协作精神，增加团队竞争力，等等。总之，即使确定了项目实施的目标人口，这些目标人口对项目的需求也是多样的，任何项目只能满足一部分需求。这就要求项目能够满足目标人口的主要需求，或者满足大多数人的需求。衡量满足需求程度的指标就是需求满足度。因此，所谓需求满足度就是，项目提供的服务所满足的项目对象的需求与目标人口存在的需求的比例。

目标人口的范围越大，存在的需求种类和需求层次就越多越复杂，界定目标人口和明确需求对象的目的之一就是合理界定目标人口，增加需求满足度。

但是，项目界定的目标人口太少，又会使科普项目不经济。解决这个问题需求用另一个有用的指标来衡量，即项目覆盖率。项目覆盖率是指项目的目标人口与实施地（或特定人群）总人口的比率。比如，某科普项目的目标人口是青少年，项目选择的青少年是小学到高中的在校青少年，而即使是这个目标也难以完全覆盖，只能选择某些学校的青少年，那么，项目受益的青少年与所有在校的青少年就存在一个覆盖率的问题。甚至，有时候需要从所在地区所有青少年的角度来考虑项目覆盖率问题。

项目的需求满足度和覆盖率是需求分析的重要指标，也是衡量项目效果的主要指标之一。另外，在一些特殊的情况下，还要考虑项目对象需求特征的发生率和流行率。比如针对外出打工者的培训项目，就要考虑有多少人口外出打工，占劳动力的比重有多大？用来衡量的指标就是外出打工的发生率。而流行率则是指某个特征新出现的比率，比如，针对失业人口的科普工作，就要考虑是所有失业人口，还是某个时期新出现的失业人口。对于外出打工者则要分别是针对将要外出者的培训，还是针对已经外出打工者的培训，等等。当然，这两个指标不是所有项目都必须考虑，而是对于一些需要有针对性考虑的项目，在必要时予以分析。

第三节　项目需求分析及报告

在分析需求时，还要注意需要与需求的区别。这两个概念是部分重叠的。有些内容人们需要（need），但不构成需求（demand）。比如，人们需要房子，但由于没有钱，买不起房子，也只好放弃。所以，需求更加偏向经济学的内涵，只有需要和购买力相适应，才能构成真正的需求。针对科普项目，由于科普是公益事业，没有购买力上的要求，一般来说科普内容都是需要的。从逻辑上说，扩大了需求的范围。但是，科普需求虽然没有购买力的要求，却有实用性的差别，如果人们认为某些科普内容对他们不实用，他们也会放弃需求。也就是说，科普产品虽然在大多数情况下不需要支付费用，但却需要花费时间，从广义上说，时间也是金钱，也构成成本（机会成本），这样，也同样存在需要与需求的差异。选择那些实用的能够带来实效的科普项目，就会有较大的需求，反之，需要就难以转变为需求。

需要注意的是，需求是有不同层次的[1]，针对这些不同层次的需求，也可以在评估的基础上，采取不同的机制给予满足。比如，国家需要与公众需求就存在一些差距，从国家层面上看，为了培养核心价值观，建立核心价值体系，有些内容必须进行推广普及，而老百姓不一定心甘情愿地愿意接受。在这种情况下，如果没有适当的激励机制，就很难组织公众接受培训和教育。为了实现这种需求，就不仅要采取完全公益、免费的方式，还要结合奖惩激励措施。对于

---

[1]　郑念. 科技传播机制研究［M］. 北京：中国科学技术出版社，2005：16.

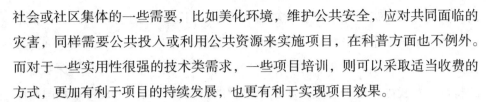

社会或社区集体的一些需要，比如美化环境，维护公共安全，应对共同面临的灾害，同样需要公共投入或利用公共资源来实施项目，在科普方面也不例外。而对于一些实用性很强的技术类需求，一些项目培训，则可以采取适当收费的方式，更加有利于项目的持续发展，也更有利于实现项目效果。

在传统的科普过程中，科普工作人员往往想当然地认为，提供什么，人群就会接受什么，所有的科普内容都是大家需要的，无论提供什么内容，都是在做科普。殊不知在市场经济文化大背景下，考虑需求是重要的，没有需求，就不能发挥科普项目的效果。那么，需求评估的主要任务是什么，要达到什么结果呢？或者说，需求分析的报告主要包括哪些内容？

一、描述科普需求特征

需求评估就是提出项目所要解决的问题和针对的目标人口的特征，以增加项目的针对性，提高项目实施的效果。在分析需求的过程中，必然要对需求的特征进行分析和描述。这种描述为项目解决问题提供了一个目标或标准，因此对需求特征的描述直接影响对项目的实施和效果评估。

对于项目实施地，某些特定的文化因素或对文化的理解，与表现某一目标人口特点的属性，项目对达到目标人群的有效性，以及项目提供的服务方式直接相关。好的项目在实施之前就应该考虑目标人口在接受服务时存在的困难，如交通问题，某些偏远的地区交通不便，不能享受项目提供的服务，项目实施者就要考虑提供交通或"送货上门"；有些地区文盲较多，存在接受上的障碍，则项目组织者就要考虑寻找"二传手"或进行再创作，让更多的人能够接受服务的内容。在这方面，中国科协长期以来积累了丰富的经验，比如少数民族科普工作队，就是为了把科普场馆中的一些科普项目送到边远山区而采取的有些手段。场馆科普内容难以送达这些地区，有些地方由于没有场馆，或者场馆的实力不够开发优秀的科普项目，这样，就需要采取大篷车的形式，进行巡回展览，把科普送上门。对于存在的种种需求特征（或问题）的分析把握，是设计有效的辅助途径的重要依据。需求特征的描述就是要解决需求上存在的障碍问题，解决送达需求目标的途径问题。

对于需求特征的描述需要通过定性调查、掌握资料，定性分析来达到目的。具体做法可以派出小组，对项目实施地的目标人口进行访谈，进行精细的人类学调查。定性分析对于解决这类问题是十分有效的。在西方，许多社会项目的需求评估过程中，往往成立专门的技术小组，深入社区，探索需求的特征。在我国，很少有人从事这个过程的研究和评估，这是由于我国实施这类社会项目的单位都是国家机构或事业单位，他们只是从完成任务的角度来操作项目，很少考虑项目实施的效果，也没有专门的机构对项目进行评估。但随着市场机制的日益完善，市场经济文化的普及，项目操作也会与国际接轨，讲求效果将是必然的趋势，因此，先进行效果和评估概念的理念教育是十分必要的。

二、需求评估报告

需求评估的目的是提供分析报告，为项目的设计和实施提供参考依据。需求报告大致包括以下内容。

1. 调查部分

（1）基本情况。

（2）介绍项目内容。

（3）询问参观意愿和存在困难。

2. 分析部分

（1）文化、社会、经济背景。

（2）需求特征描述。

（3）分析实现项目目标的障碍。

（4）归纳、总结。

（5）提出克服障碍的措施。

3. 结论和建议

（1）为效果评估提供标准或目标。

（2）提供项目改进意见。

三、需求评估的主要内容和注意事项

（1）在科普项目需求评估中，主要解决的问题有：确定科普项目的目标人口；分析实现项目目标可能存在的障碍；如何通过改进项目设计和实施步骤，解决障碍，达到项目的最佳效果。

　　需求评估试图回答如下问题：是否存在需求？需求多大？有没有实施该项目的必要？总之，要通过需求评估研究，识别项目的目标人口，比较、选择项目，提高项目的效果，解决存在的社会问题，或改善社会状况，是项目需求评估所要解决的重点问题。

　　（2）需求评估具有政治性、时代性。这是因为，社会状况是处于不断变化之中的，有些长远性问题不是一个项目所能解决的。项目实施所要达到的目的应该符合政党、组织、地方政府的需要。这也是界定项目面对的社会问题的重要依据之一。

　　（3）为了节省费用，同时也是由于某些复杂的社会资料难以获得，评估者可以利用一些背景资料或二手资料作为分析的基础资料。比如，机构记录的资料档案，人口普查资料，工作部门的统计，相应专家的研究结果等。运用的方法有文献调查、专家座谈、实地观察、抽样调查等。

　　（4）获得关于项目对象数量和特征资料，对于项目的改进（如设计、实施步骤）是十分重要的。在我国传统的科普项目实施中，很少考虑实施对象的需求状况，这是传统计划体制的影响结果，是不符合科学决策的要求的。随着决策科学化进程的加快，这种情况将会逐步得到改善。

　　（5）从需求评估的角度看，好的项目策划书应该明确界定项目目标，包括项目的满足度、覆盖度、有关项目目标的各种指标。明确项目各方的责任目标，引进有评估者、项目需求方、资助方、实施地领导等组成的管理小组。

　　（6）需求评估可以结合项目的事前评估进行设计，也可以单独进行，针对某社会问题进行需求的调研和预测。

第七章
场馆科普项目前端评估

任何项目的计划和实施都以一定的理论为依据，或者在项目计划中隐含着某种假设的逻辑关系。项目所隐含的理论是不是真实、科学，需要通过一定的程序进行评估才能确定。从逻辑上说，这是项目能否成立的前提，只有符合科学理论的项目，才能产生项目预期的效果。从评估的性质看，项目科学性评估属于前端评估，或者叫作项目理论评估。

在我国，项目设计、开发和实施过程中，很少考虑项目理论问题，更不用说对项目的不同阶段进行理论评估。场馆科普项目同样如此，尽管在科普场馆的建设过程中，会对不同类型的场馆进行总体设计和开发，对展厅展项进行规划和布局，但大多没有实施评估，最多只是依据专家的意见选择展示内容。本章的内容希望为今后的场馆科普项目开发提供一些理论指导，提高场馆科普的效果。

第一节　科普项目理论的概念和表达

一、科普项目理论

科普项目理论是用来描述科普项目预期产生的社会效益，以及为完成项目目标所采取的策略和行动之间相互关系的一系列假设。比如，一般认为，科普培训项目能够提高项目对象的知识和技能水平，这是实施培训项目所隐含的假设。但是，对于具体项目来说，这种假设是否合理，项目主要提高哪些方面的技能，项目内容是否与目标需求一致等，却决定着项目目标的合理性及目标实现的程度。那么，怎样知道项目中的假设是科学合理的，项目理论是不是符合实际等问题呢？只有通过项目理论评估，才能得到具体的结论。不同的科普项目具有不同的功能，而科普项目理论是从一般角度体现的，反映了某类科普项目的共性特征，如科普培训提高知识和技能，科普宣传提高公众的科学意识，科学教育提高公众的科学素养，示范项目既可以提高经济效益，也可以提高社会效益。

根据美国彼德·罗西等人的研究，项目理论包括项目影响理论和项目过程理论。同样，科普项目也可以分为科普项目过程和影响两方面的理论来分析。

（一）科普项目过程理论

项目过程理论揭示项目实施过程中的组织计划和服务送达的途径。比如，城市社区科普项目与农村科普项目的实施方式和服务的途径不同。对城市社区，由于人口居住比较集中，人口流动性大，如果项目理论是通过科普宣传，提高公众的科技知识、素养和科技意识，那么可以在人流集中的地方设置科普画廊、多媒体视屏，举办科普讲座等方式；但农村地区人口相对分散，如果采取同样的方式，效果就不太好，应考虑采取项目示范、效益驱动、印制材料按户发放等方式。如果是科普宣传项目，则可以采用广而告之，结合娱乐项目（比如放电影、庙会、春节游春等）集中人群的方法，实现在最短时间里达到最大效果的目的；在农村则可以结合农村传统节日、集市等特殊的日子，进行广泛的科普宣传。所以，项目过程对项目实施的效果具有很大影响，进行项目过程理论评估是十分必要的。

（二）科普项目影响理论

科普项目影响理论是描述科普项目可能给社会、组织、个人，以及环境带来的影响。对于某个群体来说，通过科普项目实施，可以提高公众的意识，甚至改变观念，激励他们主动学习科技知识，利用科技的作用来发展生产、改善生活。由于意识的改变和观念的转变，比如增加了环境保护意识，从而主动爱护环境，对社会环境会带来积极的影响。

在缺乏评估的情况下，一般根据科普工作者的经验来设计项目，根据工作习惯来安排实施的。从我国目前的科普实践来看，好一点的科普工作者或项目管理方，会有意识地把项目的影响隐含在项目设计中；而大多数项目实施者主要采取模仿的方式，例行公事地开展科普工作，形式主义比较严重。至于某一项目隐含的理论和影响目标是否符合所在地区的实际情况，是否能够取得效果，则往往不作考虑。但即使是模仿性项目，也同样隐含着项目的目标，只不过项目能否产生影响、影响的效果大小有较大区别罢了。可见，对项目影响理论进行评估，是衡量项目设计是否科学、是否成功的重要方面。

项目的过程和影响是项目的有机构成，两者相辅相成。过程科学合理，有助于扩大项目的影响，促进目标的实现；反之，如果缺乏影响理论评估，项目目标不合理，脱离实际情况，那么，再好、再合理的过程，也难以达到目的。从这一点看，影响理论决定着过程理论。换言之，过程理论要符合影响理论，而影响理论则要遵循需求理论和需求评估。

在科普场馆的项目实施中，很多项目一般结合场馆特点，比如动物馆、水族馆、地质馆等都有各自的专业特点，在进行科普项目设计和实施中，就要结合本专业开发相应的科普项目。场馆科普由于是室内项目，往往需要用一定的办法吸引目标人群。由于受众的数量一定程度上反映了项目的效果，为了尽量取得较好的效果，需要尽可能多地扩大受众数量，因此场馆科普项目大多不会追求短期目标，而是考虑场馆科普项目的长期影响，如科普场馆中的常设展览一般都会持续数年。对那些符合项目影响理论，进行了过程评估的项目，其发生的作用（影响）一般也比较明显，有效教育项目可以每年使用，也可以对相应年级的学生进行常年开放。

二、科普项目理论表达

项目理论是项目本身的组成部分，越是复杂和大型的项目，越需要理论正确，需要在一定的理论指导下设计和开发，否则只能是"剃头挑子一头热"，难以达到应有的科普效果。每个项目都有适应其目标的结构、功能和程序，这些概念构成了项目的基本理论，是项目计划和执行程序的理论基础。项目理论解释了为什么要采取这样的项目计划，并同时说明，只要按照项目理论去运作，就能实现预期目标。因此，科普项目理论是项目科学合理性的基础。但是，在现实中，科普项目理论常常并不一定科学合理，尤其是在科普理论研究比较薄弱的情况下，由于缺乏理论，往往导致项目执行的混乱和失败。项目理论的失败多体现为项目预期目标不合理及所隐含的假设不科学，这种情况在科普实际工作中并不罕见。比如，有些地方经常进行一些南辕北辙的科普项目，在北方进行台风和海啸的知识普及，而在南方普及沙尘暴和雾霾的知识。这样做不仅不适用，也难以激发公众的兴趣，应者寥寥，又怎能达到其预期的效果呢。

传统的科普项目设计，基本上对项目的性质和可行性不做深入的研究，在设计时也很少考虑这些因素，而是凭着习惯的行为方式进行科普。这种形式主义的做法时间长了会使人们对科普失去兴趣，给科普事业带来不利的影响。对科普工作者来说，也会使其工作形同"鸡肋"，知道其重要，却又难见其效果，在投入上不敢、也不愿进行大规模投入。其实，这不仅是科普项目的尴尬，其他社会项目也面临同样的问题。解决的唯一办法就是要按照项目运行理论，科学地进行设计、评估、完善，用实际效果来改变这种困境。

通过前面的学习，知道科普教育与学校正规教育一样，需要遵循基本的理论规范，在科普实施之前，进行科普项目的理论评估，可以发现项目的不足，及时进行改进。比如，基于认知理论、建构主义的教育项目，其构成要素和实施过程就有较大的区别。如果离开理论和实际的环境进行项目设计，就一定难以产生应有的效果。在科普项目开发和实施过程中，经常会犯如下类型的错误，值得大家重视。

（一）不规范的科普项目计划

不规范的项目计划是指，项目的设计书、计划书中，没有明确表达项目遵循的理论和所要达到的目标。对此，项目理论应用时需要评估者根据项目的描述进行归纳、总结。

1.隐含的项目理论

隐含的项目理论是指在项目计划中没有描述和记录下来，但在项目服务和实践中体现出来的内在假设和预期。隐含的项目理论通常可以通过项目的内容和预期目标、执行程序加以勾画。在这种情况下，评估者要根据项目隐含的理论进行逻辑归纳，构建项目理论框架，作为理论评估和效果评估的基础。这个过程一般包括如下三个步骤。

（1）确定项目目标

可以有两种情况，一是项目设计者已经描述了项目目标；二是项目中没有描述目标。前者需要评估者对目标进行细化，依据项目内容和实施程序，判断目标是否科学合理，如果不合理，要对目标进行调整；后者要求评估者采取科学方法，依据项目内容，进行目标界定。

（2）分析项目目标与内容、程序之间的关系

主要的分析方法有因果分析、逻辑分析，依据项目的描述，找出目标与内容、程序之间的理论逻辑；调查分析是评估者直接询问项目设计者、管理者与实施对象，了解实施项目的真实意图，如何达到目标，能否达到目标等。

（3）过程分析

主要分析项目计划执行程序中，关于服务送达的途径、方式是否符合目标人口的特征，是否符合项目目标的要求。

2. 构建科普项目理论框架

根据第一步分析，在明确了项目目标、内容与程序的基础上，按照评估的要求，构建项目的理论框架。主要内容包括：项目的目标、对象人口的需求状况、实施对象人口的政治、经济、文化背景、采取的步骤、实施队伍的组成、存在的障碍、如何解决等。可以看出，科普项目理论架构的过程，为科普评估提供了指标设计依据，因而是十分重要的。

（二）规范的科普项目计划

所谓规范的科普项目计划，指科普项目设计过程中遵循一般项目设计的理论规范，或者科普项目计划书中包含项目理论规范所要求的具体内容，表现为目标明确，内容具体，措施合理，问题估计充分，并具有明确的评估要求和安排。

对规范的科普项目计划，评估者只要从评估理论的角度对项目理论进行细

化，并设计合理的指标，对科普项目进行评估。科普项目的评估包括：事前评估、事后评估、过程评估、影响评估或者结果评估。关于具体的评估方法和步骤，本书在相应的章节已经作了介绍。

三、细化项目理论的程序

在明确项目理论以后，评估者的任务就要对项目理论进行细化，从各方面描述项目结构、执行程序，同时对项目理论进行评价。

1. 资料来源

项目理论的依据除从以前的实践和研究中产生以外，还可以从项目执行者、管理者和其他项目各方所有的文件、访谈、观察资料中获得。

（1）文件

可以找到一些描述项目本身或其关键性质的书面资料，这种资料包括政府的政策、法规，以前执行类似项目的记录、会议纪要，项目合作单位的意向书、合同等，其中都有大量的关于项目性质、目的、服务和对象的描述。另外，很多项目还有一些宣传材料，说明书、新闻通讯稿、其他研究单位的研究报告、工作总结等。对这些材料进行认真的分析，可以为构建项目理论提供很大的帮助。

但是，也要清楚地注意到，这些材料并非对评估都有用，有些资料是项目执行者为了获得项目资助，或者为了新闻宣传而制作的，大都是站在执行者自身的立场上描述项目；也有的是执行官员为了表明政绩而写的工作报告，不一定具有客观性。已有的资料是以前项目运行的计划、记录或研究，离不开当时的社会背景、政治环境和项目约束条件的限制，这就要求评估者在做一番分析判断、合理抽象工作的同时，还要结合其他的方法，对这些资料加以验证，比如，调查的方法、观察的方法等。

（2）访谈

在构造和描述项目理论时，最重要的信息来源是那些实际接触项目的人，他们掌握了大量的第一手资料。一般而言，评估者可以通过直接访谈或者召开小型座谈会的方式，与这些人进行沟通，以了解项目的信息。这种直接访谈的方式有许多优点，可以避免其他调查的一些缺点。比如，问卷调查是社会研究中常用的收集资料的方式，但问卷的问题受到问卷设计者本人思维的限制，在对项目缺乏深入了解的情况下，很难获得项目的全面深入的信息。而访谈者可以根据被调查者反映的情况，进行追问，进而掌握一些事先估计不到的信息资料。

访谈过程中可以抽样，也可以选择重点，还可以进行全面调查。因为项目知情者或者一些具有研究的专家对项目具有较深的理解，而人数又不会太多，可以节省大量的费用，并获得高质量的信息。同时，还需要对项目对象进行简单的调查，他们往往可以提供一些有价值的信息。目标群体常常对项目有着独特的理解和看法，反映的情况也比较客观，尤其有助于评估者了解目标群体对项目的反映和实现目标的途径。目标群体的意见对构造项目影响理论是十分重要的。

访谈中最好还要重视那些没有直接参与项目的机构或个人的意见，他们的意见也比较客观。所谓旁观者清，他们可以为评估者提供一种独特的视角。尤其对那些社区领导、非项目方的部门领导，他们的意见可以使项目理论目标与地区需求更紧密地结合起来，使项目融入地区社会经济发展的整体，发挥更大的效益。

由此看来，采取座谈的方式是比较经济的，座谈的人员可以由多方面组成，根据评估者所要了解的信息，选择相应的知情者和具有代表性的人员参加。比如，可以把项目计划者、执行者、组织者、项目对象代表、实施地的领导、其他非项目人员等共同召集起来，这样，掌握的信息比较全面、客观，花费很少费用就可以构建合理的项目理论。

（3）观察

从文件中和访谈获得的信息，有时还存在局限性。比如，文献记载方一般都与项目有直接和间接的关系，而访谈的对象也或多或少地受到地方利益的影响，所反映的情况也难免带有"保护"的色彩。所以，评估者在通过以上方法获取了大部分主要的资料以后，最好还要通过自己的观察，来验证、修改掌握的资料。如果能够在项目实施过程中进行观察，则效果更好。

2. 构建项目理论

项目书或计划中体现的项目理论和目标更多地反映了对项目的设计，项目目标能否实现关键在于项目的实施和管理。这就要求项目管理者结合实际情况，构建项目理论，分析项目目标，才能进行明确的组织和动员资源，确保项目目标的实现。在平时的项目运作中，缺乏项目评估，尤其是项目的理论评估或者科学性评估，往往很难发现项目理论，也难以克服项目设计本身固有的缺点，因而就难以实现项目设计的目标，确保项目朝着正确的方向运行。构建项目理论作为评估的重要一环，可以弥补这种天然的不足。

通过第一阶段的收集资料，就进入构建项目理论的第二阶段：整理资料。

对于收集到的资料，需要进行系统的整理。在整理过程中，对那些存在疑问、不完整的资料，要与原始资料进行对比、补充，对于缺乏原始数据的资料，则要根据评估者的经验，进行分析、调整，并根据观察的结果进行修正、补充。在整个过程中，评估者要把资料进行归纳，形成系统性的条目，并与项目的目标、需求对象、服务方式（送达途径）、可以利用的资源、组成要素等项目特征进行对比、整理，与其他项目信息一起构建项目理论。在构建项目理论的同时，也可以发现后续评估，如形成性评估、效果评估的重要指标，有助于构建科学的指标体系。

3. 需要注意的问题

在项目理论构建中，有几个维度的问题值得注意。为了使评估者有个参考的维度，将需要注意的问题总结为表7-1。这些方面并不是唯一的，评估者可以根据实际需要进行取舍。下面对这些要素进行简要分析。

表7-1 有关项目目标和对象的问题

类 别	问 题
项目目标	1）具体科普项目的预期目标是什么？
	2）项目实施对各方面带来了哪些改进和影响？
	3）影响项目实施或效果发挥的因素是什么？如何克服？
科普项目实施的条件和任务	1）该科普项目主要包括哪些任务和工作环节？
	2）这些工作对于达成项目目标有什么影响？
	3）在项目运行中会遇到哪些问题？
	4）怎样送达目标公众？
项目资源	1）项目实施地可以动用哪些资源用于科普项目？
	2）资源满足情况如何？
项目绩效标准	1）项目成功的标准是什么？何时可以进行评估？
	2）绩效评估如何与预期目标统一？管理者主要关注效果的哪些方面？

（1）项目目标

科普项目的目标是科普项目理论的重要特征，尤其是科普项目影响理论的重要内容。项目理论必须明确界定科普项目的目标，只有目标明确，并可以度量，才能衡量科普项目实施的效果。但是，在科普项目的实际运行中，科普项目的理论目标与项目运作方的目标往往不一致。从理论上说，科普项目的目标是提高公众的科学素养，而现实中，项目操作方则可能是为了项目而项目，有的为了所谓的工作成绩；有的是为了宣传效应；有的为了争取项目经费。不同的目标追求，其衡量的指标也不一样。在实际工作中，由于缺乏评估环境，实际效果往往与理论目标或预期目标相去甚远。比如，大多数的科普项目都以参加的人数、新闻机构报道的程度、规模为指标，而很少用公众满意度、项目覆盖率、对公众的影响等指标。要真正度量项目的效果，就要通过一系列与目标相关的指标来衡量，侧重项目活动带来的结果，考察项目的真实结果与目标之间的差距。

科普项目与其他社会项目不同，一般的社会项目只要考察项目的直接效果就可以了，而科普项目不能只评估直接效果，更重要的要评估科普项目对社会环境的影响，即间接效果。科普项目间接效果的评估难度较大，要求项目理论要具体、明确，这样才能既评价项目的过程，又照顾了项目的影响。但也必须指出，在项目经费有限的情况下，难以对项目进行精确的评价。在大多数情况下，尤其是一些具体的科普项目，一般评估其直接效果也就可以了。因为直接效果与间接效果是相互关联的，一般情况下，直接效果是间接效果的基础。比如，某一科普项目参加的人多，受教育的人就多，造成的社会影响大，同样也可以大致反映项目的社会效果。

项目理论包括过程理论和影响理论。一般来说，项目过程理论中的目标与提供的服务和实施的方式有关；影响理论的目标与对环境的影响和改变有关。但这只是从逻辑的角度看，实际上，两者的界限不是十分分明，所产生的效果也是相互关联的。过程本身也会产生一些意想不到的影响，有时甚至是负面的影响。

（2）科普项目的功能、要素和活动

项目过程理论主要描述不同项目活动的功能、项目组成要素、项目活动影响对象，以及它们之间的关系。评估者对项目的功能分析是很重要的工作，只有在正确把握项目功能的基础上，才能把握项目的效果。对项目功能的把握，重点在于分析项目的逻辑。着力分析不同的项目、不同的步骤和活动要素是如何与功能联系在一起的，评估者可以用一些简单的逻辑关系图来表示项目理论中所体现的这种关系。表 7–2 是引自《项目评估：方法与技术》（［美］彼得·罗西等著，第 128 页）的关于项目逻辑分析的框架。

表 7–2　项目逻辑分析的框架

序号	项目逻辑分析
1	项目结果体系，即预期产出的效果层次（如接受项目的目标对象的人数），项目的直接影响（目标人群在知识和技能上的变化），间接影响（项目接受者行为的改变及对周围环境的影响）
2	成功的标准以及主要概念的界定（如何影响潜在对象，功能辐射等）
3	对项目产生作用的因素（如组织管理、对象选择、服务质量等）
4	项目外的影响因素（对象特征、其他项目的竞争）
5	项目活动和项目资源（如活动的方式和途径、社会资源的介入等）
6	可掌握的评估信息（可直接度量的结果是什么，项目作用对象的改变程度等）
7	用于解释和判断绩效的对照组（与没有实施项目的地方进行对比，在控制条件、判断标准等一致的情况下）

第二节　项目理论评价

　　所谓评价项目理论，是对项目设计的科学性及所隐含的假设的真实性进行评价。这个过程与项目绩效评估和项目影响评估是联系在一起的。尽管如此，项目理论评价不同于绩效评估和影响评估。理论评价往往是一种科学性评价，大多从逻辑、功能和要素诸方面进行，不一定等到实施后才进行评估。但这不意味着理论评价不重要，许多项目失败都可以从理论失败或理论上存在欠缺找到原因。理论评价的作用之一就是要防止因理论失误而造成重大的损失（场馆科普的影响范围较小，一般不会产生这种意外风险）。

一、对项目理论框架的评价

前文已多次强调科普工作所面对的对象层次多样、环境复杂，科普所要解决的问题受到多种因素的影响，科普本身的功能也是多方面的。在这种情况下，科普项目所面对的是一个由人、经济、社会、环境等构成的系统，如果单评价项目理论的某一个方面，很难评价其是否正确，也没有多大意义，必须从理论框架的整体上进行评价。但是，又不能对项目理论的所有概念和隐含的假设都进行证据性评价。许多"证据"根本就难以找到，而即使能够找到，操作起来也不经济。因此，需要一些基本的标准来判断项目理论是否科学。根据国外研究的结果，对社会项目的理论评价可以从以下三方面来进行。

1. 社会需求

需求评估不仅是项目理论评价的重要方面，也是项目绩效评估的重要内容。在市场经济文化大背景下，满足需要、实现需求是所有机构进行社会活动的目的，通过满足他人的需求，实现自身的价值是基本的行为准则。科普项目也不例外。

如果项目不能满足人们的有效需求、不能满足项目对象的需要，那么，不管项目管理得多好，运作多卖力，也不能认为项目理论是科学的。如此一来，项目的运行结果也会是低效率的。因此，通过评价项目的社会需求，项目所确定的需求是否真实，目标群体的需求是否能够得到满足，来评价项目理论是否科学，是一个重要的评价项目理论的标准。场馆科普项目大多具有教育功能，目前无论是正规教育还是非正规教育都具有相应的理论基础，这些基本的理论在本书第二章中作了相应介绍。因此，评估项目理论并依据项目理论进行评估，是确保科普教育效果的重要保证。对于需求评估，笔者也在相应的章节作了细致的介绍。在此，只想提醒评估者，在对项目理论提出批评意见时，要从多个角度来考察，可行的办法是征求项目涉及各方的意见，尤其是社会科学领域的专家意见，避免以偏概全的错误。

2. 理论假设的科学性

很多科普项目从理论上看不出毛病，长期的科普经验也告诉他们那是完全合理的。但是，如果用评估的具体方法进行评价，就可能发现，这些假设并不符合实际，或者假设的逻辑关系成立，但实现这种因果关系的链条中存在阻碍因素或存在断裂层[①]。在这种情况下，也很难实现项目理论假设中的效果。下面举例子来说明。

在场馆科普工作中，青少年是重要的目标人群。为了增加青少年对科技的兴趣，将来投身科研工作，实现科教兴国，建设创新型国家和世界科技强国的伟大构想，于是，设计了一系列针对青少年的科普项目。比如，科技场馆对青少年免费开放，组建青少年课外科技小组，举办航模比赛，科技竞赛，等等。所有这些项目都基于一个理论假设，以此来提高青少年对科技的兴趣。这个假设并没有问题，但是，是否忽视了这样一个问题，在分数见高低，万众一心同挤高考这座"独木桥"的今天，家长不许孩子去干别的，会说："你现在的任务是搞好学习，考上大学。"老师也会说："要专心搞好复习，突击这几年，考上大学是你们的唯一选择。"试问，孩子还有自己的决定权吗？可见，这种理论假设就难以实现目标。

有的理论假设本身就不科学或不符合实际。比如，现在的青少年营养不均衡，存在挑食现象，导致肥胖，身体素质下降，体育成绩不好。于是，假设认为青少年缺乏营养知识，只要加强营养知识的科普，就可以起到作用，因而设计了一些关于营养知识的科普项目，结果却并不尽如人意。原因何在？这个假设忽视了学校和家长对孩子的影响。如果学校食堂的食品营养不均衡而问题没有得到解决，那么，孩子就没有选择食品的权利，致使孩子的营养知识再多，也难以改变现状；如果家长认为多吃肉、吃高蛋白的食品有利于身体健康，那么，同样也难以让孩子吃含维生素丰富的食品。

这些问题如果用评估者对假设理论进行评估，就可能得到弥补。比如，评估者可以通过调查、访问、座谈来发现问题的实质，如果项目实施以后进行评估，就要找出问题存在的原因，从而调整项目的目标人群结构，或者把目标人群扩大到教师和家长、食堂的师傅等。

3. 逻辑性和适当性评价

有时，项目按照规范的理论程序进行设计，项目的目标明确、内容具体、

---

① 郑念. 逻辑思维的盲点和盲区［N］. 科普时报，2019-03-01.

措施得力，项目的功能和要素之间的关系也得到具体的陈述，但还需要对项目各组成部分的逻辑性和适当性进行审查分析。所谓逻辑性和适当性，在大多数情况下与项目理论的科学性相关，前面已经论述过项目理论科学性的重要性。需要指出的事，项目理论的科学性可以从评估的角度衡量，但逻辑性和恰当性需要设计项目专业方面的指示，光靠评估专家是难以胜任的。比如，什么样的科普项目能够增加公众的科学知识，什么样的项目能够提高对象的科学方法，什么项目适合少年儿童，什么项目适合在职职工等，以及通过什么样的途径实施会取得最好的效果等。

所以，这部分内容大致可以分为两类。第一类是科普项目理论本身是否明确，主要指项目各组成部分的逻辑关系是否明确、适当，项目计划对于项目要做什么以及将会带来什么结果是否明确；第二类是科普项目理论是否合理，这就要从项目实施地、项目对象的背景进行分析，如在项目实施地的现有社会政治、文化等环境下，项目的各部分内容是不是符合实际，是不是可行，这进一步会影响项目的效果。因为在许多情况下，虽然项目本身在理论上、逻辑性和适当性都没有问题，但放在具体背景下，却可能有某些步骤就没法实施，或者实施以后不会发生任何效果。举一个极端的例子，假如在某些民族地区，由于文化、历史传统的影响，在目标人群中存在一些禁忌，如果项目计划没有考虑这些问题，而恰恰针对这些禁忌进行所谓的科普宣传，则不但不能产生影响，反而会造成反感或抵制。

对于项目的逻辑性和适当性评价是一个开放的过程，理论评估者不仅要有项目理论评价方面的知识，还要有广泛的社会历史文化方面的知识，更要有政治敏锐度，实事求是地说，光有项目评估者是很难达到目的的。最好的办法是在评估小组中吸收各方面的人才参加，才能避免片面性和失当。为此，引用鲁特曼（Rutman）、史密斯（Smith）、霍利（Wholey）等人提供的一些经验供参考，他们从以下六方面提供了逻辑性和适当性评价的框架。

1. 项目的目标是否被明确界定

所谓项目目标可以理解为项目所要达到的结果。这样，在项目实施以后，就可以根据设计的目标来衡量项目是否达到了预期的结果。明确界定目标包括两个方面的含义，一是目标可以观察，二是目标可以度量。如果满足了这两个方面，那么，目标就是明确的，也为评估提供了标准和指标。具体到场馆科普项目，往往泛泛地说，项目是为了提高公众的科技素养。实际上，这不能算是目标，因为所有科普项目都是为了提高科学素养这个目标。但具体的项目，不能都把这个空泛的陈述作为目标。况且，也无法实际衡量和评估。因此，类似的目标就是不适当的，没有为评估提供可以参照的标准和度量指标。

2. 项目目标是否合理

这也就是说，项目目标是否真的可以被认定为项目实施的结果。

项目理论应该具体指出那些通过努力，项目本身确实可以达到的结果，而不是提供不切实际的过高预期（如上面所指出的）。如把某个项目目标确定为"人人具备科学素养""掌握全部科学知识"等，就是不切实际的目标，根本不可能达到。原因很简单，一方面，这些目标度量值本身是动态的，随着社会经济发展水平的不同而不同；另一方面，"目标"所提出的问题是综合的、十分复杂，并非一个项目、一朝一夕所能解决的。

3. 项目所设想的改进程度是不是合理

项目所设计的给目标群体带来的利益或改善，取决于项目假设的因果关系链是否发生，这个链条以项目设想的互动开始，以目标群体和目标环境得到改善为结束。这个因果链条的每个环节至少都应该是合理的，项目影响理论是否适当，决定项目是否能真的发生作用，产生预期的效果。如果影响理论预期的结果真的发生了，那么项目影响理论就是完美合理的。

4. 项目的步骤是否清楚和足够

项目理论应该涵盖项目的功能和步骤，以满足目标人口的需求，如果项目理论缺乏对实施步骤方面的设计和要求，那么，在具体实施过程中，项目就可能走样，或者缺乏足够的吸引力和影响力，从而无法实现项目预期的效果。

5. 项目要素、功能和活动是不是明确和充分

只有项目的要素、功能和活动考虑充分，活动安排具体、明确，才能对项目进行规范实施，并得到监测，进行高效的管理。否则，就会使各方面的资源难以得到整合，各唱各的调，处于混乱无章的状态，那么也就不可能取得好的效果。

6. 实现项目目标所需要的资源是不是足够

这些资源包括：资金、人才、装备设施、宣传、培训、政府政策支持，甚

至包括和谐的社会关系，等等。

二、观察评估和验证

以上过程都是"纸上谈兵"，从理论到理论。那么，通过这样的评估，是不是就完成了？项目理论评估就成功了？还不能这么说。中国有句俗话，"纸上得来终觉浅，绝知此事要躬行"。这个理论评估的过程还要接受实践的检验。简单的检验方法就是对项目进行实地观察。

尽管项目理论评估是一种"纸上谈兵"的评估，但是，这种评估并非可有可无。它包含了许多关于项目如何运作的理论规范和逻辑检验，可以以此观察项目运行过程中的科学性。同时，项目理论评估中也包含许多结合项目运作的评估。比如，与项目官员、计划者和项目对象进行面对面的交谈，这个过程就是对项目理论进行实际评估的过程。尽管如此，直接观察在项目理论评估中还是不可缺少的，它为评估项目理论与项目实际的一致性提供了实际检验。

例如，某项目理论认为，如果在社区中向老年人发放有关注意营养饮食的手册，进行营养和健康方面的科普，通过这种科普可以改善老年人的健康状况。但实际观察发现，老年人根本不阅读这些资料。那么，项目的关键假设就失败了。因为这个假设是设计项目和项目发挥效用的前提，如果假设的结果并未出现，那么，项目的可行性理论也就受到了挑战。这个结果不是从理论上和逻辑上来判断的，而是通过观察得到的结论。可见，仅靠判断和理论考察来评估项目理论的科学性，有时还不够，还要受到实践或者观察的检验。

运用观察或访谈的方法进行项目理论评估，应该把重点放在对项目预期结果的考察，以及项目服务与目标群体的互动上。例如，在农村专业技术培训项目上，理论假设上是通过培训提高农民的某项技术技能，从逻辑上看，这是没有问题的，但是，项目实施是否真的能够达到预期的结果呢？这就要通过观察和访谈来检验。而结果的出现和访谈后的信息表明，结果并不像假设的那样。这是什么原因呢？假设只是理论上和逻辑上的判断，但真实情况的出现还受到多种因素的影响，如培训对象对技术的接受能力和程度、技术内容对培训对象的需求满足度，即是否符合对象的需要，还有教师的讲解水平，以及其他的环境因素的影响。这就说明，即使理论正确，也不一定出现预期的结果。

在项目过程理论评估的过程中，还要注意观察项目的目标群体，考察他们是怎样和为什么参与项目，服务者与他们的目标群体是否进行了有效互动，服务是否有效送达，目标群体如何获得服务等问题。这个过程可以帮助评估者了解，项目计划是否很好地定位了目标群体，目标对象是否积极参与项目活动，是否得到了切实的服务。有时，项目资源的可利用性也对项目计划构成了很大的影响，所以，在项目过程评估中，还要求对项目资源进行考察。

例如，科普培训项目理论的评估可以从以下程序进行检验（图 7-1）。

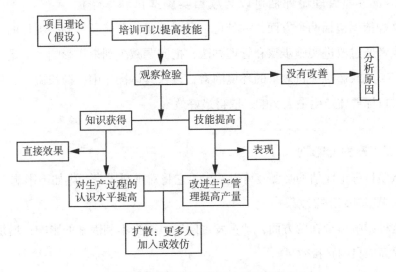

图 7-1　科普培训项目理论的评估程序

三、科普项目理论评估的必要性和影响

（一）必要性

项目理论是项目设计和项目影响的基础，其科学性直接关系到具体科普项目能否产生效果及效果大小，科学合理的项目理论有助于项目效果的实现，并提升项目的意义，也便于评估、总结和推广。因此，对项目理论进行评估和考察具有重要的意义。

1.通过项目理论评估可以使项目理论本身更加科学

对已经明晰的项目理论，可以评价、论证其在具体社会背景下的可行性和吻合度；对于隐含的项目理论，可以找出项目假设与预期目标的逻辑关系，使项目理论明确，进一步评价其科学性，或对项目理论进行科学架构。

2. 项目理论评估是项目效果评估的重要组成部分

通过项目理论评估，可以使项目效果（影响）评估建立在科学基础上，并节省效果评估的费用。如果项目理论评估的结果认为，项目是不科学的，项目的假设与结果之间没有必然的联系，那么，对于未实施的项目就要重新设计和安排，对于已经实施的项目，也就没有必要投入精力进行项目影响评估。

3. 通过项目理论评估可以为项目实施提供科学依据

这种依据包括两个方面：一是可以及时发现问题，及早调整项目的目标群体，或者通过改进实施步骤和管理办法，把问题减少到最小影响。二是分析发现阻碍实施或影响项目效果的环境因素，以在具体操作中，扬长避短，尽量使项目对目标群体产生最大影响，取得最好效果。

（二）产生的影响

从项目理论评估的必要性可以看出，它将对项目本身产生如下影响。

1. 提高项目的效果

这种影响体现在两方面，即：发现问题、减少不利因素的影响；增加科学性，提高项目的直接效果。

2. 减少社会资源的浪费

如通过理论评估发现项目理论是错误的，则不必要进行项目的进一步实施或改进以后才继续进行，这样就避免了不必要的资源支出；如发现目标群体与项目理论不符，则可以及时调整，并改善操作手段，则可以减少因盲目实施带来的浪费。

3. 为项目的影响评估和过程评估提供基础，提高评估的效率和准确性

通过前期的需求评估、理论评估、科学性评估，可以发现项目的逻辑关系，以确定效果评估的模型，并有利于正确制定评估指标，获得评估数据。

场馆科普项目实施的目的是影响目标群体，改善社会和群体的发展条件，或者增加公众对相关知识的获得，以理解、支持学科发展。不同的项目具有不同的目标群体和不同的预期目标，项目中所隐含或阐明的这种假设与预期效

果之间的关系就是项目理论要表达的内容。一般来说，任何项目都具有自己的预期目标，并在项目操作与预期目标之间具有内在的逻辑关系。如果这种逻辑关系是科学的，那么，项目有可能产生预期的效果；如果假设的逻辑关系不存在，那么也就不可能会有好的效果。有时，即使假设的逻辑关系存在，由于环境的作用，也不一定能产生预期的影响效果。这是进行项目评估的必要性所在。

项目理论具有显性和隐含的表达方式。显性的项目理论表现为，在项目计划书中就有明晰的描述，只要评估其科学性就行了；隐含的项目理论则要求评估者对项目理论进行架构，并通过评估加以完善。

项目理论评估本身只是一种专家评价，主要评估项目文件中的目标群体及其真实需求，项目活动可能导致的影响及其与预期目标的关系，概念的明细化，实施环境的调查分析等。但是，要使理论评估科学完整，还要进行直接观察和访谈来检验。

从实际情况看，虽然我国场馆科普项目大多建立在经验基础上，有很多场馆科普甚至只是追求一种形式，既不会依据项目理论来设计和开发项目，也不会真正关心项目实施的效果，更不会对项目进行评估。但是，随着社会治理现代化的进程加快，随着建立在效果评估基础上的拨款或捐赠制度的出现，各种评估形式也会被广泛运用，评估的需求也将日益旺盛。作为科普专业工作中，作为高端科普专门人才，了解和掌握场馆科普项目的基本评估理论，对做好场馆科普项目的组织和管理，对于评估思维的确立，从而把场馆科普建立在切实为公众提供有效供给的基础上，具有重要的现实意义和深远的影响。

附：前端评估案例——澳大利亚博物馆的生物多样性展览

琳达·凯利　1997 年 2 月

一、主要调查结果

（一）生物多样性概念了解

• 大多数人熟悉该术语或听说过该术语

- 主要是通过教育机构（大学、学校等）和媒体（电视、报纸等）了解生物多样性
- 大多数人都能理解生物多样性意味着什么
- 我想要一个更吸引人的展览名称

（二）主题 / 焦点

- 他们想知道"生物多样性与我有什么关系"
- 他们认为我们需要解释什么是生物多样性，尽管这个话题对他们来说不是很感兴趣（情境化？）
- 他们想知道"为什么要举办生物多样性展览？""为什么这很重要？"
- 展示生物多样性与我之间的联系——从熟悉到陌生

（三）研究和收藏

- 作为感兴趣的主题和我们应该包括的主题，我的评价都很低
- 那些巡回演讲的科学家们非常感兴趣和兴奋——也许作为主题，需要找到方法让他们更少地被"移除"，更多地与他们和他们的兴趣相关
- 我对幕后活动很感兴趣，并把这件事公之于众
- 收藏——喜欢"哇"，我们是怎么得到它们的？为什么我们有它们关于它们的信息（如如何保存、标签上有什么等），想接近它们
- 研究——对博物馆的保护作用感兴趣，想与工作人员和 / 或科学家交谈，认识到鼓励孩子们对科学感兴趣的重要性

（四）展览类型

- 动手操作重要
- 使用所有感官，尤其是触摸
- 文字不多
- 电脑很重要（尤其是孩子），能加强展示效果，而不只是"按按钮"
- 他们愿意掌握大量信息
- 满足各级（学习和年龄组）的需要
- 音频导览受欢迎
- 喜欢能带走的东西
- 短小有趣的视频很受欢迎

- 能够放大（接近）重要的东西（如显微镜）
- 孩子们喜欢有趣和教育性的东西，但后者的成分不要过重
- 场上的工作人员非常重要

二、评估报告

1996 年 8 月，对澳大利亚环境展览进行了详细的前端评价并进行报告。本研究收集了关于公众对环境态度的许多其他资料，也可用于生物多样性展览。

- 定量：游客调查 (*n*=104)
- 定性：焦点小组 (*n*=36)

1. 游客调查

1997 年 1 月，随机抽取一周中参观的 104 名游客进行调查。调查对象中男性占 51%，女性占 49%。

（1）调查涉及以下内容

- 是否听说过生物多样性这个词
- 如果是，在什么情况下
- 认为生物多样性意味着什么
- 感兴趣的主题
- 不考虑兴趣的话，需要包括的主题
- 人口统计信息

（2）调查结果

生物多样性——听说过这个词吗

访问者被问及是否听说过"生物多样性"一词，如果听说过，又被问及在哪里听说过（开放性问题）。62% 的受访者听说过这个词，38% 的人没有听说过。关于他们在哪里听说过生物多样性，人们的回答多种多样——大多数人是通过大学或学校等教育机构（36%）或通过电视、印刷等媒体（30%）听说过生物多样性。

生物多样性——这一术语的含义？

受访者被要求用自己的话解释他们认为"生物多样性"一词的含义。大多数受访者即使没有听说过这个词，也能说出答案——通常是把这个词分开，bio

与生物学相关，diversity 意思是"多样"。

（3）确定展览主题

受访者会获得一份主题清单，并被要求选择四个主题：第一，他们认为最重要的主题；第二，他们最感兴趣的主题。

"生物多样性如何影响我们的生活"是人们最感兴趣的话题（63%），其次是"管理生物多样性"（59%），"为什么澳大利亚的生物多样性是独特的"（58%）和"什么是生物多样性"（50%）。

2. 焦点小组

1月期间，专门为生物多样性展览进行了 3 个焦点小组调查。

通过在博物馆各处张贴招牌和向所有工作人员发送电子邮件的方式招募游客。与会者填写了一份表格，详细说明了以前的访问和儿童的年龄。

共有 16 名成人和 20 名儿童参加了生物多样性焦点小组，其中约 10 名儿童积极参加了讨论（年龄在 10—14 岁）。参加者通常是经常参观澳大利亚博物馆的人，其中大多数最近是在 1 月学校放假期间参观的。从讨论中还可以明显看出，他们还参观了许多其他文化机构（澳大利亚科学与艺术馆、科学商店、悉尼博物馆、美术馆、科技馆等）。

（1）研究目的

- 了解访问者希望了解哪些关于我们收藏品的内容
- 了解访问者希望了解哪些关于我们研究的内容
- 了解有关"生物多样性"一词的认知水平
- 就即将举办的新生物多样性展览征求意见和反馈

（2）方法

由博物馆的科学家向与会者介绍了藏品情况，并作演讲。随后在一名协调人的指导下进行了不限成员名额的讨论。一份关键问题领域的清单被用来指导讨论。

关键问题领域

- 对你刚刚看到和听到的，你有什么问题吗
- 如果我们把我们的收藏"展示"出来，你想知道什么样的信息
- 此信息应采用何种格式（即时书写、个人 / 工作人员、数据库、对象、

活动等）

- 你知道博物馆进行科学研究吗
- 如果我们把研究成果公之于众，你想知道什么
- 如果我们在展览中展示我们的研究成果，会有什么表现形式（如上所示）
- 我们正计划举办一个以生物多样性为主题的展览，暂定名为"生命多样性"——你听说过这个词吗？如果听说过，是在什么背景下
- 展示概念图——你喜欢 / 不喜欢这方面的哪些内容
- 这个话题有什么吸引人的地方，有什么不吸引人的地方
- 你知道或者是任何社区类型的环境团体（溪流观察，灌木再生，蛙和蝌蚪研究组等）的一部分吗
- 如果我们在新的展览会上有一个区域来宣传这些团体，并承诺你会参与研究吗？有兴趣吗
- 关于博物馆的一般反馈——喜欢和不喜欢（时间允许）

第一组用磁带记录，但其他组则没有这样做，因为他们认为这种安排太过侵扰。除协调人外，另有两名工作人员出席了小组会议，并作了详细记录。

这种形式的研究本质上是定性的——对较小群体的人进行比一般调查更深入的讨论，从而导致广泛和公开的讨论。

在讨论中途，向每个小组展示了一组概念图，以寻求他们的反应，反馈和评论。这些通常被认为非常积极的，并提出了一些想法。评论样本如下。

- "快看雕塑，然后继续前进"（C）
- "聚光灯照亮感兴趣的部分和部分 / 标本，或者工作人员用激光笔指出它们"(a)
- "（是）静态对象显示吗？"（A）
- "不同事物的展示有多深入？"（甲）

（3）结果

评论意见按生物多样性、收藏、研究和展览类型等标题分类，以便阅读，大多数评论意见都列在这些标题下。

1）生物多样性

- 大多数人都听说过这个词

- 考虑需要朗朗上口名称 / 题目
- 生物多样性——概述
- 生物多样性与它们有什么关系
- 社区生物多样性团体信息（如蛙类观察、溪流观察等）

2）收藏

- 喜欢收藏中令人惊奇的内容
- 许多人不知道我们收藏的东西如此之多
- 我想知道为什么收藏这些东西
- 我想靠近收藏品，罐子和瓶子
- 将收藏中的内容与外界联系起来
- 我喜欢他们所知道的标本，而且可以从那里分门别类
- 对标签上的日期和其他信息感兴趣
- 对标本的收集和保存方式感兴趣
- 对收藏仍在增加感兴趣

3）研究

- 博物馆的保护作用
- 有工作人员（科学家或其他人员）是必不可少的
- 一些人认为固定的楼层工作人员就足够了，另一些人想要一个科学家
  （尽管一些人对他们完成任何工作表示担忧）
- 我对幕后工作很感兴趣，并把它搬到了展台上
- 鼓励孩子们对科学感兴趣

4) 展览类型

- 动手操作重要
- 触碰
- 使用所有感官
- 字不要太多
- 电脑很重要（尤其是对孩子而言），只要能加强展示，而不仅仅是"按
  键"就行
- 他们更愿意掌握大量信息

- 满足各级（学习和年龄组）的需要

- 更喜欢音频导览

- 喜欢能带走的东西

- 展品不应减损信息或其他重要信息

- 既短又有趣又受欢迎的视频

- 能够放大［接近］重要的东西（如显微镜）

- 孩子们想要乐趣和教育，后者的压力不要太大

- 让所有人都能看到的大屏幕视频和电脑屏幕

- 维护的重要性——任何时候都应该工作

- 计划活动／谈话在不同的时间进行，不要太近

- 提防孩子弄坏东西

- 重要员工

第八章
场馆科普项目的形成性评估

场馆科普项目多种多样，比如有培训、展览、探索工坊、创客作坊、科普电影、戏剧，还有与传统文艺相结合的科普教育项目。这些项目都有一个分析需求、设计、开发、实施和评估等的过程，一般也离不开评估，有的项目还要专门进行形成性评估。科普展览是场馆科普的主要形式，一般需要对整个项目进行形成性评估。正如第三章所述，形成性评估是展览评估的重要形式，不仅是展览开发的重要组成部分，而且关系到展览目标的实现和效果呈现。因此，场馆科普项目的开发过程中，大量使用形成性评估以确保科普项目符合目标要求。严格地说，无论是展览、展品开发之前的理论性评估，还是展览展出之后的修正性评估，都是形成性评估的重要组成，但对于一些大型的展览活动，往往在展览或展品的开发过程中特别重视形成性评估，并把形成性评估作为内部评估的主要形式、作为展览展品开发的组成部分。本章以展览开发及形成性评估为例，介绍形成性评估的基本内容。

第一节　形成性评估概述

形成性评估或者展览规范过程已经成为展览部门的日常工作。这项工作最早开始于20世纪80年代末贴近居民布展的理念革新。通过立体布景，为参观者创造一个温馨的环境，使展品更加贴近观众，而改变说明标签，新老展品配合布置等简单的变化，则使参观者对展品更容易理解。在这种布置和评估过程中，结合了外界观众和专家的意见，使展览更符合观众的胃口。

室内评估比较适合科学活动中心中的教育项目，既可以在展览正式开放之前的试评估中加以运用，也可以在展览正式开始以后，引入"观察"评估来达到目的。这种评估可以由参观者、设计者、管理者、展品（技术）开发者共同组成评估小组，每个成员从展览的不同组成部分，如设计部分或技术方面（包括耐久性）进行评估。通常展览的规划者也是评估者，许多展览评估都是由展览的规划者完成的。在有些场合下，规划者也是展览部门其他项目的评估者。

20 世纪末，欧美国家的博物馆几乎所有的展览项目都使用了某种形式的形成性评估。进入 21 世纪，一些场馆还设计了一种新的测试通道来满足日益增长的展览形成的评估要求。

一、互动性展览的形成性评估

测试、产生展览形式的指定区域叫做测试通道（test tube）或测试区，测试通道的评估过程也是展览的定型或形成过程。测试通道是一座有两个出口的封闭小房子。这个区域可让评估者看见里面发生的事情，或者有专门的设备对观众进行监测、录像、记录。房间里摆放了各种即将展出的展品展项，以及配合展品完善的各种展览配件。有些教育目标非常明确的互动区域，还可提供教材、指南、甚至视频，以指导操作。在每个墙上都有电源插座以供需要，并配置了固定的视频照相机和录像机，用来记录参观者与展览组件互动的情形。

当新的展品正在开发时，测试通道可在周末或学校假期向家庭群体开放。测试通道运行期间，家庭成员可随意进入和离开房间，并且使用他们感兴趣的任何一个互动性展品。测试运行时，可用录像机记录观众的行为和各种反应。通常情况下，工作人员会在门口引导参观者，欢迎愿意进入测试通道的观众，可适当给予奖励，比如可以免费参观别的展厅，或者送给他们入场券，以便以后来参观。

为了保证测试结果的有效性，场馆展品、展项的测试需要持续一段时间，一般需要一个星期左右的时间。测试过程中与学校合作是比较经济的途径，一方面是学校更加有组织性，另一方面是他们是展览教育的主要群体，也是常被展品开发者关注的人群。

1. 形成性评估的三个阶段

每个被评估的展品、展项都要经过三个阶段才能定型。

在展品定型的第一个阶段，要形成对展品的粗略看法。这项工作由展品开发者来推进，这个阶段既可以在测试通道里进行，也可在展览大厅中进行。开发者在帮助参观者完成各项活动的同时，对他们进行观察和采访。若某部分在讲解的情况下仍不能达到其教育目标，那么，它就不能发挥应有的功能，也就不能作为一个单独的展品存在。因此，该展品将被单独拿出来，被当作项目部门的备用展品，或留作别用，或进行修改完善。学校的活动安排、演示及讲解，通常被作为展品的最终确定程序。不仅是展品、展项需要进行形成性测试评估，而且项目都可以运用这种测试方法进行评估，以便完善和提高科普教育效果，比如，科普实验、营地探索、互动游戏，甚至是科普剧、视频等科普项目。

若在展品规范的第一阶段，展览内容就能够很好地达到其教育的目的，那么，展品也就能"站住脚了"。大多数展览规范的第二阶段是在测试通道中进行的。在展品规范的第二阶段，要利用各种各样的评估技术。评估者首先观察和采访参观者，并在他们与展品互动的基础上，对展品进行改进。改变可以包含新的展品引进（对于展览展项），增加展品介绍和增加说明标签，也可以通过互动性部分的摆设和机械方面的、电气方面或者电脑软件的改变来加强人们的体验。关于展品外观和艺术上的设计要素也被纳入这一阶段的规范，这对决定展品的最终外观和将带给人什么样的感觉十分重要。若展品的形式是一项桌面上的活动，那么，将展品的某些部分进行精致化处理并以新的面貌展现出来时，参观者常常能获得较好的教育体验。

在展品定型的最后一个阶段，展品各部分都已基本完成，主要对标签做最终改变，或者对不同展品的摆放组合、顺序等进行调整。测试通常是展览的组成部分，有的展厅、场馆专门设置了测试区域。在这个一切就绪的阶段，开发者还可以对展品进行最终的修改。在展品开发的最终阶段，许多组件需要定型，尽管这种情况很少（事实上，许多组件的定型不必要到这个阶段才决定），但这种测试仍能够提供有价值的信息。

总之，形成性评估在大多数的展品、展项、展览开发中是一种有效的形式，也是确保场馆科普项目的科学性、运行的有效性、管理规范性的重要手段。尽管不同的展览对形成性评估的要求不同，但从开发者、展品使用者、展览管理的角度看，运用评估思维，从形成角度考察和评估展品，对于提高展品的有用性和教育效果还是非常必要的。

2. 互动展览定型

互动性展览的形成过程中通常需要进行定型，这个定型的过程就是展览的形成性评估过程。如上所述，一般来说，形成性评估需要经过三个阶段才能最终确定，但有时也会因实际情况而有所变化。尤其是互动性展览中的形成性评估，更要依据实际情况进行调整。运用定型三阶段来开发展品的例子很多，互动性展览的一个经典例子是"温度调查站"的展品开发。第一个阶段的展品简单地包含水冷却器、温度计、纸、杯子和一只钟表。开发者帮助参观者进行与温度有关的一系列活动，并且确定哪些实验对参观者有吸引力。第二阶段就要依据观察到的现象，对参与者进行现场询问、座谈或测试，以了解展品的教育效果。比如取水是否方便、水量是否合适、水温多高合适等问题，以评估学生对温度的认识和感知。第三阶段主要测试展品组件的互动效果。此时的展品已经基本成型，但还要看最后的组件是否方便使用，标签说明是否清楚，并进行最终的改变。比如，对测试电脑进行加固，增加纸巾分发器，提供一些操作配件等。评估者还可以通过第三阶段的观察，对展品进行完善，并对安全性和教育效果进行评估。比如，在温度调查展览中，评估者发现，小朋友容易取水过量，因此，最终的版本包括定量供水系统，通过一个推进开关得到适量水。

有些展览不能完全通过这三个阶段。一个例子是"奖品在哪里"的展品。这个展品与"让我们做一次交易"的游戏秀相似，允许参观者玩一种运气游戏。它提供给参观者三个门，奖品被随机地放在其中的一个门后。参观者可以选择其中的一扇门，但不能将其打开。然后，这场游戏的主持人（另一个参观者或是电脑）打开剩下的两扇门中的一扇。打开的那扇中没有奖品，便说："奖品不在这扇门后，你是愿意坚持你原来的选择，还是想改变主意选择另一扇未被打开的门？"这个游戏实际上也在训练学生的判断能力、概率思维和分析思维，不仅是一个简单的为了获得奖牌而加入游戏的活动。

参加者被要求给出能够获胜的最佳策略，他们不是坚持原来的选择就是换成另一扇门，我们可以记录他们的预测、选择及结果。参加者可以玩好几轮，并看看他们获胜的动态记录和所有原来玩过这种游戏的参加者选择这两个策略的获胜记录（坚持原来选择或改变原来的选择）。

展品定型的第一阶段是相当成功的。作为一个推进活动，使参观者都进行精确的操作并不难。参观者对这个游戏和开发获胜策略都很感兴趣。第二阶段展品定型的版本也确定了，并开发出一个精致的电子版。参观者选择以后，门会自动打开揭示奖品在哪。在这个游戏中，参观者需要扮演主持人的部分角色，并将奖品藏在其中的一个门后。然而，这种游戏制作成电脑版本时有许多缺陷。经过几个星期的展品定型和各版本的试验活动，最终开发出最适合互动性的展品模板。这个小游戏开发成功以后，不仅可以在成功中进行互动性的科普教育，比如，融入一些评估概念、概率知识，也可以形成游戏软件，在电脑和手机上进行科普游戏。在上下班的过程中都可以游戏，并训练自己的判断能力。这种互动性展品、游戏的开发，能够产生较好的社会效益和经济效益。

3. 测试中的焦点组

在形成性评估的第二阶段的展品测试中，邀请各种焦点组在测试通道里与展品组件进行互动是主要的环节。要对焦点组进行深入的观察，并对挑选出来的小组进行面谈。他们可以是包括老师、学生、有特殊需求的小组，也可以是社区小组和志愿者及博物馆中的工作人员。

（1）老师和学校组

在场馆科普展览的开发阶段，运用焦点小组进行展品评估，是为了确保展览中的展品具有广泛的吸引力。开发者可以选择不同群体中的代表组成测试组，进行焦点小组测试。

上面提到的"调查"展览开发过程中，就成立了教师顾问团来帮助开发。在进行小学科学教育结合的展品开发中，也可以邀请部分教师加入焦点组进行测试。这些老师是既可以是科学教师，也可以是课程标准的制定者，教育改革项目的部分成员，甚至是教育主管。他们从老师的角度对展品形式进行评价，以改进和选择展览活动。科普场馆可以利用假期，邀请老师对展览创意和活动进行评估，并向展品开发者提供反馈信息。学生们可以在测试通道中对展览活动进行定型。

（2）可接近性

所谓可接近性，指展品能够被尽可能多的人使用，也就是观众可接受可进入的程度。那么，怎样才能使展览让多数人都可以参观、参与互动呢？这就要求在展品的开发阶段，尽可能通过调查了解不同层次人群的需求，同时在展品定型阶段，邀请一些特殊的人群参加测试，比如那些有生理缺陷的人，不同年龄、民族、区域的人，都能使用展品。一般来说，展览的改善都会带来一种效应，即给某些特殊人群带来益处的展品也能给所有人带来益处。比如，一些声音提示，有利于眼睛视力不好的人进行展品操作，同样也方便了所有参观者依照语音提示进行操作。

二、展品定型中使用的方法

1. 常用的主要方法

（1）观察

展品和项目的工作人员一般使用非正式的观察方法，而比较正式的观察方法多用于界定特定展品的预期出现的行为，帮助开发者选择最合适的方法完善每个单元。在观察过程中要使用观察表，以估计完全参与每个单元的活动所需的时间。在观察的基础上进行稍微的调整，以增加参观者在单个展品上的滞留时间。它还要回答诸如参观者是否阅读标签，他们是否能正确、熟练地使用一些材料等。

观察记录表包含的内容主要有：被观察者的人口统计学特征（性别、年龄、班级等）；行为特征（看、读、交谈、操作、态度）；观察调查的时间，持续的时间等。

（2）面谈

面谈时，正式和非正式的技术都会用到。在"观察和调查"阶段，正式的面谈用来评价参观者对单个展品上特定试验技能的使用能力。此外，当参观者参观完一组活动后，也需要采取面谈的方法，以决定参观者对什么主题有所认识。非正式面谈是在观察参观者某特定展品的行为后进行的，面谈的问题以观察到的参观者行为为导向。

为了保证调查的信息可靠和持久，建议面谈的时候设计特定的表格，进行结构性访谈。如果参加调查的人力资源有限，建议最好用录音笔先把参观者的信息记录下来，随后进行整理，并反馈给展品开发人员。

（3）蚂蚁追踪

蚂蚁追踪是通过一个特别小组的活动对参观者进行追踪的方法，是当展品以一定的次序或特殊的顺序进行摆放时使用的。它是得到满意信息的十分重要的方法。

2. 常用的工具量表

（1）面访调查表

面访调查是获取公众信息的重要手段。这是因为仅仅通过录像机可能难以真实了解公众的行为动机，录像只是一种客观的反映，但不知其行为意图，所以需要通过面谈来了解公众对某个展品的真实意见。面谈一般按照面访调查表 8-1 的内容进行提问和记录。

表 8-1 面访调查

日期：	访问者：
展览情况叙述： 你最喜欢什么？ 最不喜欢什么？ 你认为展品想说明什么？ 你做了什么？观察到什么？ 还有什么？ 你读标签吗？ 什么东西对你有帮助？（你能说出一些标签的名称吗？） 你如何改变这些展品？	

（2）评议卡和信息反馈表

通常不可能在给定的时间内对所有测试通道里的参观者进行面谈，所以，意见卡和信息反馈表（表 8-2）经常被用来收集关于展品的参观者主动提供的数据。

表 8-2 评议卡 / 信息反馈

参观者： 日期：

测试通道是场馆产生新展览理念的地方。你是这项实验的重要成员，因为我们需要你的反馈信息，以改进这些展品。填写这个表格是帮助我们的重要方式，对占用你的时间表示感谢。

你使用过下列展品吗？（请勾出）

展品 1（ ） 展品 2（ ） 展品 3（ ） 展品 4（ ） 展品 5（ ）

你喜欢什么？

你将做什么样的改变？

表 8-3 测试通道反馈报告

问题	展品 I	展品 II
展览题目：		
有趣还是厌烦？		
指示语对你有帮助吗？		
解释语：能理解吗？ 信息量太多还是不够？		
展品放置：容易使用吗？ 是否需要加上其他内容？		
这些展品对你提出了什么 问题？		
你的学生可能会提出什么 问题？		
这个展品与其他什么问题 可以联系起来？		
改进的建议？		

第二节　展品／展览开发过程评估

在展品／展览的开发过程中，要依据学习和教育的基础理论设计基本的模式，并架构有关学习的基础框架。在这个过程中要积极通过测试、评估和相关技术获取有效的反馈信息。如果能够将所收集的信息吸收到模式中来，将对完善展览或提高展览教育效果十分有利。参观者能学到什么及如何学习，取决于什么样的模式对他有用。这就提出了如何掌握学习模式的问题。因此，"学习的法则"一定是关于知识结构如何产生，以及在这个过程中，他们是如何获得既符合逻辑又符合情感的知识。

一、场馆科普展品开发过程的评估类型

展品开发过程中，不同的阶段都需要进行评估，以获取必要的信息。依据展品开发的阶段不同可以将开发过程中的评估分为前端评估、形成性评估、修正性评估、总结性评估。

1. 前端评估

前端评估指展品／展览开发前的需求评估、理论性评估。通常发生在展品开发的开始规划阶段；提供有关参观者对展览／项目的兴趣、期望及对提出题目的理解等方面的信息。

场馆展览的教育和学习一般遵循相应的理论模式，如 ADDIE 模式就是由分析、设计、开发、实施和评估的过程来完成的，那么在展览开发过程中就要对这几个阶段进行分别评估，以确定项目理论的正确性和科学性。

2. 形成性评估

形成性评估指展品开发过程中对展品的可用性，是否承载了有效的科普内容、信息，是否可进入（accessible）、可接受性（acceptable）、耐用性等信息。其特点是：在展品的开发阶段（过程中、成品后）进行；提供关于展览效果的反馈信息，使展览决策在继续开发展品时做出合理的、有根据的决定。

3. 修正性评估

修正性评估指正式展出前对展品做最后的校正。通常发生在展品安装好以后，展品最终完成或正式开放前；评估重点放在改善展品质量，对展品做出必需的决定性改变。

4. 总结性评估

总结性评估指展品完成以后甚至展出以后，对展品的展示效果进行评估。这个阶段的评估主要反映公众对展品的评价，常用指标可用展品的吸引力、保持力、可移动性等。其特点是在展品 / 项目完成之后进行，评价展品或项目目标的实现程度。

二、展览教育的自我评估

自我评估是参观者也就是接受科普教育的观众，依据参观展览以后对相关知识、概念的理解，认识的改变，态度的转变等，评估展览或展品的有效性。

随着小学科学课标的改革，加强了学校教育与校外场馆教育的合作，很多学科的知识都可以在场馆中学习和体验。诸如气象、地理、天文等科学课程，依照国家的课程标准，都可以在科普场馆中展开教学，并且能够产生更好的效果。有些课程还可以开发出展品、视频、实验、游戏、虚拟现实、增强现实等融合的多媒体课程，进一步也可以采取机器人智能引导式教学。尤其是一些灾害知识、应急安全教育等，都可以在场馆中开发出直观、互动、形象的教材或展教品，比如气象站、纸飞机和 3D 眼镜，可被当作课堂教学工具；比如飓风、地震、火灾等灾难逃生、应急、救助等都可以开发多媒体教学工具，并在场馆中进行实地场景教学。

这种教学式的科普展览，大多结合课程需要开发，反映了现实生活中经常发生的一些自然现象，教育目标比较明确；有的还有专门的学习活动单。因此，一般可以通过自我评估的方式来考察展览的效果。

1. 自我评估的目的和主要维度

在场馆展览展品开发过程中，自我评估是常用的评估方式。一方面是因为开发设计者对项目开发意图比较了解，而且对展览教育效果有比较清楚的预期，知道所需展品的作用和意义；另一方面是展览或展品开发过程中引进第三方评估，既不经济也不方便。因此，一般在展品展览形成过程中，通过自我评估就能达到目的。

评估过程可以为展教项目提供三类信息：关于意向观众、参与者等的初始信息，可以送达项目开发者；项目实施中的反馈信息，可以提高项目质量，增加达到项目目标的可能性；最后的项目效果评估，陈述项目对意向观众的影响。

一般来说，设计展览/展项时要求的有关目标就是自我评估的重要指标和维度。如：

1）目标观众：展览主要针对的目标人群，在评估中可以作为主要考察对象。

2）知识结构：哪些是观众知道的，哪些是不知道的。

3）参观动机：观众为什么会来或者不会来。

4）行为认知：观众在展览馆中会做些什么，不会做些什么？

5）吸引力：如何使观众产生最好的经历感觉，观众对展览的兴趣。

6）教育目标：观众通过这次经历能获得些什么？

7）保持力：观众在将来怎样利用这次经历？

2. 自我评估的主要程序

自我评估的主要程序如下。

1）展览、展品开发人员依据教育目标，确定目标观众。

2）分析展览展品所呈现的知识结构、原理，列出问题，以便获得信息。

3）邀请目标观众参加试展试用，了解观众的反应。

4）了解知识、原理、信息的可达性，了解展品的互动、交互性和可操作性。

5）依据评估信息进行修正。

有的场馆中的科普教育项目是结合学校课程设计的，这种项目的评估只要简单地依据课标要求进行相应的测试，就可以掌握项目的有效性。一般可以在正式开放前，邀请一部分目标观众组成焦点小组，并测试他们在知识、技能、态度、情感等方面的变化，可以大致了解所需要的信息。对于那些结合自身资源设计开发的科普教育项目，可以把概念和实物结合起来进行展示教育。比如，课堂上学到的动植物知识，可以到动物园、植物园、水族馆等场馆中进行辨认、观察、熟悉具体的对象，并了解习性，以巩固知识；对于物理、化学中学到的知识和原理，如杠杆、滑轮、热传递等概念，可以在科技馆中进行具体的操作，并结合课程概念，评估通过展品操作、展览展示是否在知识与理解，认知技能，乐趣、灵感、创造力，态度和价值，行动、行为等方面是否有了真正的提升 [①]。

第三节　展览开发中的观察评估

观察评估不仅是展览开发中的常用方法，实际上也是展览效果评估、数据收集的主要方法。国内外的科技馆、博物馆教育过程中，大量地运用观察评估来了解展教项目的目标实现和影响效果。在具体的评估实践中，总结了一套行之有效的程序和方法。

一、如何观察参观者

无论是邀请第三方进行的正式评估，还是自我评估；无论是开发过程中的评估，还是展览效果和影响评估，都要制订详细的评估计划，才能收集到系统的数据，并通过分析获得评估反馈。观察评估也不例外，需要遵循以下程序进行科学操作。

1.首先计划评估事项

想要发现什么，为什么，如何去发现，如何使用这些发现？

确定目标是观察评估的第一步，一般情况下，展览开发的目的是比较明确的。比如，改变理念、唤醒意识、增长知识、加深理解等，这样就要依据不同的展览目标，来设计观察对象、指标和记录内容。

2.选择方法

要做什么样的观察？跟踪、参与还是聚焦。比如，对展览主题比较宏大的项目，一般展品、展项较多，要了解观众对不同的展品、展项的兴趣、互动、

①　21世纪初，英国开展了一项学习影响研究计划（LIRP），以开发一种衡量学习与影响的方法，制定了通用学习效果的一些基本维度，其中主要涉及如上内容。

吸引力、保持力等指标，就要进行跟踪观察；对一些动手性的展项，比如娱乐、实验性的展项，最好用参与式的观察；对展品或小型的展项，最好用聚焦式的观察，可以从多侧面观察了解观众的反映和意见。

3. 设计并使用观察表

不论是什么观察形式，都需要设计相应的观察表，进行有针对性的记录。除非有足够时间进行事后分析，可以采用录像、录音的形式进行记录，否则，还是现场直接记录比较有效。

4. 完善观察表并收集数据

观察表设计好以后，可以先进行试用，对难以收集数据的指标或者内容可以进行调整，以完善表格，更加有效地收集数据；在观察表收集起来以后，也要将一些无效的记录表格剔除，以节省分析的时间和精力。

5. 多维度观察

一般来说，不同的人观察的角度不同，记录和收集的信息差异会很大。这就有必要对观察评估人员进行简单的培训，要求他们进行多角度的观察，尤其是"通用学习效果"[①] 所提到的一些基本方面都要进行有效观察。

6. 尽可能多地收集数据

尽管一个具体的展览在设计阶段就有明确的目标，并有一定的效果预期，但是，对于非正式教育场合，尤其是场馆科普教育和学习项目，会出现很多"意外收获"，产生意想不到的效果。在这种情况下，可以把这些效果记录下来，作为预期效果外溢来充分评估项目的效益。

二、观察的维度和主要指标

观察评估往往由数人组成的队伍进行。这样，就需要及时地进行沟通和交流，以确保采用相同或相近的标准，包括语言表述、观察角度、评估维度等。尤其是对于一些集体参观的观众，就要观察参观者之间的互动、交流、表达和态度等方面的内容。

---

① ［英］艾琳·胡珀－格林希尔. 博物馆与教育：目的、方法及成效［M］. 蒋臻颖，译. 上海：上海科技教育出版社，2007：39~55.

1. 参观小组内部的互动

· 语言的——谁向谁在何时说了些什么

· 非语言的交流——大叫、抱怨、笑、姿势

· 表现出放松还是紧张——身体的和语言的

· 行动——分开的还是在一块

· 谁在负责——谁制定日程安排

2. 空间上的互动

遵循的路线：是跟随人群，还是选择自己感兴趣的路线；是跟从解说员的带领，还是自己随意浏览；家长对孩子的引导，还是让孩子随意观看。

3. 时间维度

何时发生了什么，持续了多长时间？在某个特定展品花费了较长时间，为什么？平均每个展品花费的时间长度。

4. 与展品的互动

观看：是否留意操作说明，是否观察并参考别人的行为？

身体上的互动——指、摸、操作、坐；是否有特别的形体语言表现。

使用文本——大声读出，还是听别人读，还是默读？

使用其他材料——场馆指南、地图，展览说明书等。

5. 与小组以外人员的互动

工作人员，其他参观者：是否询问工作人员，询问什么问题，与其他参观人员的交流和互动。

谁，何时，做了什么？为什么？

如何看、如何说？

需要注意的是，仅仅通过观察参观者通常是不能弄清楚他们真正在想些什么的。因此，在没有更多支持性数据的情况下，不要做出臆断，不要把猜测性内容记录进观察表，否则会影响评估的结论。

三、观察评估要解决的问题

一般地，在展览的开发过程中，通过前端评估可以确定展览的理论基础、潜在需求和目标人群，总结性评估则主要考察展览的展出效果和影响。在形成

177

性评估阶段，起到承上启下的作用，既可以考察是否表达了展览的信息，是否遵循了基本的理论和模型，还要考察目标人群的可达性。只有能够有效地传递教育内容，达到有效人群，才能够实现预期目标。因此，观察评估作为形成性评估的重要方法，需要解决如下问题。

1. 展览信息的可达性、目标有效性

能通过这些展品成功地引导参观者吗？若不行，怎样才能使其易于理解？

广播中的解说能够帮助授予知识吗？若不行，怎样才能改进它？

2. 环境的协调性

在展览室中有足够的休息空间吗？

展览馆中光线充足吗？可否看清说明标签，对于一些图片说明，是否受到光线的影响？

参观者在阅读这些文本或书面信息时有困难吗？

3. 展品的性能

在其他方面有没有觉得展品不可接近，或是可以改进，以更好地满足人们的需求。比如，不明白展品要表达的信息，或者互动性很差，或者展品质量差，容易损坏等。

4. 辅助设施可用性

最有用的设施是什么？有没有足够的休息、娱乐设施，是不是观众要排长队，如何解决有助于参观的辅助需求？

第四节　展品的定型评估

通过上述一系列的评估，展览已经基本成形，但在某些情况下还需要对展品进行定型，这个过程也可叫定型评估，或者叫修正性评估。在这个阶段，展品展项除了上述各个指标要求以外，还要评估展品的可接受程度，也就英语中可接受性或可接近性（accessible）评估。通过评估，决定展品是否有意义，趣味性和包容性如何。但这个阶段的评估，简单地比较展品设计不足以达到目的。展品设计主要适应于：照明度、水平和垂直距离、柜台下面膝盖的容纳空间、过道等。可接近性评估还必须包括：测试设计和想法是否得到体现，参观者应包括许多有各种不同能力的人和有缺陷的人。事实上，评估展品的理念同与一般观众一起评估展览的构成一样有价值，因为一开始并不清楚观众的需要。通常，自认为一些理念和解决问题的办法，可以增加展览或展品的可接近性，但事实上，却使人们更加难以与展品进行互动，或者人们根本无法理解展品表达的意思。

一、评估展品的可用性（可接近性）

当为项目的可接近性做评估时，通过前端评估和总结性评估是最成功的。例如，科学中心很少有关于老年人需求和偏好的记录资料，为了了解更多的信息，可以成立一个精干的小组，与老年人面谈有关设计和展览内容的一些问题。这时会发现，老年人希望展览照明充足、有座位和休息的地方，并且做好组织工作。在对展览进一步改进时，或者进行修正性评估过程中，最好让老年人也参与展品测试。如果在设计展览之前都已将这些信息提前收集好了，就能够在最终设计时将这些信息考虑进去。

安排一些有残障的参观者参观科普馆并直接与他们交谈，可以提供最可靠的可接近性信息。一般情况下，展览的可接近性评估只要针对目标观众或主流人群就行了，但由于科普展览教育大多需要兼顾普惠性，因此，对于一些特殊群体，比如一些有残障的参观者，也需要考虑他们的使用，在评估阶段，组织这些人作为代表来试用，能够掌握确切的信息反馈。虽然与有残障的人一起对展品进行评估需要花更多的时间，安排他们参观科普馆也必定是耗时的，但为了使展览更完善，这样作也是值得的。

一般地，如果一些特殊人群，如残障人员和老年人，能够顺利使用展品，其他公众就不会存在使用上的困难，展品也就能够达到最大的可接近性。

二、修正性评估

修正性评估典型地发生在展品安装好以后，通常在展品最终完成前。这个阶段的评估重点放在改善展品质量上，对展品做出必需的决定性改变。可见，修正性评估是展品定型的重要也是最后步骤。

以上介绍的展览形成性评估技术和方法，实际上在展品开发的各个阶段都是有效的，只不过在不同的阶段会以相应的技术为重点，并不是截然分开的。而且对展品或展览的规模不同，所要求的评估技术也不同，比如大型的科普活动、展教项目，涉及的因素很多，有时一个大的展览就是由多个小展览或展项构成的。因此，对于某个部分来说可能是最终的评估，而对整个展览则可能是形成性评估。同样，对于展品可能是定型评估，对于展项或展览则只不过是一个部分、阶段或要素的评估。因此，在具体的评估执行过程中，要根据实际情况，灵活选择评估技术和方法，才能达到良好的效果。

附：关于形成性评估的案例

赛德威克地球科学博物馆对"地质学家达尔文"展览的形成评估

Kate Pontin   2009 年 7 月

开始形成性评估之前，可以对参加评估的人员进行培训，并建立评估所需信息的问题清单。比如，"地质学家达尔文"展览的形成性评估通过询问以下问题来收集信息：

你对展览的外观和陈列感觉如何？哪方面效果好？哪方面效果较差？

你最喜欢什么？

你最感兴趣的是什么？

你不喜欢或者不理解的是什么？

哪些方面可以做得更清楚明确些？

你觉得陈展的展品怎么样？

你有没有一些"如果这样做就好了"的建议？

你更想了解什么信息？

有没有一些其他建议？

一般可以通过焦点组询问以下关键问题：

你发现什么内容有趣?

你觉得陈展的外观和感觉如何?

你觉得哪些事情本可以表达得更清楚?

你有什么建议可以使它们更清楚?

你想了解更多关于什么的信息?

对什么内容感到惊喜?

本次形成性评估中的焦点小组包括：10位成年人、3个家庭、教师和顾问。

一、"地质学家达尔文"展的反馈

（一）成年组

成年组由对地质学有着不同兴趣的10个人组成，其中大多数近期参观过这座博物馆。

1.回答问题统计

在相应的方框中标出对每个问题的评价（1最差、5最优），回答结果统计如下。

（1）你对主展厅文字说明的颜色和设计是否喜欢?

1		2		3	4	4	3	5	3

（2）字体容易读吗?

1		2	1	3	1	4	4	5	4

（3）排版清楚吗?

1		2	1	3	3	4	3	5	2

（4）内容容易理解吗?

1		2	2	3	4	4	2	5	2

（5）内容丰富有趣吗?

1		2	3	3	5	4	2	5	1

（6）你认为展品与内容有很好的关联吗?

1		2		3	3	4	3	5	2

（7）你喜欢互动的元素吗?

1		2		3		4	2	5	1

2.成人组的口头和书面反馈

反馈结果显示他们喜欢的内容为：

- 了解物品的收集
- 关于火山岛的信息
- 他们觉得设计很吸引人——"我通常不喜欢反色，但在这里我可以接受。"
- "地质学基础"插图
- 为科学展览注入活力的人文元素
- 拉开抽屉——"请设计更多"
- 达尔文日记的引文——"引用达尔文的名言是个好主意，它们很吸引人。"
- 字体
- 标本，事实上他们想要更多的岩石标本
- 环球互动
- 比格尔号模型
- 他们喜欢人类的故事——"'探险队遇到的实际困难'非常的好。"

3.讨论中收集到的评论信息

（1）他们认为内容有趣，但是对以下需求做了评论。

- 多强调关于科学发现的重要性。比如，岩石的重要性是什么？他们阅读关于岩石的资料，但是并没意识到为什么这些是重要的。他们对达尔文研究的标本的意义很感兴趣。他们都喜欢科学并且想知道为什么这些岩石很重要，或者为什么要收集化石。也许，他们提出的这两条不同的线（科学和达尔文自己）需要用不同的颜色或区域来分清不同展板的关注点。

- 关于专家的更多信息——提到了一些专家，但没有具体说明。

- 文本内容要明确，不仅在角度上，而且在语气上。

- 少写一些——尽管需要大量的、更多的信息，但是分成块或者要点也许更好。"文本需要有层级性"在同一个主题下用小字给出额外的细节信息——呈现安第斯山脉的文本小字给出的信息却在另一个新的主题下面。

- 更多可视教具。比如，一张安第斯山脉的照片。

- 更多在化石方面的信息。"忽视了珍贵的（为什么）木化石——怎么回事——提出了很多问题"

（2）通过评估还发现：

* 收藏品展项是最有趣的——真正展示了收藏的起源和收藏的过程。
* 在有太多技术术语的地方，文本内容有点过于复杂——"也许太多没有解释的地质学术语了""一些部分有点太学术了""孩子们不理解 adversity，flirtation，testament 等词。"
* 有些展品没有解释。
* 文本字体大小要合适——一些标签非常小，岩石标签要能被看清。
* 吸引人们进入展览的一种方式——可以用脚印让观众清楚地知道从哪里开始。
* 插图都是达尔文作为老者的形象——应该有一些他年轻时的样子。
* 配置一些可能的包括大海等场景的音效。

具体的评论也表明，安第斯山脉展板非常的难以理解，比如，使人困惑；排版很糟，有很多信息集中在底部；地图很不清晰，如果上面有船的航线就更好了；展板展示的信息太多了——文本字体有一点小；安第斯山脉展板有一张地质图我看不清楚，也看不懂。

（二）家庭组

邀请了 3 个家庭，包括 3 位家长和 5 个孩子（年龄为 6—11 岁）。

1.家长对问卷的回答统计

（1）你多喜欢早期文字展板的颜色和设计？

1		2		3		4	2	5	1

（2）字体容易读吗？

1		2		3	1	4	1	5	1

（3）排版清楚吗？

1		2		3	1	4	2	5	

（4）内容容易理解吗？

1		2	1	3	1	4	1	5	

（5）内容丰富有趣吗？

1		2		3	1	4	1	5	1

（6）你认为展品与内容有很好的关联吗？

1		2	1	3		4	2	5	

（7）你喜欢互动的元素吗？

1		2		3		4		5	

2. 孩子的回答表

孩子们被要求在"请在每一个问题横线上画个叉来告诉我们你的感受"。他们回答的结果如下（参见代表回应的叉号）：

（1）你喜欢陈展的展品吗？

————————————I———————— × ——————— × × ——————— × × –

（2）你喜欢在活动中参与动手吗（记住它们还没完成）？

————————— × ——————————I———————— × ––– × ———— × –

（3）你多喜欢文本展板上的颜色和排版？

————————— × ————————— × —— × ———————I——————— × ——————— ×

（4）这些字清楚易懂吗？

————————I——————— × –– × —————————I————————————— ×

（5）这些展板看起来好看吗？

– × ——————————— × ———————————————— × –I————————————— ×

（6）写的内容容易懂吗？

————————— × —————————— × —— × —————————I————————————— ×

（7）给出的信息有趣吗？

——————— × —————I———————————————— × ———— × ———— × –––

（8）关于这次展览你还有什么想要告诉我的吗？

3. 书面和口头反馈

（1）孩子们认为：

- 信息很吸引人
- 环球互动将会成为最好的展区
- 图片很完美

- 喜欢实物展品；"我喜欢那些骨头"

他们想要看见：

- 展出更多化石
- 船的彩色图片——绿色的船有点乏味
- 使用绳索、帆和轮子让船看起来更像一艘船
- 更多可以动手玩的展品
- 写作能力更强一点
- 制作一些他们可以读的日记副本
- 一些展品太低了需要放高一点

（2）成人认为：

- 文本展板是合乎逻辑的
- 内容是丰富有趣的
- 有木质地板的轮船主题是很棒的主意
- 抽屉很棒
- 岩石选择得很好
- 船舱小屋是个很棒的主意
- 环球互动会很好并"让展览充满活力"
- 很好地利用了真实标本；"能看到真实标本太好了"
- 设计得很好

（3）他们的关注点集中在以下几个方面：

- 文本
  □ 写得太多了
  □ 文本字体再大一点——一些地方的字太小了
  □ 有一些长的单词和句子——很难挑出要点——也许在关键词上加粗字体标记要点要好一些
  □ 文本排版需要拆分
  □ 需要将标本与文本内容关联起来——比如"将放在架子上的岩石标本和文本联系起来"
  □ "岩石告诉了达尔文什么——他是怎么想的？这可以带来更多"

　　□ 岩石为什么有重要的信息

- 更多关于岩石的信息

- 更多关于达尔文的故事——更人性化

- 平的座舱对孩子来说太高了

- 设计

展板的颜色更多样化。他们更喜欢蓝色而不是棕色，但确实认为用几种颜色是好主意。

标识进入的方向——一个介绍性的展板就足够好了——概述出展览的重点。

把它做得更像一艘船。

一些空间有一点被压扁了——比如安第斯山脉。

- 更多的个人文物

- 一些可以触摸的岩石

- 想知道比格尔号后来发生了什么

当然，在形成性评估中，还可以找更多的代表性人群作为参观者参与评估，比如，本案例中，可以通过组织不同年级的学生参观，并请他们填写问卷，以收集信息，并对展览进行改变。同样，依据展览的目标要求，可以使评估更加科学，得到更多有效信息，以改进展览。比如，本例中还可以考虑请老师、地质学专家，甚至评估专家，加入形成性评估过程。

二、总体结论

　　形成性评价过程对所有人来说都是非常宝贵的经历，并为新展览"地质学家达尔文"提供了潜在参观者的反馈，这在了解改变方面是非常宝贵的。特别有价值的是对文本本身的反馈，这有助于鼓励对写作过程和最终版本的辩论。

　　希望这一过程有助于制作一个更好的展览，游客将享受和学习。目前正在进行的总结性评价将能在稍后阶段对此提供反馈。

　　下表突出了典型群体认为需要改进的关键方面，以及展览小组作出的回应。有些方面没有改变，因为有人认为完成的展览将满足实际要求，而另一些方面则有所改变。

来自形成评估的建议与项目团队的回应表

来自形成评估的建议	项目团队的回应
所有文本应具有适当的尺寸，包括样本标签	标签被放大了以提供足够大的文本区域，而不是缩小字体大小
该文本需要被拆分——用更短的子部分，也许用粗体的项目符号或关键字。文字简化，复杂的单词尽可能少（但不是指信息水平——事实上，他们渴望尽可能了解达尔文和他收集的岩石）	对文本进行了编辑，以缩短篇幅，并将各个部分拆分成更易于管理的小节。在适当的地方使用列表（参见"记录"表例）
应该有清晰的不同展览——达尔文的生活和科研都是有趣的话题并具有明显的联系，但展览线索有时有点令人困惑	这是通过把展览作为一个整体来使用颜色编码并且用区域来表示强调达尔文的生命和科学的主题解决的，但重要的是，科学并不是完全独立于达尔文的整个生命之外的
应该有更多关于为什么岩石是重要的介绍等	展览的早期展板——"收藏品"和"地质学家达尔文"阐述了这一内容
可以触摸的岩石	地球互动部分和"触摸岩石"部分都有可触摸的标本的互动
确保文本与展示的材料清晰地链接起来	在整个展览文本的最终编辑过程中，这是一个优先事项
展出的日记页的副本	文本中特别提到的日记页或信件的所有部分都已做成副本在文本中插图说明
增加一些附属物让展出空间看起来更像一艘船（如一条或两条绳子）	重建了在中间的船舱，地板被处理得更像一艘船的甲板
棕色的展板不如蓝色的流行	整体的配色方案对展览的设计十分重要，并能传达不同的主题，我们决定保留不同颜色作为理解的辅助
安第斯山脉展板需要调整分类，做得更高，插图画面要更清晰	安第斯展板的文本被描述得更清楚简略了——图像制作更高并补充了一张在安第斯山脉拍摄的照片
提供一些指导人们参观展览的方式	高水平的横幅，发光的魔法星球地球仪和1.5倍于真人大小的查尔斯·达尔文半身像现在已经就位，以吸引和引导人们参观展览

第九章
场馆科普项目的总结性评估

　　科普展览是科普场馆教育项目的重要形式之一。在场馆展览的开发和实施过程中，形成性评估和总结性评估并不是绝对的，有时候展览形成过程中也会用总结性评估，而总结性评估中也会使用展览形成过程中的数据和经验。科普展览评估与其他科普项目的评估不同点在于，展览评估至少包括两个阶段性的工作，即形成性评估和总结性评估。

　　第一阶段是形成性评估。这个阶段要对展馆（博物馆、科技馆等）的工作人员进行培训，使他们能用不同的技术和方法收集数据，了解参观者的经历。这些技术包括博物学观察、中间访谈和（结束时）出口访谈。在观察过程中，要进行两方面的现场考察：工作人员与参观者合作研究并精选展览形式；展览设计人员根据试展过程中观众的反映和提出的建议，对展览（展品和展览环境）改进。

　　第二阶段是总结性评估。通过第一阶段的评估，展览基本成型，但如果是巡回性展览，还需要在展品开始巡展和布展以后进行一次评估，以修改活动时间表。做法上可以先在自己的馆内观看展览，并在展品发出之前进行完善。在整个展览过程中，还要进行展览的影响性评估，包括：跟踪参观者，了解参观者在每件展品上滞留的时间和整个展览上花费的时间，当参观者离开展览时，在出口处进行（抽样）问卷调查。在展览结束时，进行总结性评估，形成总体结论，对发现的问题展品记录在案，以后改进；对整个展览的影响效果进行总结。

第一节　总结性评估概述

一、基本概念

1. 总结性评估的概念

总结性评估指项目实施以后的效果和影响评估，一般发生在项目结束以后，需要对项目进行效果衡量和经验总结。可见，总结性评估主要是评估项目的产出和影响，以及为了获得经验教训或发现存在问题，目的是为今后同类项目的开发、实施、管理提供依据。总结性评估既是项目管理的重要依据，也是管理科学发展的必要过程。通常情况下，凡是进行项目管理都要依据评估来改进、提高和完善。

总结性评估依据评估的目的不同，可以采用不同的技术和方法。比如，衡量项目的效果和影响，一般需要进行综合性的评估，不能简单地用局部指标代替整体，否则，就会得出错误的结果，产生以偏概全的错误，从而影响评估的科学性，也不利于项目的运行。在社会经济发展中，由于评估的指挥棒作用，错误的评估就会产生错误的激励，而导致一些很严重的后果。比如，学校教育中的单一追求分数，社会管理中的过分追求国内生产总值，还有经济建设中一味追求速度等都会对长期发展产生不利影响。

2. 展览总结性评估

展览总结性评估指的是展览开发完成以后，对展览的效果和影响进行评估。一般情况下，展览总结性评估与前端评估和形成性评估是相辅相成的，大多数情况下尤其是对一些大型的展览，总结性评估包括三个不同的阶段，即前端评估、形成性评估和总结性评估，而且，即使是展览总结性评估也会对具体的展项做出改变，以达到最好的效果。在大型的巡展中，尤其还要对展品的耐用性、展览的可持续性等加以考虑。

展览总结性评估与一般项目总结性评估的不同之处在于，一般项目实施以后，项目也就大致定型了，不会在项目周期内进行大的改变，也不会对项目的组成部分进行调整，最多为以后的同类项目提供借鉴经验。但是，展览项目的总结性评估，既是项目的效果和影响评估，也可以为项目的后期展出提供修改和完善的依据，同时，还可以对部分展项、展品进行完善、改进。

二、技术和方法

在展览评估过程中，数据采集是一件十分烦琐而又重要的工作，是评估的关键环节。由于展览面向公众，有的展览还主要面向一些特殊人群如青少年。公众来参观展览的时间就会受到多方面的影响，比如，在上班、上学时间来参观的人就少，其人群也不具有代表性；而在周末和节假日，参观者又可能集中表现为某个群体。这样，要全面反映展览在公众中的影响，了解公众的全面意见，以及作出全面的评估，在调查的样本设计上就要根据实际情况进行调整。在抽样方法上也最好采取分层、分人群抽样、等距随机抽样等。比如，在对科技馆常设展览的科普教育效果进行评估时，应灵活地采取问卷调查的方法收集数据。在数据采集过程中，按被调查者的不同分为三部分：观众调查、公众调查、科技馆工作人员调查。按不同时间参观者群体分布的特点，选择平时、周末、节假日、寒暑假等时间段分别抽取样本。如果要求反映展览对公众的影响，则要依据不同的年龄段抽样。所以，在评估过程中，不仅数据的可获得性对评估结果影响很大，数据获取的技术差别，也会影响数据的质量，进而影响评估结果的可靠性。

1. 观众调查

在对科普场馆中的常设展览进行评估时，观众调查一般采取问卷的方式进行。比如，在对中国科技馆的常设展览进行评估时，不仅调查了观众参观后的即时效果，还考察了展览效果的保持力。这样，不仅在参观当天对观众进行调查，还在两个月之后进行了跟踪调查。参观当天的调查分为参观前调查与参观后调查。参观前调查着重了解观众参观的目的、对科普场馆的认知等情况；参观后调查注重观众参观展览后的总体感受，特别是对展品、展厅和服务的看法，对展览内容的理解、兴趣和意见，除此之外还记录了观众的人口统计学特征。

跟踪调查是在观众参观完展览一定时间（1个月、2个月等）之后进行的，主要了解观众在参观科普场馆的展览之后，是否还记得展出的某些知识或展品，通过展览对其是否产生积极的影响。如果是学生、儿童，也可以通过询问教师、辅导员、家长来了解参观展览后发生在这些观众身上的变化。

2. 公众调查

科普场馆的社会影响主要是通过公众对它的认识来体现的，如果公众对科普场馆及其项目毫不知情，或者不感兴趣，那么，设计再好的展览，也会大打折扣。因此，公众调查要选取科普场馆所在地区的部分公众作为调查对象，利用社会统计方法，进行随机抽样，以了解公众对科普场馆的认知程度及态度。这方面的调查数据，在一定程度上反映了所在区域的科学文化环境，是影响具体展览的效果呈现的重要因素。这个维度的调查，在重点了解他们对科普馆的功能、作用、知名度等的认识的同时，也可了解公众对于教育项目、知识学习渠道选择的偏好等。

3. 科普场馆工作人员的调查

主要了解各馆的基本情况，主要目的是收集科普场馆的基础数据。比如，不同场馆的建馆时间、展教传统、知晓度、学科特点等有很大差异，通过调查以分析和掌握各馆基本情况，便于对各馆科普效果进行综合评估。此外，也可以了解展览项目开发设计过程中的一些情况，包括创意、目的、展品开发单位、科学专家等，以便必要时进行咨询。

三、场馆科普展览的要素和结构

科普展览设计和开发的质量是其教育效果的基础，只有展览开发过程中下好工夫，才能有高质量的展览，才能吸引足够的观众，也才能发挥展览的效果。因此，对展览总体质量的把握和评估，也是科普展教效果评估的重要方面。结合展览教育效果评估的经验，可以通过以下几个重要方面，评估、了解展览的质量。影响展览质量的因素包括以下八项。

1. 主题和内容

一般来说，展览的主题和内容是影响展览质量的主要因素。在主题上，一些热点问题，比如跟人们的生活息息相关、跟学校教育紧密结合、跟发展趋势密切相关的话题，就容易受到人们关注。在展览内容上，不仅要看知识的新旧，还要看其实用性，内容表达的形式，有没有采取人们喜欢的语言，采用图文并茂的形式，把展览的硬件与软件结合起来。比如，展品的模型与视频、动漫、图示等解说相结合；甚至用虚拟现实、增强现实技术，让大家有亲临现场的切身感受，激发人们的求知欲和好奇心，提升展览教育的效果。

2. 艺术性和创造性

现代科普场馆的展览项目，不是展品的堆积，也不是简单的展板和模型，而是多媒体的融合，在展览现场的设计上也要依据观众的心理需求，具有美学效果，达到愉悦、欢快、吸引人的目的。让观众在一种轻松、欢快的氛围中，接受科普教育，或者设计更多的观众体验项目，达到使观众沉浸其中的效果，就会总体上提升展览的质量和效果。

3. 用观众喜爱的展品带动展览的整体效果

在一些大型的科普活动中，策划和组织者往往会用一些大家关注的话题展品，比如机器人踢足球、机器人舞蹈，回收的太空舱，人造卫星模型等以吸引观众的眼球，提升公众参观展览的热情。这方面可以采用评估思维工具箱中的欣赏性探究评估法，让观众讨论展览最吸引人、最受人欢迎或喜爱的部分，甚至对印象最深刻的展品进行评价，以发现和总结优点，为今后的展览提供参考依据。

4. 吸引力

参与式、体验式和互动性是现代展览教育的重要特点。只有足够好的展览，才能吸引观众结队前往，尤其在面向青少年开展科普教育的展览项目方面，能够让家庭参与和互动的项目一般具有吸引力。互动体验不仅给观众带来参与的乐趣，也更能保持长久记忆，使展览教育效果保持更长的时间。

随着科普与旅游、研学等项目的结合，一些具有影响力的展览往往成为旅游团参观的目标。因此，有针对性地开发一些娱乐性和知识性相结合的展览，也会提高展览的吸引力。

5. 先进性和保持力

展览和单个展品的先进性和保持力也是影响展览质量的重要因素。展览的追踪调查评估，一般主要了解项目效果的延续情况。依据心理学和记忆特点，人们往往对自己欣赏喜欢的展品容易记住，记忆的保持时间较长。同样，展品设计越美观，技术越先进，人们的兴趣也就越高。先进性和保持力不仅仅是单个展览的学习效果的重要指标，也许更重要的是激发观众尤其是青少年对科学的兴趣，从小立志从事科学研究事业。这样的效果具有更好的保持力，可能会影响人的一生，至少是一段时期的价值取向。据美国国家科学基金会对其资助的项目产生效果的调查，科学家中半数以上的人认为，其选择科技事业的最初动因，是受到小时候参观科普场馆（动物馆、水族馆等）的展览的影响。

6. 概念理解

这里的概念指的是主题概念，比如，转基因、纳米、量子等热点前沿科技概念。能否通过展览，让观众解除模糊认识？这些概念的延伸，能否消除公众的疑虑？概念理解需要与展览主题紧密结合，但又不仅是选择一个大家关注的主题那么简单，还要进行创作和创新表达方式；不仅使展览具有重要的理念，还要使参观者与重要的概念内容产生共鸣。显然，对主题概念的科普程度直接影响展览的总体质量，是了解科技前沿动态，树立正确理念的关键因素。

7. 互动性

互动包括与展品的互动，以及观众与解说员或展览举办方的问答。平时讲展览中的互动，往往指参观者能否动手，能否参与，而忽视了对参观者产生的疑问的解答。一个好的展览，一定会引发公众的思考，也一定会使观众产生很多疑问。这种疑问既可能促使现场观众与展品、观众与讲解员之间的互动，也可能促使观众之间的互动。由于互联网的快速发展，现代信息技术使传播具有泛在性、移动性、及时性，大多数展览都实现了线上线下的结合，对一些问题，不一定非要现场解答，也可以通过网络查询，或在线问答，但前提是一定要结合展览进行充分的准备。而对面向青少年的展览，最好有现场问答，还要通过讲解员，在参观过程中，不断地引导思考，鼓励询问甚至质询。

8. 移动性和维修

场馆科普教育项目一般具有可移动性，例如一些巡展、与学校教育相结合的模块；还具有可复制性，以便其他场馆模仿和学习，也可以使学校复制到校内教育，比如一些展品可以作为教具，在一些试验性的课程中进行观摩教学。对一些巡展项目，不仅要求展品具有可移动性，还要易于维修，易于动手操作。对动植物科普馆来说，一些标本类的展品都有储备和复制件，一旦出现损害，可以及时补充。对于科技馆类的展品，最好在展品开发阶段就有实用性评估，以便及时进行维修和更换。

这里所列举的一些问题是在举办场馆科普展览的过程中经常遇到的问题，也可以是展教项目评估的一些维度，或者是收集数据过程中需要考虑的指标。但是，在具体办展过程中，还要结合观众、受众群体的特点，结合学校教育的课程需要，进行总体考虑。

科普教育效果的评估目的是提升教育质量和效果，不是为了评估而评估，评估是为项目服务的。即使不引进第三方评估，项目开发人员也应该具有评估思维，在展品的设计开发，展览的策划、创意设计过程中，从观众的角度，从评估的角度，事先考虑一些问题，就能使科普场馆的项目更受欢迎，能产生更好的效果。

第二节　展览总结性评估的基本维度

一、展览定型与完成

（一）总体质量

一般地，构成展览的基本要素都会影响展览的质量，但影响全面质量的关键因素是举办展览组织的文化，展览在很大程度上是这种文化的反映，包括工作人员的价值观、工作方式、人员流动、与其他组织的合作。例如，一些场馆在产生展览和展品形式的想法时，极大地依赖咨询专家意见，但在中国目前的科普界，真正研究科普展教又具有实践经验的人并不多，所谓的咨询也往往是问一些类似学科的专家，而他们并不见得对科普展教项目有咨询资格；另一方面，我国的所谓科普场馆，科普并不是其主业，往往只是赋予一些科普功能，这些场馆本身也不具备科普教育的专业人才，他们对于学科内的知识可能很了解，但并不具备把知识用科普技术进行传播、教育和普及的能力。因此，一定程度上看，科普场馆的文化、人才是影响展览质量的根本因素。

影响最终展品的另一因素是，展览组织人员在设计展览时面对的挑战。一般来说，设计人员都试图设计一些展品，能够满足特殊的空间要求，有创造性，建立在探索基础上，给参观者积极的体验，传递具体的科学概念，并且持久耐用。这些因素是展品开发过程中经常遇到的，对于非专业人员来说，即使明白这些挑战因素，也无所适从，只能到处咨询。即使是领域内的专家，也只能尽量事先考虑并在项目委托的时候加以提醒。因为目前的科普场馆运营体制下，科普展教项目的开发和举办，尤其是展品的制作大多是通过招标委托第三方完成。所有这些影响最终展览的因素，都可能发生作用。在大部分情况下，当我们最后去参观时，每个展览都至少有两个组件未达到同类展品的水平。这些没有达到相同水平的组件，原因或者是制作人员没有足够时间，使产品达到其他展品相同的水平，或者是该展览想法更难、更复杂。从主观上看，所有场馆人员的思想都很开放，他们乐于从参观者和我们这里得到反馈信息，以在巡展之前改进展览组件。但客观上还是会出现这样那样的问题。这些问题只有通过不断的实践，逐渐加以避免，这也充分说明了进行评估的重要性。

（二）美学和通俗性

对科普场馆的科普教育项目，尤其是展览项目，除了主题选择和概念表达以外，展览整体的设计及美学效果也是很重要的，尤其是在展品的设计开发过程中，更具有重要的意义。中国科协与教育部共同开发的高层次专门科普人才培育项目中，把美学作为首批试点学校纳入教育范围，实在是一种专业素养的体现。对于科技馆这样的科普教育项目，其效果是一种综合体现，忽视哪个因素都会影响整体效果，对于美观的追求也是不可轻视的方面。

在展览开发过程中，场馆工作人员把注意力集中在图形和展览的外表上，这种努力也是必要的。此外，每个场馆在制作展品时还要注重大量的实验和创造性。同样，有些场馆因以前从未涉及一些专业以外的专题巡回展览，可能会遇到一些意想不到的问题。

例如，科学中心的人员特别注意改进展品的标签和说明，他们雇用一些平面造型设计公司，帮助他们布局和制作。他们简化了标志词语、制作了容易读的一套丰富多彩的标签，让参观者很喜欢。但真正有效的还要注意标签牌内容的创作。因为对一些展示性的教育项目，观众主要靠阅读标签和说明来了解知识和信息。

在对科普教育项目进行评估时经常会遇到这样的情况，一些展品看起来很漂亮，但观众往往不知道它是什么，表达了什么意思；一些展品的说明，制作得花里胡哨，读起来却不知所云。有一个古代科技展的展厅，展示的内容可能是从国外引进的，一看展品说明，就是外语很好的人，也只能连猜带蒙地明白其意思；对普通观众，特别是一些中小学生，在看不懂意思的情况下，也只能敬而远之了。

科普场馆的科普教育项目，也跟科学家做科普一样，不是所有的科学家就一定会做科普，也不是会办展览，就一定可以办好科普展览。科普本身是一门高深的技术，遵循一些基本的理论、方法和理念，忽视科普的专业性，一定难以达到应有的教育效果。

（三）发现公众喜爱的展品或展项

对每个展览来说，明显地都有"最受欢迎"的展品。面向成年人的展品倾向于清楚地说明一个概念，或者在美的方面令人喜欢，或者能够为他们的孩子提供许多"实践"的活动。孩子则喜欢那些令人惊奇的东西或者能够重复动手的东西。例如，在科技馆，关于手套隔热的展品，展示编织的过程，在显微镜下观察隔热的材料，解释材料隔热的原理；在一些陶艺制作场所，老师现场讲解陶艺制作的材料、程序、工艺，参观者可以动手制作自己喜爱的作品，通过烧制把产品带回家，或者制作以后，签上自己的大名，过几天来看自己的成果，于是，很有成就感。

经常会听一些家长说，今天孩子在科技馆玩得很开心，尤其是在制作展品和产品时，他的那股专注劲儿平时从来没有过的；还有的家长说，原来孩子都喜欢自己动手，如果不是这次活动，还真不知道自己的孩子有这方面的兴趣，或者有这种才能。

通过评估，可以了解观众的想法、兴趣，也可以收集观众对展品或展览的意见，这样，对于展品开发和展览举办方来说，就可以采取一些最简单的评估方法来发现展品或展览的优缺点。

（四）团队/家庭的互动

对面向儿童或青少年的科普教育项目来说，设计一些家庭互动展品，在展览中设计一些家庭参与的环节，或者让观众自己动手制作产品，都是提高观众兴趣，增加教育效果的重要举措。大多数组件在设计时着眼于可以多人使用。实际上，展品跟踪结果表明，某些展品具有较强的团组和家庭互动性，尤其是那些为孩子和家庭设计提供的一种需要共同完成的作业；这方面的例子包括，在科学中心的"测量工厂"和在科技馆的"把它交给你"展览。

例如，在科技馆展览中的"空气迷雾"展品，就可以被参观者成功使用，但设计时的理念是鼓励家庭互动。空气出口放在整个展览品周围，当一些参观者把球倒入开始位置时，其他参观者启闭不同的通气口，指引球通过迷宫。参观者为确定何时应该打开哪个出口，有时会集体停下来，指引球通过一定的道路。

（五）导航和保持力

通过跟踪观察，可以发现公众的一些活动模式，以确定每件展品和整个展览所需要的时间。一般情况下，参观者并不是所有的作品都参观，而是有选择性的。对于任何展览来说，在性别、年龄或者种族的吸引力或保持力方面，都可能存在差别，通过事先测试评估，可以估计参观时间，并涉及展品摆放的序列和参观程序，以提高展览效果。

1. 展览的模式

参观时很多观众都是走马观花。如何吸引公众对展品产生兴趣，如何让公众在展品或展项面前停留并保持一段时间的兴趣，是展览产生效果的关键。依据笔者的观察，参观者在展览品前花费的时间平均不到 10 分钟。很多参观者在组合展品和其他展览品之间来回走动。在许多情况下，参观者在展品前停留较少时间，但隔了很长时间以后，在同一天的晚些时候，又不同程度地回到展品前继续观看。值得注意的是，在科普馆中，相对少量（13—36 人）的跟踪观察，不足以达到统计有效性；但是，把观察和出口采访结合起来，就可以发现一些有用的苗头。实际上，展览模式主要取决于展厅布局和展项布局。

（1）展厅布局

展品摆放的位置对观众的吸引力起着一定作用，因此，展厅布局应该考虑观众的参观便利、知识链接、思维习惯，甚至心理偏好。

（2）展项布局

一般来说，不同展项之间具有一定的逻辑安排，则有利于观众的参观并取得较好的效果。对学科、主体、环境也要进行综合考虑，在设计过程中，依据一定的理论和模式进行布局，并结合试用和评估，可以有效提升展览的效果。

2. 单个展览的跟踪数据

在审查单个展品的数据时，要注意不同展品保持力方面的差别。每个展览都有一些展品具有特别好的保持力，一些展品具有平均的保持力，还有的展品则被参观者忽视，或者参观者对它们根本没有明显的兴趣。这些数据可以通过观察、电子跟踪、自动摄像等手段获得。

值得注意的是，展览中的展品吸引力和保持力对于不同的观众是不同的。因此，从展品开发的角度看，任何展品都有其独特的优势，对于不同的人产生不同的作用。但不管怎么说，如果一件展品不被大多数人喜欢，就可以认为其缺乏必要的吸引力，则很难产生展览教育的效果，那么这样的展品可以通过评估而寻找替代品，毕竟，展品要占用一定的面积，如果无效的展品过多，则一定会影响整合展览的效果。

3. 科学中心的乐趣

科学中心的主要功能已经从展览展示转为以教育为中心。因此，相对来说，科学中心的展品都具有较好的保持力，可以结合具体的学习活动单，提示参观者展品的展示内容和教育目的。比如，通过展览可以提高观众对科学概念的理解。参观者离开展览会时，在出口处进行调查，并且围绕关键展品进行讨论，则能得到一定的感觉，这些感觉来自参观者的展览经历。通常，参观者能获得对那些与展览有关的核心概念的理解。在很大程度上，这些核心概念是展览设计者为参观者设计的，"离开展览时"所带走的东西。在很少的情况下，可能会出现对展览品和展览会的明显误解。在那些情况里，为了帮助参观者更容易地与展览主题建立联系，会与展览品开发者谈论修改意见。

（六）可巡展性和维修

自从笔者在发起的博物馆引入总结性现场考察以来，只能对展览品的可巡展性和展览品在其他场所保持的容易程度进行假设。在相当大的展览中，都有以上两个组成部分，但是合作者已经非常详细地讨论这些组成部分，并在必要的时候进行妥协。

就维修而言，大多数展览看起来好像相当容易。显而易见，展览将需要更日常的维修，因为有的展品有水，筛选站有点脏乱。合作成员对这些问题进行了交谈，所以，当展览品到达时他们并不感到惊讶。

二、展览效果评估

（一）教育/学习效果

场馆科普展览已经成为校外教育的重要形式，也是学校教育与校外场馆教育相结合的重要途径。因此，一些发达国家不仅开发展览开展校外教育，还把场馆展览教育作为市民终身学习的重要场所，提出把学习作为文化组织的重心，并且把教育从以教师为中心转移到以学生为中心。2001年4月，英国博物馆、图书馆、档案馆委员会（MLA）委托莱切斯特大学博物馆学系的博物馆与美术馆研究中心（RCMG）开展了一项学习影响研究计划（LIRP），以激发所有人的学习。该计划将学习置于所有文化组织的首要位置，并开始制定行业普遍教育标准。《激发所有人的学习》框架包括5个元素：人、地点、政策、计划与效果、合作。2001年9月，MLA制定RCMG提出一种衡量博物馆、档案馆与图书馆学习影响与成果的方法。

（二）展览教育的学习成果 [①]

学习工具箱的四个主要部分：

1）沉浸体验——探索、发明、实验、社交互动和模仿；

2）激发想象——通过幻想、可视化、故事叙述创造和探索假想的世界；

3）智力技能——语言、逻辑、分析、交流；

4）运用直觉——产生创造力、催生创意。

学习工具箱表现为通用学习策略的形式，被有选择地使用在合适与有效的

---

① ［英］艾琳·胡珀-格林希尔. 博物馆与教育：目的、方法及成效［M］. 蒋臻颖，译. 上海：上海科技教育出版社，2007：39-55.

时间。这些学习策略包括：

1）以经验为基础的策略——探索、发明、实验、对空间和资源的利用；

2）激发创造力的策略——想象、模仿、幻想、可视化、故事叙述、玩耍、角色扮演、做手工、做实验、催生创意等；

3）提升智力策略——语言、逻辑、分析、沟通；

4）社交策略——讨论、展示和叙述、与朋友或家人分享、在讨论后修正观点、模仿、做模型、演示（表演，科普剧、科普游戏）。

（三）通用学习成果

学习效果研究计划的成果是概括了在场馆中进行学习的几个重要维度，利用其衡量在公共文化场所或组织中进行学习的效果评估指标。这些指标之间的相互关系和作用效果如图 9-1 所示。

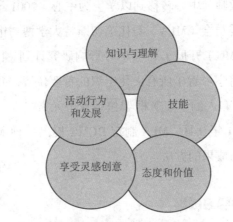

图 9-1　五项通用学习成果（GLO）

通用学习成果对研究和评价场馆科普项目的教育效果，具有重要的指导意义。在场馆科普教育项目的开发和实施过程中，既可以此为参考维度来设计相应的科普教育项目，在知识、技能、价值观和创造力等方面对不同的科普项目进行指导，也可以在项目实施以后，从这些基本的方面对其教育项目和项目的完整性出发，设计指标体系，进行评估。表 9-1 是通用教育 / 学习成果衡量指标体系，在场馆科普教育项目实施过程中，可以结合学校教育不同年级的课程标准来实施，设计具体的次级指标。

表 9-1　通用学习成果衡量指标体系

一级指标	二级指标
知识与理解	具体学科（如历史、物理、化学）
	学科间和跨学科
	具体人工制品、书籍、文件（画卷、瓷器）
	具体场地（历史、地理、场地的使用）
	所在地、邻居、区域、城市
	自我、个人事务
	他人（邻居的过去和现在）
技能	具体学科（制图、计算、绘画）
	具体场地（如何使用图书馆、档案馆、博物馆）
	实用性的（以手工艺为基础的、可操作的、体感的）
	可转换的（在团队中工作、使用计算机）
	关键（计算能力、读写能力、沟通能力）
	批判性和伦理性思考
	其他认知技能
	情感能力（掌控愤怒和强烈的情感）
价值、观念、感觉	动机（学习更多、兴趣增加、感到自信）
	关于自己（自身价值观和感受的改变）
	关于他人（对差异的包容）
	关于博物馆、图书馆和档案馆
创造力、灵感、乐趣	自我提升
	乐趣
	创造新的联系、横向思维
	新的思想或行动的产生
	创造和产生事物
	发明
	实验
行为（现在和将来/回顾）	更频繁地做某事（阅读、访问档案馆、学习）
	做某些不一样的事情（第一次参观博物馆、上大学）
	带动他人（家人、朋友）
	参与团队合作
	工作、学习

三、场馆科普展览的影响评估

影响评估是总结性评估的重要方面，如果展览的效果指的是展览对参加展览人群的教育或学习效果，那么影响则是指展览对社会的影响，对公众产生的影响。衡量展览项目影响的主要指标如下。

1. 知晓率

一般指项目实施区域内，对某一事件的已知人数与总体（或应知）人数的比率。在实际计算中，往往用已知人数与调查人数的比率，比如，样本总数400，回答知晓的人数为100，则知晓率就是100/400=25%。但这种计算方式要依据不同项目类型，甚至是不同展品展项，灵活运用，不能教条和简单地使用，否则，没有任何实际的解释意义，也不能作为项目影响的依据。

2. 满意度

满意度指应答着对某一个问题回答的满意程度，一般地，在调查过程中，会对某一问题设计不同等级的选项，让应答者选择。比如，"你对北京市的行车环境是否满意？"这个问题下面可以设计"非常满意、满意、一般、不满意"四个选项。如果大多数人都选择"满意和非常满意"，一般会认为，公众的满意度高；反之，则认为满意度低。可见，满意度比知晓率更能反映项目的效果和影响。

3. 满意率

满意率指满意的人数占调查样本数的比率，但在调查中，满意率是不是科学，或者是否真实反映了问题的实质，取决于调查抽样的科学性。如果进行随机抽样，一般调查的结果能够反映总体的情况，可以作为推论的依据，但如果抽样不科学，或者没有进行样本设计和随机抽样，则结果就不能代表总体的情况。假如把满意度为"非常满意"和"满意"看作满意，抽取100人进行问卷调查，24人评价"非常满意"，15人评价"满意"，其余人均评价"不满意"，那么，可以认为，评价满意的人总共有24+15=39人，则满意率即为39%。满意率一般用来了解公众对于环境、政策、公共设施、公共服务等的态度，是舆情调查的重要指标，也常用来衡量科普教育项目的影响和效果。

第三节 总结性评估报告的撰写

一、评估报告的结构

总结性评估是对项目运行的总体情况进行评价，评估报告需要准确完整地反映项目实施的效果和影响，要反映项目实施过程中的问题和提出进一步改善的建议。总结性评估报告一般包括：评估目的、对象、主体、方法、内容、效果（结论）和建议等主要内容。

（一）评估目的

通过评估为项目的开发设计团队、场馆科普展览协作组织，以及出资方提供充足的信息，进而可以判断该展览是否达到了预期的结果，以及为同类项目的实施提供参考依据。

（二）评估对象

评估对象指需要评估的展览、展品、活动等科普项目，该展览项目中设计的主要内容、元素、关键技术等都是评估的对象。

（三）评估主体

评估主体既可以是项目资助方委托的第三方评估组织，也可以是项目实施和管理方进行自我评估或引进第三方评估组织。

（四）评估方法

评估方法需要依据评估目的、主体、对象的不同，选择既先进又合理的方法开展评估。主要有定性、定量及定性和定量相结合的综合性评估办法，包括：跟踪与计时研究法、展览出口结构化调查、观察法、深度访谈法。设计的评估工具有包含 21 个问题的评估框架、以展区平面图为蓝本的跟踪和计时工具、引导访问员在展览出口进行结构化问卷调查的脚本、团体深度访谈设计、易用性观察和不同性别与年龄的儿童主题绘画等。儿童主题绘画是本次评估的亮点之一，问卷调查或访谈时，与儿童沟通获得有效的信息存在一定的困难，但是利用这一方法，可以加强访问员与儿童之间的联系，深入了解不同年龄和性别的儿童最关注展览哪些部分。另外，儿童可以通过绘图来表达参观的收获。

（五）评估内容

1. 评估展览的观众

（1）观众对展览的热爱程度，包括漠不关心者、探索者、冒险者和狂热者。

（2）观众原有的科学知识储备和对科学的兴趣程度。

（3）观众在参观中承担的社会角色，包括陪同参观者、团队负责人、学习向导和以自己参观体验为首要目的的观众。

（4）对展览的不同期待程度。

（5）观察和访谈。

（6）残障人士的参观体验。

2. 评估展品展项

（1）利用跟踪与计时研究法，可以比较相同规模的展览的被参观程度。

（2）评估特定展项的吸引力和持续力。前者指观众停留在某一展项前的比例，后者是指观众参与到展项中的时间，可以用来确认观众是如何分配参观展览时间的。

（3）调查参观体验中的参观路线、等待时间、与工作人员的互动和动手展项的使用情况。

3. 评估满意度

满意度指观众对参观的总体感觉，有多大比例的观众感到满意。

4. 评估展览效果

根据美国国家科学基金会框架五个维度变化指标进行评估，包括：知识、兴趣、态度、行为和技能。

（六）结论和建议

评估结论包括主要指标得分，公众对项目的满意度，公众在知识、兴趣、态度、行为和技能等方面的获取效果，公众反映的意见，项目的改进建议等。

二、案例介绍

海洋生物博物馆教育效果评估 [①]

（一）背景、目的

姥鲨（也称太阳鲨）馆（The Basking Shark Hall）最近在萨伦托大学的皮埃特罗·帕伦赞海洋生物博物馆［Marine Biology Museum "Pietro Parenzan"（University of Salento）］开馆。这为展示浮游生物或滤食性食物主题提供了机会，而这些通常在海洋生物展中是被忽视的。本次研究在参观姥鲨馆之前、之后和3个月后的3个不同时间，对537名9—18岁的学生进行了问卷调查。除了调查问卷呈现出正面结果的总体趋势，以及随着时间的推移获得的信息呈现典型的逐步递减趋势外，调查结果还突出反映了之前信息的缺失，男性和女性的学习行为不同，以及随着年龄的增长接受度也不同等。所得数据将用于拟订海洋生物博物馆未来教学建议的策略。

博物馆教学的任何教学方法都应根据科学数据进行验证，因为并非所有的经验都是有效的（Dewey，1938）。参观者的学习过程应该随着时间的推移进行衡量，以评估博物馆参观的认知结果和教学质量（Nuzzaci，2004）。衡量博物馆展品功效的一种方法是采用众所周知的"前""中""后"参观者的能力和所学知识的评价模型（Vertecchi，2004）。本研究的目的是测量学生的已有知识及其在参观后的短期和中期的改变，以评价参观博物馆教育的效果。

---

① 　A Summative Evaluation of Science Learning: A Case Study of the Marine Biology Museum "Pietro Parenzan"（South East Italy）Anna Maria Miglietta, Genuario Belmonte & Ferdinando Boero Pages 213–219 | https://doi.org/10.1080/10645570802355984. 该文发表在《观众研究》2008年第2期，总第11卷. https://www.tandfonline.com/doi/abs/10.1080/10645570802355984.

（二）评估对象

"皮埃特罗·帕伦赞"海洋生物博物馆位于爱奥尼亚海塔兰托湾沿岸莱切省的小镇波尔托切萨雷奥。每年有超过 11000 人来此参观，其中一半以上的参观者是实地考察的学生。之所以选择鲨的生活习性作为本次评估的主题，是因为博物馆最近创建了姥鲨厅。对年轻游客来说，鲨是特别有吸引力的主题，并且姥鲨（大头鲸）的进食行为与人们通常想象的鲨进食方式不同。

参与者为来自波尔托切萨雷奥附近的 537 名学生，其中包括 121 名小学生，149 名初中生和 267 名高中生（表 9-2）

表 9-2　各年级不同性别的数量

参与者	男性／人	女性／人	未标明／人	合计／人
小学生	60	61	0	121
中学生	73	72	4	149
高中生	75	179	13	267
总　计	208	312	17	537

（三）评估内容与步骤

这个评估采用总结性评估方法，设计了一份包含 33 个问题的调查问卷，并进行了三次调查：第一次在学生未听到讲解前；第二次是在教学以后；第三次是 3 个月后在教室里。问题按照 6 个概念领域分组：①解剖（鲨的形态），②行为学（鲨行为和人类对它们的行为），③生理学（系统和设备功能），④古生物学—进化（系统发育和化石记录），⑤姥鲨（特别以最大头鼻鲨为对象），⑥浮游生物—滤食（包括基于滤食的海洋食物链）。答卷控制在 10—15 分钟完成，大多选择封闭式问题，这样使应答者更容易回答，也更容易对答卷进行分析。

调查步骤：调查分五个步骤进行。

1）调查问卷：学生一到博物馆，在进行任何教学活动之前，都要立即填写入口调查问卷，让我们了解学生在参观前的信息掌握水平。

2）在进行问卷调查后，学生们会参加一个关于鲨的简短讲座。讲座（约

30分钟）由一名博物馆管理人员通过幻灯片和照片进行讲授。

3）带领参观博物馆，包括详细参观姥鲨展览，学生可以近距离观察姥鲨，并开展多个教学小组强化讲座内容。参观时间约30分钟，分为两项活动（讲座及姥鲨厅）。

4）出口调查问卷：在导游参观之后，学生们被要求完成同样的调查问卷，以便确定参观结束后教学体验的有效性。

5）随访问卷：大约3个月后，学生在课堂上第三次回答同样的问卷。但是没有对主题进行有组织的概念重新阐述，以便测量概念的记忆效果（信息的持久性或已获取信息的丢失情况）。

具体的调查结果见下表9-3。

表9-3　小学、中学、高中学生三次问卷（进口、出口和3个月后）
回答正确的均值和标准差

参观者	参观前	参观后	跟踪访问
小学生	11.61（3.46）	22.47（5.26）	17.74（4.85）
中学生	11.02（4.28）	23.47（4.84）	19.17（4.62）
高中生	13.68（2.88）	26.49（4.84）	20.64（4.67）

比较不同问卷（入、出、随访）来衡量说明活动（入、出）和概念保留（出、随访）的有效性。方差分析（ANOVA）测试用于检测学校水平（对应学生年龄）、性别和6个概念领域的影响。由于6个概念领域的问题数量各不相同，因此以百分数计算方式以便进行比较。

（四）结果

1.学习与学生水平的差异

在场馆进口和出口的问卷评估主要测试场馆科普教育的效果（表明教学型活动的有效性）、参观完以后和3个月以后的调查，主要评估教学效果的保持情况（表明随着时间的推移对概念的遗忘），统计分析表明，不同阶段的正确回答数量有显著差异。小学生仅在随访阶段与初中生有显著差异，初中生3个月后记忆信息更准确。小学生、初中生在各个阶段（入、出、随访）与高中生存在显著差异，中学学生比低年级学生的回答正确率更高。

2. 男女对比

各年级男生在入口调查问卷的正确率显著较高，但在出口调查中，女生得分显著高于男生。男女在随访问卷中的得分差异无显著性差异（表9-4）。研究发现，女性在所有活动中更加勤奋和安静，这种积极的态度可能使她们的学习更容易。然而，3个月后，样本中显示，女性失去了优势，但仍与男性持平。

表9-4 三次问卷（入口、出口和3个月后）不同性别回答正确的均值和标准差

参与者	参观入口	参观出口	3个月后
男 生	13.02（3.81）	23.84（5.42）	19.20（4.95）
女 生	12.10（3.52）	25.37（4.95）	20.05（4.66）

3. 概念区域分析

小学、中学、高中学生三次问卷对概念回答正确百分比的比较见表9-5。

表9-5 小学、中学、高中学生三次问卷（入口、出口和3个月后）
对概念回答正确百分比的比较

概念域	参观入口 / %	参观出口 / %	3个月后 / %
解剖学			
小学生	46	79	66
中学生	46	83	69
高中生	47	88	72
动物行为学			
小学生	44	78	70
中学生	50	83	79
高中生	54	92	83
生理学			
小学生	35	71	54
中学生	32	72	56

续表

概念域	参观入口 / %	参观出口 / %	3 个月后 / %
高中生	39	85	64
古生物演化学			
小学生	14	70	44
中学生	13	67	43
高中生	20	80	42
姥鲨			
小学生	28	50	38
中学生	24	58	44
高中生	37	69	46
浮游生物			
小学生	41	64	51
中学生	35	65	62
高中生	51	68	62

　　结果显示，在所有概念领域的教学活动在入口、出口的答卷都有显著差异（表 9-5）。总体而言，学生对行为学的了解程度最高（入口调查平均正确率为 52%），出口的正确率也最高（87%）。最有效的教学活动是在古生物学进化领域（正确答案从平均 18% 上升到平均 75%）。最没有效果的教学活动发生在姥鲨和浮游生物滤食概念区（在这两个区域，出入口问卷的正确率分别从 30% 上升到 55%，从 47% 上升到 66%）。然而，浮游生物滤食区显示，其学习效果的持续性相对较好（出口与 3 个月后调查的差异只有 7.3%），这可能是由于课程中使用了常用的参考资料。

　　随着时间的推移，对动物行为学知识的掌握呈现最大的持久性，而对古生物学—进化的知识在 3 个月后迅速下降（表 9-5）。这可能是由于问题的类型，动物行为学包含的数字信息少于古生物学演化的信息（例如，后者需要用拉丁语来表示物种名称），以及更多学生可能从电视纪录片中熟悉的关于鲨的信息。此外，参与实验的学生显然对鲨引起的"危险情况"和采取的防御行为（这两种行为都属于动物行为学领域）比较感兴趣。还有人指出，许多儿童被展厅展板内容所吸引，而且它所传达的信息与他们在讲座中所得到的信息相同。

（五）讨论

评估研究结果表明，教学型活动的短期效果较强，但教学型活动获得的知识随着时间的推移而减少。因此，博物馆应该向学校（教学的正式场所）规划和／或建议的方向行动，以优化学生从博物馆参观中学习和强化课程知识。

在计划教学活动时，必须考虑以往的知识。知识可能会随着学生的年龄和在校经历而逐渐增长。评估显示，从小学到初中，学生的先验知识并没有显著增加，但是中学生的记忆力相对更强。因此，可能有必要为低年级学生安排重复的教学活动。

处理如浮游生物过滤喂养这样的概念领域并使学生加以理解非常困难，因为它们是相当复杂的概念（Miglietta 等，2005）。选择要教的科目时要谨慎，避免呈现太多的数字或容易忘记的细节。古生物学的进化领域就有这样的内容，给学生的理解带来了困难。姥鲨概念区是最不成功的教学活动（根据出口和后访的数据判断）。这可能是由于该物种（"没有牙齿的鲨"）的独特特征，与普通鲨相比，这种特征鲜为人知。

（六）结论

海洋生物博物馆希望在传播生物多样性信息（通过收集、保存和展示样本）和鼓励环境意识（通过直接教育公众）方面发挥作用。这个博物馆和当地其他博物馆应该通过与该地的自然环境建立直接和深刻的关系来支持学校（在意大利，学校经常缺乏资金）。目前，学校和博物馆之间的互动不太清楚（Nuzzaci，1997）。学生经常在学校旅行中参观博物馆，如果由博物馆的专家指导，这是一个宝贵的教学机会。通过明确"谁必须做什么"，并结合学校特色的传统教育和博物馆特色的非传统教育，来改善学校与博物馆的联系。

从以上经验中我们可以得到的建议是，认真选择博物馆要展示的主题，并在博物馆经营者和学校教师之间建立密切的合作关系。这将促进教学活动的长期规划，并加强行动，以优化学生的学习。

三、案例启示

本案例不仅为场馆科普教育提供了评估的方法、评估报告的构成要素，而且报告本身所得到的结论，对提升场馆科普教育与学校教育的合作，对于利用场馆教育加强和提升学校教育的效果，对于促进全民学习和终身教育，都具有非常重要的参考价值。

第十章
场馆科普中不同类型教育项目评估

科普场馆中的教育项目类型很多，不同类型项目的评估维度、要素、重点也会有差异。对展览项目，不仅要考核展览传递的科技知识、学科信息、科学原理，还要考察展览的环境、人文情怀、互动性、体验性以及安全可靠性。如果是巡回展览，还要评估展项的可移动性和牢固性（耐用性）。对于表演类项目，则既要看实验、表演能否吸引观众，能否引起观众的好奇心和兴趣，又要看表演的艺术性，可否与观众进行有效的互动，还要传递项目所要达到的设计目标，比如某种特殊的理念、精神和思考等。对讲座类项目，则要结合社会热点，结合公众关心的与生产生活息息相关的问题进行传播，既要注意讲座内容的科学性、通俗性，又要考虑趣味性和效果的持续性。总之，在对场馆科普项目进行评估时，要结合不同类型项目的特点，以及项目隐含的原理和教育目的，进行综合测量。

本章就场馆科普的几种常见的项目评估进行简要介绍。

第一节 场馆科普教育活动类项目

一、教育活动类项目的类型和特点

1. 科普场馆教育活动类项目的类型

科普场馆教育活动类项目主要指面向中小学生开展的科普活动，既可以是与学校科学课程结合的馆校合作开展的活动，也可以是针对中小学生的自行设计开发的科普活动项目，如游学、研学活动等。中国各类场馆数以千计，开展的科普活动更是数以万计，为培养青少年的科学兴趣、好奇心和探索精神，发挥了重要作用。

场馆科普教育活动，依据不同的角度可以进行不同的分类。如依据功能可以分类为：实验类、营地探索类、动手制作类、竞赛类、表演类等；依据学科可以分为数理化天地生，物质、能源、材料、信息、通信、制造等类型；依据场馆不同可以分为动物园、植物园、水族馆、地质馆等场馆中开展的各具特色的科普活动。《中国科普场馆年鉴（2016 卷）》把科普教育活动分为科普活动、讲座培训、趣味活动与科普知识、知识竞赛、社会人文与科普演出等类型 [1]。

2. 科普场馆教育活动类项目的特点

总的来说，科学教育类项目的显著特征是其科学性、知识性，这些特性在一般的科学教育课堂上都必须具备，但是科普场馆中的教育活动除了科学性、知识性以外，还具有体验性、互动式、趣味性、沉浸式，感性与知性教育相结合等鲜明特点。

（1）体验性

科普场馆中的教育活动类项目大多以制作、实验、互动等动手项目为主，摆脱了学校教学中的教师讲、学生听的教学模式，也不单纯采取考试、测验等手段评估其效果，而是让学生加强感性认识，增加学生对科学技术的兴趣，通过体验，产生愉悦的视觉和身心感受，从而主动去探索、求知。这种教育效果具有长效性、引导式、主动学习等特点，是学校教育的重要补充，充分体现了科普教育活动的特点。

（2）互动式

互动是体验教学过程中的重要环节，尤其是一些游戏类、协作类的活动项目，不仅要求与游戏中的角色进行互动体验，还要求与一起参与活动的伙伴进行协作和交流，是一种试错性的科学探索活动，充分体现了科学活动重实践、

① 中国自然科学博物馆协会. 中国科普场馆年鉴（2016 卷）[M]. 北京：中国科学技术出版社，2016：79-119.

重过程、重体验等特点。

（3）趣味性

科普场馆教育活动项目还体现出一定的趣味性，越是针对低年级的学生，越需要通过趣味性来提高学生的参与兴趣。比如很多实验类、制作类、游戏类项目，就通过趣味性来吸引注意力，增加人们对科学的兴趣，培养好奇心，从而达到普及科学知识、科学思维和理念的效果。

（4）沉浸式

沉浸式教学是科学教育的重要技术手段，在科普场馆中，由于运用大量直观、体验式的展品、器材、教具作为媒介，传递科学的知识、原理和方法，能够达到寓教于乐、做中学、学知行融合的效果。

二、科普场馆教育活动项目评估的基本方法

1. 学习单、活动单（表）评估

学习单也称参观活动单、工作表等，英文名称为 worksheet、activity sheet。活动学习单的评估方法就是依据学习单设置的知识点、科学原理、教育目的、受众对象、效果要求等，对活动中的对象进行观察记录、统计分析，以衡量项目的实施效果。

现有理论和相关研究表明，在科普场馆中进行科普教育，利用学习单有利于提升参观者的学习效果，同时，学习单本身就是对观众在科普场馆中学习效果的一种简单测试。由于用学习单进行效果评估，具有简单易行、能够及时快速反映教育项目的有效性，因此，在科普场馆的科普教育项目上被广泛采用。但是，学习单评估方法虽然具有较好的实用性，但也存在一些不足。比如，活动单、学习单评估方法侧重知识点考核，且主要测试即时的短期效果，对于教育活动所产生的长期效果很难测量，对于态度、观念以及行为的改变更是被忽略了。

2. 简单问卷调查

这类评估方法一般用于科普讲座或报告，收集听众对于授课内容、方式、讲课教师的表达等各方面的评价意见。这种方法比较简便易行，既可以是公众自愿填报问卷，也可以是活动组织方进行有目的、系统的调查，比如采取随机抽样，以准确了解项目的效果和公众的反映。一般情况下，关于场馆的基本情

况，比如规模、观众量、办展次数、科普项目形式等，可以根据平时的记录，进行统计和收集；对于观众和社会公众的意见、态度和评价，则要求进行公众调查，包括参观的公众和社会公众（没有进场馆参观）。

3. 观察法评估

科普场馆中的展览、互动性、游戏类教育项目，评估者通过观察观众的行为，可以有效地评估项目的科普教育效果。观察方法包括参与式观察、非参与式观察、融入情景式观察、实验性观察、直接观察和间接观察等。在科普场馆的科普教育项目评估中，可以是结合学习单进行结构式观察，也可以利用现代信息技术进行跟踪式行为轨迹观察并进行分析。基于观察的行为评估，依据观察者的经验会有很大的差别，观察者的指标选择也会影响评估的客观性和可靠性。

观察法的优点是获得的数据比较客观可靠，可以获得一些肢体语言信息。缺点是只能得到表面的现象反应，不能知道背后的原因，也就是知道"是什么"，而不能知道"为什么"。观察法可以依据项目设计的目标，设计观察表，将观察到的反应填写到表格中，进行归类分析。一般地，观察表就是评估指标的主要构成，也是需要评估的基本维度。

4. 情景反应式评估

结合观察法对公众的现场反应、表情、行为态度进行评估，也可以通过提问、交流和互动的方式，观察评估学生对所传播的知识、原理、方法等是否理解、接受，是否达到了科普的效果。情景反应式评估还可以结合三角测量、小测验等方式，对项目的效果进行评估。

5. 快速评估方法

快速评估是评估思维工具箱中的基本方法，具有简便实用的优点。快速评估包括焦点小组座谈、关键知情人访谈、现场填报问卷等。快速评估方法一般可以采取小样本问卷调查，不要求评估的精确性，只要大致了解项目的目标可达性，理论符合性，教育针对性即可。

三、案例介绍

中国科技馆展览教育中心每年都要设计开发不同主题的科学教育项目。这些项目有的与适龄儿童的学校教育课程结合，有的结合学校教育中的某个学科的原理，有的纯粹为了提高乐趣以吸引观众，等等。总之，这些教育活动比学校中的单纯灌输知识的教学活动更能引起学生的好奇，从而达到更好的效果，但我国的大多数科普场馆都没有对教育效果进行科学的评估，即使是简单的学习单评估也很少使用。

本书选择了一些科技馆中的科学教育活动项目，并介绍一些简单的评估方法和要点。

教案 1

教育活动名称： <u>壶中科学多 杯小乾坤大</u>
教育活动类型[1]： <u>动手小制作</u>
机构或部门： <u>展览教育中心</u>
设计人姓名： <u>王洪鹏[2]</u>

（一）教学对象

教学对象主要为6—10岁的小学生。侧重于针对小学高年级的学生，周末开展活动主要针对亲子家庭；平时开展主要针对小学生团体。活动以儿童科学乐园的展品、家庭中常见的事务作为切入点，让参与者了解连通器原理、虹吸原理，可以利用原理解释身边的一些现象，并可以利用这个原理动手制作我国古代的公道杯。

（二）教学目标

1. 知识与技能

（1）了解连通器原理、虹吸原理。

（2）了解一些连通器的应用实例，了解船闸的作用和工作原理。

（3）可以利用连通器原理、虹吸原理，解决实际问题。

（4）用准备好的简易材料制作公道杯模型，锻炼参与者的观察和动手能力。

---

[1] 科技馆中把"教育活动类型"分为：展览讲解、展品辅导、学习单、小实验、小制作、科学游戏、科技竞赛、科技考察（自然、环境、科研机构、科技工程、生产现场的考察、调查及标本采集等）、趣味实验表演、科普剧、其他科学表演、科普报告等。
[2] 本案例得到设计者的同意，在此致以谢意。

2．过程与方法

（1）在探究连通器原理和虹吸原理的过程中，让参与者保持对大自然的好奇。

（2）通过介绍三峡船闸让参与者初步认识科学技术对人类生活的影响。

（3）使学生认识到物理原理可以解决实际生活中的大问题。

3．情感、态度与价值观

（1）激发参与者的好奇心及对物理学的兴趣。

（2）帮助参与者解释诸如"茶壶嘴为什么要高于壶盖""船只如何通过船闸""如何给鱼缸换水"等日常生活中常见的问题。让参与者能够认识到科学就在身边。

（3）培养学生应用所学为国家服务的意识。并能让参与者对我国古代灿烂的科学技术史有一定的了解。

（三）教学重难点

1．教学重点

活动以科技馆常见展品为依托，通过动手制作和探究教学相结合的形式，让参与者了解连通器的特点和应用；了解并认识虹吸现象、了解虹吸现象在生活中的应用。然后动手制作连通器和公道杯，让参与者对公道杯的内部结构有一些形象的认识，提高动手能力。

2．教学难点

连通器原理和虹吸原理是初中物理所涉及的重点内容。面对来自全国各地，自身知识储备、对外界认知都有区别的小学生，科技馆辅导教师需要用参与者熟悉物品或者科技馆的展品引入，将"连通器原理"和"虹吸原理"等科学名词用身边的物品取代，激发参与者的认同感和兴趣后，才可以取得事半功倍的效果。

（四）教学场地与教学准备

教学场地位于中国科技馆儿童科学乐园玩转科学吧内。

教学需要准备配套PPT或者打印好的一些图片，公道杯模型。以及制作公道杯和连通器的器材。

（五）时间安排

活动时长与教学过程30分钟。本活动在周末和平时都可以推出，采取预约制，一次最多可供12人体验。

第一阶段：启发教学阶段，见表10-1。

表 10-1　启发教学阶段

阶段目标：通过 PPT 或者教学图片进行教学，连通器原理和虹吸原理。并结合科技馆的展品了解连通器原理和虹吸原理在生活中的应用	
教育活动脚本	设计思路
引入阶段 　　辅导员提问：请大家观察我手中的茶壶，它的结构有什么特点？ （此处展示生活中经常用到茶壶，提醒学生观察壶嘴和壶盖等） 　　参与者1：壶盖上有一个小孔 　　参与者2：壶嘴和壶身相连 　　参与者3：壶嘴做得和壶身一样高 　　辅导员：同学们观察得非常仔细。壶盖上有一个小孔是为了把茶水比较容易倒出来。壶嘴做得和壶身一样高的目的是当里面的液体不流动时，壶嘴的液面和壶身的液面保持相平；而壶嘴做得太低的话，壶身里的水就不能装满。 　　辅导员提问：请大家观察我手中的杯子，为什么水永远不能倒满？ （此处展示公道杯模型） 　　参与者1：中间一般立着一人型装饰物 　　参与者2：酒水不能超过某一个位置 　　参与者3：杯子底部有个小孔 　　茶壶为什么要这样做呢？公道杯的奥秘是什么？ 连通器原理和虹吸原理 　　1.连通器原理有哪些应用？我们先来看几组图片。提炼连通器原理。 　　（展示图片：卫生间下水道，水壶的壶嘴与壶身，三峡船闸，高压锅水位计） 　　几个底部互相连通的容器，注入同一种液体，在液体不流动时连通器内各容器的液面总是保持在同一水平面上。 　　2.虹吸原理有哪些应用？我们先来看几组图片，提炼虹吸原理。 　　（展示图片：虹吸现象在生产和生活中有许多巧妙的应用，比如从油箱里吸汽油、输液时打点滴、抽水马桶排出便池内的污物等。随着科学技术的发展，虹吸原理发挥着越来越多的作用，许多水利建设者运用虹吸原理将河、湖等内的水排出，节约了机械设备的使用量与电能的消耗，有效地解决了很多问题。现在的许多建筑物也采用了压力流排水系统，这种排水系统可以装置在建筑物的任何位置，达到及时迅速的排水效果，它的基础原理就是虹吸原理。）虹吸原理其实就是大气压和连通器原理的特殊应用，是指加在密闭容器里液体上的压强处处相等。虹吸管中灌满水，没有空气，来水端水位高，出水口封闭住。这个时候管内压强处处相等。虽然两边的大气压相等，如果此时打开出水口，由于来水端的水位高，压强大，水就可以不断流出出水口（引入下一阶段）	设计意图 　　科技馆教育活动的参与者大部分是第一次相遇。和课堂教学相比，在引入阶段又会遇到一些新情况。因此，辅导员可以采用图片展示、有奖问答的形式引出相关问题。大多数参与者在平时都会接触到的生活用品，或者影视剧中看到画面，这样更容易引起现场参与者的兴趣。 学情分析 　　很多参与者对应用连通器原理和虹吸原理的物品并不陌生。这些物品有的是朝夕相伴。但是对什么是连通器原理、什么是虹吸原理，还不能完全领悟，还不能利用原理解决身边的具体问题。 教学策略 　　仅仅枯燥地阐述连通器原理和虹吸原理，容易让参与者对物理科学望而却步，很难达到理想的效果。本课程主要让参与者能认识到连通器原理和虹吸原理主要和大气压有关，在生活中有很多实际的应用。因此，科技馆辅导员主要依托科技馆经典展品和常见的物品让参与者了解其中的应用，并让参与者了解到我国古代的公道杯就利用了虹吸原理，从而激发参与者的民族自豪感。 　　辅导员在原理的应用展示结束后，做出总结，引入下一个环节

第二阶段：动手制作阶段，见表 10-2。

表 10-2　动手制作阶段

阶段目标：通过动手制作连通器和公道杯，锻炼动手能力	
教育活动脚本	设计思路
最早的船闸是什么样的？ 　　辅导员：中国人很早就懂得应用连通器原理。广西灵渠开凿于公元前 214 年，是我国古代著名的水利工程。灵渠的陡门就是世界船闸史上最早的船闸雏形。 　　首先，我们用纸杯子和吸管，制作最简单的连通器。同学们猜测一下，最少要用几个纸杯子？ 　　学生 1：2 个 　　学生 2：3 个 　　学生 3：4 个 　　辅导员：其实用两个纸杯子就可以制作最简单的连通器。 　　本阶段大部分参与者都可以一次成功，少数人可能出现漏水。这时，辅导员可以进行提示，提示大家注意纸杯子上的小孔和吸管的大小。我们把水倒入任何一个杯子，这个杯子里的水可以通过吸管流入另一个杯子里！小朋友们，仔细观察一下，水面是平的吗？如果把吸管放大很多倍，小船可以通过船闸驶往另外一个杯子里面吧？ 　　动手制作公道杯：带弯的吸管 1 根、纸杯 1 个、剪刀、胶布、水及水盆。 　　主要步骤：①在纸杯底部中间剪一个和吸管直径大小的孔。小孔不宜剪得太大，直径应略小于吸管直径。②吸管弯成倒 U 型，将吸管较长的一端从杯子内的小孔中穿出。③用胶带在杯子底部将吸管和小孔之间的缝隙粘住。④在纸杯里逐渐加满水。当水位低于吸管的顶部时，杯子里的水没有任何变化，但是当水位高于吸管的顶部时，杯子里的水将会从吸管中倒流出来，流得一滴不剩。 　　公道杯最早在什么国家出现的？你从公道杯可以获得什么启发呢？ 关于公道杯的创制时间，因为关于它的存世史料非常少，学术界还有不同的观点。有专家认为，最早应起源于战国时期，用青铜制作，用来劝诫大王饮酒适度。有专家认为，唐文宗时期的"神通盏"，用黄金制成，与公道杯的特点相同，应是公道杯的一种。 　　杯中诠释公道，水里彰显中庸。一个小小的公道杯，不仅为我们展示了虹吸原理，也提醒我们做事要讲求公道，为人不可贪得无厌。正所谓："知足者酒存，贪心者酒尽。"小朋友可以利用今天学习的知识，提醒嗜好喝酒的爸爸，适量饮酒哦。 　　辅导员在活动的最后，对正常活动进行内容延伸，希望参与者可以回家后再对感兴趣的相关内容进行了解。 　　如果只给你一根塑料管，让你把鱼缸的水换掉，学习了公道杯的知识，你应该知道如何做了吧？（参考答案：将塑料管中灌满水，将管的一端放入鱼缸的水中，另一端放在鱼缸外并使其低于鱼缸中的水面。这样就可以给鱼缸换水了，简单环保吧！）小朋友们回家后，可以帮助爸爸妈妈做家务活，比如给鱼缸换水	设计意图 　　我们利用两个一次性的纸杯子和一个吸管就可以制作一个连通器。首先用剪刀在两个杯子的杯壁上分别剪下一个小圆孔，然后将吸管插入两个小圆孔，最后用透明胶将吸管固定在杯子上，防止吸管滑下来。这样最简单的连通器就做成了。 学情分析 　　不同的参与者对连通器原理的认知也不同。亲自动手制作连通器，可以深刻理解连通器内水面一样高。参与者的领悟能力、动手能力都有一定程度的差异。 教学策略 　　看似简单的动手制作环节其实并不简单。辅导员在动手制作环节起了很重要的作用，要适时启发。在连通器和公道杯的过程中，辅导员需要对参与者进行形象化的指导，更要将连通器原理和虹吸原理的应用进行形象介绍。并介绍公道杯的故事，以及我国古代在这方面的成就，为活动内容做适当延伸

（六）教育效果评估

由于本案例的教育对象、知识原理、所要培养学生的情感和价值观等教学目标都非常清楚，因此，可以通过观察教学中学生们回答问题的准确性、是否可以回答提问，以及当遇到问题是否可以解决，现场动手能力，以及是否可以举例说明现实中遇到的类似现象等，来考察学生的掌握程度和教育效果。

1）可以用观察法来记录学生的反应，包括教学目标中主要指标完成情况；

2）也可以现场问答或考试的方式来检查学生的理解和掌握程度；

3）现场检查学生的动手能力，能否圆满完成试验。

列出相应指标，综合考察本实验的教学效果，可以依据考核重点不同，给予不同的权重。比如，如果重点考察学生对虹吸原理的理解和认识，可以给出回答问题和答题较高的权重；而如果考查学生的动手能力，则可以给实验和互动项以较高的权重；如果要培养学生观察社会、解决实际问题的能力，则可以给联系社会现实中的同类现象并列举事例以较高权重。并依据本次教学的目标设置指标，建立指标体系，进行综合评估，得出具体的评估结果。

相对展览展品的教育项目，这种动手实验性的教育活动项目评估比较简单，也很容易知道教学的效果，没有必要按照前面介绍的不同阶段的评估进行评估，只要进行最终的效果评估就可以达到目的。

第二节　角色扮演类教育活动

一、基本概念和特点分析

角色扮演是使人暂时处于他人的位置，并按照他人位置的智能行事，以增进对这一社会位置和角色的理解。科普场馆中的角色扮演类教育活动，指公众以一种特定的身份参与到项目活动中，通过自身的体验，增进对角色的理解、认识，从而达到认知、情感和态度改变的目的。角色扮演法是行动导向教学的重要方法，具有从情景设计、角色分配、角色表演、互动交流到最终的角色评价等多个环节，一般用于幼儿阶段的教学，在我国的英语教学中也经常被使用。

这类项目的显著特点是，教师从主角转变为辅助角色，由于被教育者参与到项目活动中，且与特定的情景相结合，具有亲身体验、直接经历的深刻印象，一般会达到终生难忘的教育效果。这种教学法在一些职业教育中被广泛使用，是做中学的重要形式之一。实际上，我国的传统手艺、工艺、技艺大多采取这种教学模式，比如大家非常熟悉的师带徒在我国具有悠久的历史，并在记忆传承中发挥了重要的作用。

这种教学方法在场馆科普中使用会产生意想不到的效果，能够提高参观者的兴趣并在愉快和游戏中达到学习和教育的目的。这种方法与情景教学法有相似之处，但又有自身的特点。情景教学主要是设计一些知识、概念、原理发生作用，意思指向的真实情景，使受教育者易于理解并印象深刻，有时候情景教育会与角色扮演相结合，以提高教学效果，比如在英语教学中，就会经常设计情景，并请学生担任角色进行对话，以理解单词和句型的运用场景。角色扮演要求参与者比情景教学更投入，他们会直接操作、表演，具有角色替代或互换的特点，所以能产生"我就是你，我理解你"的效果。

二、评估方法

与展览教育效果的评估不同，这类教育活动的受众比较特殊且数量不会太多，所以采集数据不会很困难，在评估过程中，可以采取直接询问角色的感受，或者设计简单的问卷，请扮演者或者辅助人员记录其参与过程的感受，包括对角色的认知、相关知识的获得、情感发生的变化，以及对社会中所扮演角色的态度发生的改变等。

1）依据活动目的，设计角色、任务、学习活动单；

2）设计记录单，请进行观察、访谈或摄像记录；

3）设计评估表，或指标体系，依据收集的数据进行量化分析；

4）评估教学效果，获得结论；

5）反馈并修改完善方案。

三、案例介绍：儿童科学乐园亲子家庭教育活动评估

以中国科技馆儿童科学乐园展区为例，分析角色扮演类活动的科普教育效

果及其评估。

（一）展项介绍

以"认识自己"展区的"成长……"展项为依托，由辅导员扮演孕妇与小朋友展开对话，在互动中让小朋友们了解胎儿发育的过程。在情感态度价值观方面，在辅导员讲解和家长帮助下，利用5千克的袋装大米、气球、乒乓球等教具，让儿童或者男性家长扮演孕妇，使其尝试系鞋带、捡东西等动作，体会女性怀孕的辛苦。

（二）涉及展品

儿童科学乐园展品"成长……"、探索与发现B厅展品"胎儿发育"。

（三）内容设计

整个项目由项目经理设计具体的脚本，把角色要求、互动内容、活动过程、展教目的等进行全面的定位，并依据活动过程进行形成性的评估和修正。

（1）角色

辅导员或者成年男性家长扮演孕妇的角色，可以在腹部绑上5千克的大米袋，让腹部隆起。大米袋和肚子之间可以放一个熟鸡蛋增加难度。儿童可以在肚子上绑上气球。

（2）教具

胎儿发育过程中的若干图片、袋装大米、气球、乒乓球或者孕妇袋教具。

（四）活动过程

图10-1　先有鸡还是先有蛋

辅：小朋友们，大家好！我们都知道鸡生蛋、蛋生鸡，但是到底是先有鸡还是先有蛋？你们知道吗？（出现先有鸡还是先有蛋争论的图10-1，等待小朋友回答）

辅：小朋友说得都很有道理。那如果先有鸡，那鸡蛋从哪里来的？如果先有鸡蛋，那么鸡从哪里来的？其实呀，到底是鸡生蛋、还是蛋生鸡，谁在先，谁在后，这个问题科学家都还没有搞清楚，期待小朋友们长大后，去破解这个科学难题！还有可能获得诺贝尔奖哦！（小朋友，大家有信心吗？）

辅：小朋友都很自信。我现在就有一个问题要考考你们。小朋友知道，你是从哪里来的吗？如果不知道，可以问问你的家长。（等待小朋友回答，促进亲子互动）

辅：小朋友们，你不是从超市或者医院买来的。你们看看我的肚子和你们有什么区别？（手指自己隆起的肚子，等待小朋友回答）（图10-2）。你是从妈妈的肚子里生出来的。

图 10-2 妈妈肚子里有宝宝

辅：小朋友们，妈妈肚子里怎么有的小宝宝呀？就好比种花一样，这是爸爸在妈妈肚子里种了种子，种子要比赛游泳，谁游得快，谁就成功了，然后妈妈就有了宝宝。

辅：小朋友们，是呀，我的肚子比你们大多，因为我怀孕了，肚子里有小宝宝了。听说过"十月怀胎"吧。胎儿都是在母体内生长发育的。你知道在妈妈肚子里待多长时间吗？（等待小朋友回答）

辅：小朋友们，胎儿在母体内的生长周期大概是40周，也就是10个月哦。（等待小朋友回答，外形像海马）

辅：小朋友们，我们是在妈妈肚子里慢慢长大的。在长到第4周的时候，我们才4毫米长，你们看看下面的图片（图10-3），形状像什么动物？（等待小朋友回答，外形像海马）

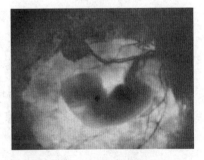

图 10-3 4周的孩子像什么

辅：小朋友们，我们在妈妈肚子里，不能吃饭。那我们怎么吸收营养呀？（等待小朋友回答）

辅：妈妈和胎儿之间为什么要连一根脐带？这是因为妈妈靠脐带给胎儿传

送营养。脐带是胎儿与母体之间联系的纽带，从母体受取营养和氧气，送给胎儿。脐带可以说胎儿生死攸关的"生命线"。

辅：生男生女，似乎是永不过时的热点话题，从怀孕开始，周围的人就经常猜测孕妇腹中宝宝的性别。小朋友都知道自己是男孩还是女孩。其实，我们在妈妈肚子里第16周的时候，就可以用医学技术分辨出男孩或女孩了。但是，医生不会告诉其他人。这是因为国家法律严禁利用一切手段进行非医学需要的胎儿性别鉴定。其实，男孩女孩一样强，长大都能做栋梁。我国获得诺贝尔奖的科学家屠呦呦就是女性。此时可以播放《谁说女子不如男》选段，用传统经典戏剧教育熏陶小朋友。

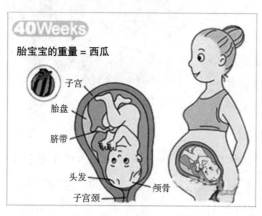

图10-4 宝宝生出来之前

辅：小朋友，到了第40周，胎儿的体长大约50厘米。胎儿皮肤光滑粉嫩、圆润（图10-4）。这时的宝宝像一个滚圆的西瓜，随时可能"瓜熟蒂落"！你知道宝宝通常是头先出来还是脚先出来？（等待小朋友回答）

辅：十月怀胎，一朝分娩。小宝宝马上就要离开妈妈的肚子了。正常情况下，头朝下，可以让小宝宝更快地离开妈妈的肚子。

辅：小朋友，现在你最大感受是什么？你觉得妈妈辛苦吗？想不想自己和爸爸都亲自体验一下孕妇的感觉？（利用球类或者大米袋等材料，让儿童和爸爸扮演孕妇，使其尝试系鞋带、夹乒乓球、捡东西等动作，体会妈妈怀孕的辛苦等）

本体验活动可以让男性期待着幸福的同时，也体验女性怀胎十月的辛苦，从而能够对女性多一份体谅与包容，也让男性对母亲与妻子抱有一颗感恩的心。

第一关：系鞋带游戏。挑选几位成年男性上台，让成年男性在肚子上绑上5千克的大米袋，在拥有大肚子的情况下进行系鞋带比赛。

第二关：夹乒乓球游戏。小朋友们肚子上绑上气球，将筐子里的乒乓球用筷子夹到桌上的盘子里，限时 1 分钟，比赛谁夹得多。

辅：小朋友们如果想继续了解相关知识，可以去 2B 展厅参观"胎儿发育"展品，在那里，还可以知道你为什么长得像爸爸妈妈。

（五）教育效果评估

本项目主要以体验的方式，树立孩子的价值观。在评估教育效果时，不仅要看孩子们态度的转变，还要考察其行为的改变。除了在现场进行问答式来收集教育对象的感觉、情感态度表达以外，最好还要进行跟踪式评估，向孩子的家长或者身边的人了解教育对象的行为转变。

从教案设计和教学目的来看，该类项目不仅可以用来教育孩子，培养他们对父母养育自己辛苦的认知，还可以使夫妻之间互相体验对方的辛苦，以进一步增进感情，共同经营家庭。在效果评估时，也应该依据教育对象的不同，设计不同的指标进行评估。如果教育对象是成人，比如夫妻共同体验对方的付出和辛苦，那么，就要进行观察评估，互相记录对方的态度和行为转变；如果教育对象是儿童、学生，那么就要评估知识、认知、情感、态度和行为等方面的指标改变情况。

第三节 动手类科普项目评估

一、动手类科普项目概念

动手类科普项目指科普场馆中结合儿童特点、结合科学课程标准所开发的科学教育项目。这些项目有的是结合场馆资源、场馆的历史而开展的特色项目，有的是结合学校给予科学教育的需求开发的针对不同年龄、班级的教学需要而开发的临时性教育项目。

动手类科普项目包括科学实验、科学表演两大类。这类项目包括小制作、小实验、小游戏、小竞赛、科学秀、科学魔术和表演等，一般在场馆的探究教育板块，或者大型场馆中的儿童园地、探客工坊等区域开展。

二、动手类科普项目特点

这类项目大多是量身定制的，具有目标明确、对象明确、需求清晰等特点，一般具有良好的教育效果。如中国科学技术馆面向学校开展的特色科技教育项目就有如下特点。

1. 整合资源，定制服务

为全面提升科普展教能力与水平，促进优质科普资源的研发和集成共享，为公众提供更具针对性、个性化的优质服务，同时促进广大青少年科学素质的提升，中国科学技术馆通过整合与开发，推出"百门主题科学实践课"。该实践课包括展项辅导、科学表演、科技制作等形式，覆盖物理光学、力学、电磁学，航空航天、能源环境、天文学等多个学科，引导学生有线索、有目标地体验与实践，使跨学科、探究式学习和动手实践的活动特点得到充分体现。

为适应学校团体对场馆参观学习日趋多元化的需求，中国科学技术馆还适时推出了更有针对性的定制活动——"定制你的科技馆之旅"。该活动是专为不同学段（年龄）、不同参观时长的团体研发的体验型教育辅导活动，包括主题参观辅导、学习单辅导、科学表演、科普活动室和实验室活动等形式。活动按主题划分，将探究式学习与科技馆动手实践有机结合，强调多学科知识综合运用，使参观更具针对性和实用性，便于提升教育效果。

定制活动主题多样，既有面向初中生的"中考串讲"，也有与开学教育结合的"开学第一课"，丰富的活动受到学校师生的好评。自开展"定制你的科技馆之旅"以来，中国科学技术馆已经为学校团体服务上百次。

2. 馆校协作，深度开发

"把课程开进科技馆，利用科技馆的展项资源，丰富学生们的科学实践，拓展学生们的视野。"这是一批中小学科学教师的愿望，也是科技馆发挥教育职能的重要途径。为推进馆校深度合作，探索与学校正规教育对接，中国科学技术馆先后与多所学校联合开发"馆本"（校本）课程，并参与组织选修课。课程依托科技馆现有展品资源，由中国科学技术馆辅导员与学校教师共同策划开发。

课程实施既有请进来形式，也有走出去形式。"请进来"是把课程开在中国科学技术馆，学校教师负责组织学生在馆内按要求完成课程学习，由辅导员与学校老师共同完成授课。"走出去"则由中国科学技术馆辅导员带着课程资源到学校上课，把场馆教学优势融入到学校正规教育中，开拓学生的视野。

3. 注重培训，提升能力

为使更多的教师了解、运用科技馆资源，提升学生的参观效果，中国科学技术馆面向北京市中小学科技教师，举办了系列科技教师培训，得到广泛好评。

基础科学是科技馆的核心展览，围绕"如何利用科技馆资源开展初中物理教学"这一主题，中国科学技术馆近年来相继开展了多次专题培训，有近700名中学物理教师参加，为教师的拓展教学思路提供了借鉴。为使科技教师更加深入地了解科技馆展品，中国科学技术馆专门安排辅导员带领教师进入展厅实地考察、讨论展品。为适应场馆课程开发的需要，培训教师的形式也不断创新，2017年的培训由单纯授课改为公开授课，邀请北京市物理教研员、特级教师与科技馆辅导员开展联合协作研讨，共同组织科技教师开展专题培训。

4. 校馆互动，多元展示

中国科学技术馆还把科学秀、科技制作、科学实验等独特的教育资源带到学校，既丰富了校园科技节活动，又能够激发青少年对科学的探究兴趣。自2009年新馆开馆以来，中国科学技术馆强调苦练内功，勤于开发，先后积累了十多项大型科学实验活动方案；通过馆校结合的形式，多次参与校园科技节活动，并将馆校合作活动作为科学节开幕式压轴大戏出场，进一步扩大了科技馆的影响力，增进了馆校之间的合作。

中国科技馆对儿童类科学表演项目编写了一些注意事项，强调把握好一些关键因素，即现象明显、惊奇，易于操作，富有趣味，互动良好，注重细节，效果导向，知识拓展，确保安全。实际上，这些要求是作为这类项目效果评估的关键维度。

（1）现象明显、惊奇

科学表演的魅力在于演示的科学现象令人惊奇，像魔术一样"违反"常理，引人入胜。这要求演示的科学现象要明显、易于观察、令人震惊，这样才能吸引观众，激发观众的兴趣和探索精神。观众多时，演示的科学现象要足够"大"，要让后排的观众也能够看清楚。科学现象是科学表演的生命力所在，科学表演要想吸引人就得在演示的现象上下工夫。

（2）易于操作

科学表演宜操作简单，易于儿童事后模仿、学习。如果操作烦琐，出错的概率就大，表演的剧情也会显得拖沓。为便于儿童模仿，宜采用日常生活用品或易于购置的器具作为科学表演道具。

（3）富有趣味

科学表演的一大目的是让观众觉得科学有意思，激发观众对科学的兴趣，从而进一步激发探索精神。因此，演出道具和科学现象的趣味性，以及语言风格的轻松、幽默，对于科学表演的成功与否至关重要。为强调科学表演的趣味性，有人甚至将科学实验类表演称为"趣味科学实验"。

（4）互动良好

科学表演有别于课堂教学，忌讳照本宣科，宜台上台下气氛热烈，互动良好。互动分为浅层次互动和深层次互动两种。前者包括简单的提问、鼓掌、参与表演等，需注重互动的时机和次数。深层次的心灵互动也非常重要。要求表演按照某种逻辑线索串联在一起，表演人员的一举一动都牵动着观众的心一步步往前走，一环扣一环，像魔术一样处处设置悬念，不断制造惊奇。

（5）注重细节

台上一分钟，台下十年功，科学表演要做好培训工作，将台词、动作、互动环节、串联主线等细节设计好，千锤百炼，不断完善。表演时，需根据现场观众的反应情况随时调整。

（6）效果导向

没有传播效果的科学传播是无效传播，要高度重视科学表演的效果，这可以从观众是否觉得"好看、看得懂、得到启发与感悟"三个角度去评判，并根据表演的实际效果不断调整脚本内容和表演方式。

（7）知识拓展

科学表演的时间短，能传播的科学知识有限，要注意知识的拓展和激发小朋友对科学的兴趣及探索精神。儿童对于学习科学知识的理解能力有限，但是可以把复杂的原理通过联系生活实例，让孩子们记住科学源于生活，从而激发对科学的兴趣和探索。

（8）确保安全

儿童天性好动，参与热情高。在脚本设计和表演过程中，必须对演出的安全隐患做出尽可能多的预测，采取相应的保护措施。科学表演的内容宜多展示物理知识，少涉及化学实验。要尽量避免涉及高温、高压、强电，以及易燃、易爆、有毒物品的科学表演。

在具体评估过程中，评估人员就可以把以上8点作为评估的指标，结合现场观察和记录，或者相应的数据，进行综合评估，就可以得到不同场馆、场次、表演类型的科普效果。之所以要用观察法获取指标数据，是因为儿童年龄比较小，不宜用调查问卷的方式来收集数据，相应地，由于儿童喜乐厌烦的情绪都不会有意隐藏，往往当时就表现出来。因此，通过参与式观察，或者非参与式观察，都可以简单而有效地获取相关数据，有时当场就可以评估项目的科普教育效果。

三、动手类科普项目评估概述

这类项目具有比较结构性教育特征，可以依据教学目的和项目设计（工作坊、实验室活动等）目标进行具体测试。这样，既可以用学习单、活动单进行评估，也可以用通用学习效果评估或结构性评估。人们可以自由选择参加某个项目。一旦选择参与了某个项目，这个项目的教育目的、学习目标就被科学课程标准所决定了。因此，这类项目更加接近于学校的科学综合实践课。只不过在科普场馆中的项目更加注重探索与探究，比如各种科学实验、游戏，让参与者亲身经历科学现象，探究科学真相。包括项目设计与制作，比如各种创客工作室、机器人组装与设计等，让参与者体验动手制作；与现实生活联系密切的科学实践活动，比如种植、培养等活动。这类结构性教育项目一般有课程材料、有教学过程、有专门的活动场地、有明确的教学目标、有特定的授课对象。

动手类科普项目的评估可以从专家和参与者两个角度开展。专家评估需要考虑包括课程的完整、逻辑性、层次、重难点、教学的有效性、教师的专业知识、课堂参与情况等等指标。观众（参与者）评估，则可以从结果和过程两个方面来进行，即结果导向评估和过程评估。前者主要从参与者的主观感受来评价项目多大程度达到了教育效果。由于很多项目的结果是不确定的，比如很多创客工作室活动旨在培养学生的思维能力，并不特别关注低阶的认知能力，而思维能力的评价较为困难。后者通过对学习过程的评价来间接评价项目的学习效果。学校教育中对科学实验课的评价也可以移植到科技馆环境中，评估者需要考虑实验的方案设计、参与者的实验能力（操作规范等）、现象观察与记录、实验结论等评价指标。除了采用过程评价法外，对参与者设计或制作的物品直接评价也是一种常用的方法。当然作品评价也需要考虑评估指标体系的构建，比如作品的结构、取材、创意、科学原理等。

四、案例分析：造纸体验（废纸再生）

（一）活动主题

在漫长的历史时期，纸张是传播和保存人类文明信息的主要手段。哲学家的深邃思考，文学家的优美情思，政治家的机警智慧，科学家的辉煌发明，历史学家的严肃记录，大部分是靠纸张记载、保存的。构成现代文明重要组成部分的书籍、报刊、书信、簿记、票签、档案也大多是纸张的表演平台。造纸术是我国古代的四大发明之一，对于世界科学、文化的传播产生深刻的影响，对于社会的进步和发展起着重大的作用。

在科学乐园的造纸体验展区，小朋友们不但可以看到工作人员演示的造纸过程，而且可以和家长一起体验造纸的乐趣。

本活动的主题词为：造纸术，废纸再生，节约环保。

（二）活动内容

工作人员带领小朋友利用废纸的纸浆制作新的纸张，在动手参与的过程中，让小朋友体验到造纸工作的不易，告诉他们要养成节约用纸的好习惯，增强环保的意识。

（三）活动过程

1）工作人员介绍活动主题和内容。

2）让小朋友熟悉道具：纸浆、网板、海绵、压榨辊、操作台。

3）工作人员示范操作：可在拓印台上用铅笔拓印可爱的恐龙图像。

4）引导操作：引导小朋友自己动手，正确操作。

（四）具体步骤

1）造纸知识：先把废纸变为纸浆。纸浆是植物纤维与水的悬浮液。再把纸浆脱水变为纸张。脱水的过程就是造纸。①脱水使用四种方法：滤水、吸水、挤水、蒸发。②分别使用四种工具：网板、海绵、压榨辊、吹风机。③对应造纸四个步骤：抄纸、吸水、压榨、烘干。抄纸、吸水累计脱水量达 90% 以上，把纸浆变为湿纸；压榨、烘干就像洗衣服的拧干、晾晒，把湿纸变为纸张。

2）拓展知识：水印是在造纸过程中制作的。

每张钱上都有防伪水印，它是在造纸过程中制作的。当纸张成形之初，还含有一定水分时，改变纤维密度。密度高的阴影部分和密度低的透光部分组成水印图案。

（五）现代和古代造纸过程中涉及的知识点

东汉蔡伦发明纸张以及古代造纸的过程（适中）

造纸术的文化影响及传播途径（难）

纸的构成（适中）

现代造纸纸浆制作方法（难）

造纸与环境污染（适中）

纸的种类及用途（易）

废纸再生的作用（易）

水印的原理（适中）

新型纸的介绍（易）

纸在水浸湿干了后为什么会发皱（难）

（六）参与展项人群分析与活动脚本

本展项主要有小朋友独自参观和家长带领孩子参观两种模式。针对其理解能力高低可选择对应难度的知识点构成活动脚本。

可用到的展示图片（图 10-5—图 10-7）

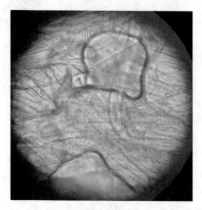

图 10-5　显微镜下的纸张，让小朋友了解纸的微观结构

图 10-6　用石头制纸的技术，原理就是将石头的主要成分碳酸钙研磨成超细微粒后吹塑成纸的

（七）效果评估

动手类项目的教育效果可以从知识、情感和价值观、行为改变等方面进行。比如，本案例中可以采取围绕项目设计的目标、内容、过程设计具体的指标体系加以综合评估。

图 10-7　造纸行业对环境的污染

一级指标可以包括知识掌握情况、情感和价值观、认识和行为改变等。每个一级指标可以依据项目具体要求设计二级指标，如有必要还可以设计三级指标等。关于指标设计和具体取舍，本书其他章节由相关的介绍。

知识指标可以设计不同的二级指标进一步考察，如对造纸材料的认识，对造纸历史的认识，对不同纸的用途的认识。每个指标也可以设计不同的等级刻度，如 1—5 级，或分数等级，进行掌握程度的区别。

关于知识维度的评估数据的获得，一般可以采用问卷或学习考试的方法。

第十一章
场馆科普展览教育效果评估

第一节　常设展览科普效果评估

一、基本概念

目前，世界上许多科技博物馆、科学中心，都把评估作为科技（博物）馆工作的重要组成部分。但是，这些评估中，真正对科技馆的展览效果进行评估的只占一部分，而且主要是针对展品设计、开发（进行过程评估）、展览规划（进行战略评估）、观众调查、教育效果（进行效果评估），从观众反应的角度进行评估。在国内，很少进行科技馆评估。

随着市场经济体制改革的逐步深入，事业单位体制改革逐步提上日程。对科技馆及其类似的公益事业进行评估也势在必行。这一方面是由于提高财政资金和社会资金使用效率的需要，另一方面也是科技馆自身发展的要求。社会公益事业运营的效果如何，即能否给人们带来获益以及获益大小，是否有利于社会的长期利益，将成为资金流向的主要方向标。怎样衡量此类事业的效果、如何进行评价等，也就成为此类事业发展的重要问题。

---

* 本章内容以科技馆作为案例，对其他类型的场馆科普同样运用。

因此，对科技馆进行科学评估，也就成为科技馆进一步发展和提高运营效率的重要组成部分。

（一）什么是常设展览

常设展览指科普场馆中面向公众开展的长期科普教育形式。一般来说，常设展览是所在科普场馆的"脸面"和品牌，具有与其他场馆不同的、显示本馆特色的展品和展项，呈现出所在场馆的基本特征。比如，某地区动物园主要以其所具有的特色动物来显示其招牌，植物园则呈现出不同地区的典型品种来显示区别，科技馆也一样。不同地区、不同规模的科技馆，应该呈现出其不同的特点。这些代表场馆特点的展览，应该在常设展览中显示出来。

（二）常设展览的特点

场馆的常设展览是场馆的标志和拳头产品，具有鲜明的特点：①具有专业性。不同领域的场馆展示的产品不同，呈现出场馆所代表领域的专业性。比如，地质馆主要展示地学专业的相关内容，如地质构造、变化历史、矿石演变，不同矿石的特征和知识等。②具有长期性。即常设展览一般会是长期展览，延续数年，有的场馆甚至于只有常设展览，最多只是变换部分展品展项。③具有地域性。有的场馆展览主要反映地方物产，或者学校学科特点，与所在地区的资源相适应。如一些动植物园、昆虫馆、水族馆，高校校史馆、学科史馆等。④具有历史性。由于常设展览是场馆的标志和拳头产品，除了展示学科、地域特点以外，还将结合所在场馆的历史甚至学科的历史进行展示，有的馆甚至本身就是历史陈列馆，只不过偏向科技发展；一些技术性强的企业、专业强的高校就是如此，如汽车博物馆、铁路博物馆、医学馆等，通过展示其发展历史对公众开展科普教育。

二、常设展览科普教育效果评估

实际上，常设展览的评估在一定程度上是对场馆的综合性评估，依据评估用途不同，可以采取不同的方式，甚至有所侧重，比如设计不同的指标加以反映。由于常设展览是场馆的品牌，其评估的结果可能对于场馆的发展都会产生一定的影响。

（一）评估方法

通常，常设展览的科普教育效果评估采用指标体系综合评估方法。这是因为，场馆的常设展览不同于一些临时展览或教育项目，纯粹是为了结合某些特定人群在开展临时的、短期的科普教育，只要测量某个项目的效果和影响就行了。常设展览通常还要考虑场馆的长期影响，比如对于学科发展、对于宣传学科重要性、对于社会影响，甚至对于保持在某个领域的先进性、影响性等。因此，在评估过程中，通常也要依据需要设计不同维度的指标，构成指标体系，进行综合评价。

（二）评估指标体系的构成及设计

对场馆的常设展览效果的评估，既要考虑对场馆的功能定位，也要考虑到展览教育理念上的新变化，体现国际上对场馆功能认识的发展变化，考虑常设展览对于公众的影响目标。对科技馆等科普场馆常设展览效果的评估应从以下几个方面来考虑指标体系设计。

1. 评估指标设计的原则

确定评估指标所依据的原则：①指标要反映某个方面的功能；②该指标数据的可获得性，即通过一定的方法能够获得评估所需要的数据；③数据获得的经济性，即在评估经费许可的情况下能够获得需要的数据；④可比性，即不同的馆之间可以进行比较。

2. 常设展览评估的维度

功能和作用是效果产生的基础。因此，在效果评估指标设计上，应该围绕常设展览所具有的功能或所起到的作用来加以考虑。常设展览具有教育、吸引、影响公众的作用。因此，在指标设计上，也需要从这几个方面加以考虑。

教育效果是针对常设科普展览的主要功能进行的评估，是功能指标。它检验的是场馆最基本功能的实现程度和效果，这是整个评估指标体系的主体。科普教育是场馆常设展览最重要和主要的任务，如果其科普教育效果很好，就基本上完成了目标和任务。教育效果测评的是场馆的工作能力和工作效果。

服务效果反映的是常设科普展览的管理水平和展厅服务的优劣，在一定程度上影响对观众的吸引力，从而会间接地影响其效果，因而是实现场馆教育效果（目标和任务）的基础和保证。但从评估的角度看，它是间接指标。

　　社会效果反映的是场馆对社会公众所起的作用和产生的影响，体现为社会公众对场馆的认同程度，一般通过公众调查来获得数据，并通过综合评分的方法进行评估。在国际上，这种社会影响评估是社会评估领域的重要内容，具有较强的综合性。

　　通过以上几个方面的考虑，本节初步设计了场馆常设展览科普效果评估的指标体系。

3. 指标体系和指标解释

　　具体的评估指标体系见表 11-1，评估指标体系说明见表 11-2。

表 11-1　评估指标体系

名称	一级指标	二级指标	三级指标
常设科普展览效果	教育功能（功能指标）	综合收获	展览收获
			重复参观率
			展品或知识的保持力
			展览的影响力
		教育内容	展览内容的知识性与科学性
			展览内容的丰富性
			展品的易懂性
			展品的吸引力
		教育过程	展品质量/运行状况
			展品的可参与性
			展品操作简便性
			非团体参观率
	服务功能（管理指标）	展览环境	展览布局的合理性
			展览照明的合适度
			展览/展厅安全性
		休息环境	展厅及其他空间的整洁度
			休息处的方便度

续表

名称	一级指标	二级指标	三级指标
常设科普展览效果	服务功能（管理指标）	服务水准	服务态度
			服务能力
			投诉、意见和建议管理
	社会影响（影响指标）	知名度	名称知晓率
			功能认同率
			参观比例
		认可度	休闲活动选择率
			科普设施选取率
			科技知识来源选中率

表 11-2 评估指标体系说明

评估指标	指标说明
展览收获	指参观后的感受和在哪些方面有特别的收获
重复参观率	指观众来馆的次数及今后是否还打算来
展品或知识的保持力	指参观一段时间，通常为 2 个月以后对某方面、某个展品的记忆
展览的影响力	指参观某个展览后产生的特别的想法和冲动
展览内容的知识性与科学性	指观众结合自己已有知识对展览的评价
展览内容的丰富性	指观众对展览信息量的评价或与其他展览的比较
展品的易懂性	指观众对展览内容的理解程度
展品的吸引力	指观众在（某个）展品上或整个展览中停留的时间
展品质量 / 运行状况	指展品的完好率
展品的可参与性	指观众能否参与展览中的互动展品
展品操作简便性	指动手展品的操作难度
非团体参观率	指散客与全部观众的比率
展览布局的合理性	指展厅布置是否让人感到舒适
展览照明的合适度	指光线是不是太暗或太亮
展览 / 展厅安全性	指观众是否会害怕不安全而不敢参与或在操作过程中是否有损伤

续表

评估指标	指标说明
展厅及其他空间的整洁度	指展厅或展品的清洁卫生情况
休息处的方便度	指观众是否有足够的地方进行休息
服务态度	指展览工作人员对待观众的态度、友好情况
服务能力	指观众遇到问题是否能够及时得到解决
投诉、意见和建议管理	指管理人员对观众意见的态度
名称知晓率	指展览在社会上被知晓的情况
功能认同率	指社会公众对展览的作用和功能的认识
参观比例	指参观人员与当地居民的比率
休闲活动选择率	指观众把场馆作为休闲场所的人与全部观众的比率
科普设施选取率	指观众选择场馆作为参观场所的比率
科技知识来源选中率	指观众把场馆作为科技知识、信息来源场所的选中率

该评估体系不考虑国家投入的资源（资金）以及它的收益，主要是考核科技馆办的常设展览工作在多大程度上满足了观众的需求与要求，以及科技馆在社会上产生的影响。（注：关于国家投入部分在具体的评估中通过定性分析加以体现）

4. 常设科普展览评估指标体系权重的确定

由于构成评估指标体系的不同维度指标，在常设展览或场馆科普中所起的作用程度是不同的。在实际评估过程中，需要通过赋予不同的权重来反映，这样，总体的效果就是不同权数的指标所构成的综合评估结果。权重的确定可以采用专家咨询和层次分析相结合的方法。

专家在同一层次上根据相对重要性等级表，列出两两比较矩阵，最后按照各位专家的打分结果计算出最终的权重。相对重要性等级表见表 11-3，确定权重实例见表 11-4。

表 11-3　相对重要性等级表

相对重要程度	定　义	说　明
1	同等重要	两者对所属测评目标贡献相等
3	略为重要	一个比另一个对所属测评目标贡献稍为大一点
5	重要	一个比另一个对所属测评目标贡献较大
7	高度重要	一个比另一个对所属测评目标贡献非常大，优势已明显表现出来
9	绝对重要	一个比另一个对所属测评目标贡献特别大，程度可以断言为最高
2，4，6，8	以上两相邻程度中间值	需要折中时采用

表 11-4　确定权重实例

项　目	教育效果	服务效果	社会影响效果
教育效果	1	1/7	1/4
服务效果		1	3
社会影响效果			1

说明：

◇ 对角线上都为 1，表明各项自己与自己比同等重要；矩阵中下半部分不需要填写，它与上半部分的值是倒数关系。

◇ 填分值时是列比行的值，即上栏内容与左栏内容重要性的比较。

◇ 表中数字"1/7"说明，服务效果与教育效果相比，服务效果没有教育效果重要，教育效果比服务效果高度重要，其重要性已明显表现出来。

◇ 表中数字"1/4"说明，社会影响效果没有教育效果重要，教育效果比社会影响效果重要的程度介于略为重要与重要之间。

◇ 表中数字"3"说明，社会影响效果比服务效果略为重要。

例如，在 2005 年对科技馆常设展览进行评估时，就通过以上方法，计算得到各层次指标的权重分配，见表 11-5。

表 11-5　各层次指标的权重分配

项目名称	一级指标概览		二级指标概览		三级指标概览	
	一级指标	权重	二级指标	权重	三级指标	权重
常设科普展览效果	教育功能	0.60	综合收获	0.36	展览收获	0.38
					重复参观率	0.22
					展品或知识的保持力	0.16
					展览的影响力	0.24
			教育内容	0.27	展览内容的知识性与科学性	0.39
					展览内容的丰富性	0.19
					展品的易懂性	0.19
					展品的吸引力	0.23
			教育过程	0.37	展品质量 / 运行状况	0.36
					展品的参与性	0.26
					展品操作简便性	0.19
					非团体参观率	0.19
	服务功能	0.14	展览环境	0.51	展览布局的合理性	0.48
					展览照明的合适度	0.15
					展览 / 展厅安全性	0.37
			休息环境	0.15	展厅及其他空间的整洁度	0.62
					休息处的方便度	0.38
			服务水准	0.34	服务态度	0.42
					服务能力	0.39
					投诉、意见和建议管理	0.19
	社会影响	0.26	知名度	0.46	名称知晓率	0.37
					功能认同率	0.26
					参观比例	0.37
			认可度	0.54	休闲活动选择率	0.25
					科普设施选取率	0.36
					科技知识来源选中率	0.39

（三）数据收集

依据评估的指标构成，不同指标需要采用不同的方法获得数据。大多数情况下，数据来源可以通过统计年鉴、项目文档、焦点小组访谈以及调查问卷等方法获得。如果针对具体的展览，一般可以采取问卷调查的方法收集数据。如果考虑场馆的整体效果，通常需要从观众、公众、专家、管理者等不同层面展开调查。

1. 观众调查

观众调查采取问卷的方式，由两个部分组成，即参观当天的调查和两个月之后的跟踪调查。参观当天的调查分为参观前调查与参观后调查。参观前调查着重了解观众参观的目的、对场馆的认知等情况；参观后调查注重观众参观展览后的总体感受，特别是对展品、展厅和服务的看法，除此之外还记录了观众的人口统计学特征。

跟踪调查是在该观众参观完科技馆两个月之后进行的，主要了解观众在参观科技馆之后，是否还记得展览的某些知识或展品，参观展览对其是否产生积极的影响。

2. 公众调查

科普场馆的社会影响主要是通过公众对它的认识来体现的。调查选取科技馆所在城市的部分公众作为调查对象，重点了解他们对科技馆的功能、作用、知名度等的认识，个人活动的选择等。

3. 场馆调查

主要了解各科技馆的基本情况，主要目的是收集科技馆的基础数据。不同科技馆的建馆时间、参观人数等有很大差异，通过调查借以分析和掌握各馆基本情况，便于对各馆科普效果进行综合评估。

实际调查时在各科技馆展厅门口随机抽取观众，根据上述原则大体上照顾到以上比例，此比例并非严格的比例，只需大体上遵守，以保证观众的覆盖面；团体观众要求每个团体最多调查 2 人；团体观众和散客的比例不作规定，依实际情况进行随机调查。

（四）评估过程和结果分析

通常采用综合评分法计算被调查场馆的科普效果情况，计算模型如下：

$$\mathrm{ID}_{kp} = \sum_{i=1}^{n}(\sum_{j=1}^{m}K_{ij}W_{ij}) \cdot W_i$$

式中，ID_{kp} 为各科技馆的科普效果总指数，n 为分类指数，m 表示第 i 类指标的次级指标个数，K_{ij} 表示第 i 类指标的第 j 个指标的标准化后的数值，W_{ij} 为第 i 类指标的第 j 个指标的权重，W_i 为 i 类指标的权重。

三、反映场馆科普展览效果的常用指标

由于常设展览具有周期长、受众广、突出场馆特色等特点，常设科普展览效果衡量除了考察展出内容本身所产生的效果外，还要考察其社会影响和服务效果，这方面的指标主要有以下几项。

1. 展厅利用率

展厅利用率是指各馆单位展厅面积的年接待观众量。科普场馆的常设科普展厅年接待观众量如果过少，说明该馆的展厅利用率过低，资源利用率和社会经济效益都不好，在一定程度上说明该场馆的管理和运营水平都不太好。当然如果展厅利用率过高也不好，观众参观过于拥挤，达不到学习的目的，这也是不可取的。经验表明，场馆展厅的利用率在 30—70 人 / 平方米为宜。

展厅利用率很容易获得，把每年观众数与展厅面积相除就可得到这个数据。例如，2005 年科技馆情况的调查分析得到的各馆展厅利用率。其中，中国科技馆为 44.76 人 / 平方米，佛山科学馆为 41.75 人 / 平方米，郑州科技馆为 36.38 人 / 平方米，沈阳科学宫为 22.5 人 / 平方米，嘉兴科技馆为 20 人 / 平方米。可见，从展厅利用率看，沈阳科学宫和嘉兴科技馆低于 30 人 / 平方米，说明利用率较低，未能充分发挥科技馆的基本作用。

当然，关于各馆常设展览的人数统计上可能会有一些不同，比如有的馆可能没计入免票的观众，有的可能与临时展览算在一起，其数据不太准确。因此，在数据收集过程中，一般要明确指明各指标的含义，常设展览展厅利用率就不应该包括其他展览的参观人数，同样，也不能把其他展厅的面积一起加总

来计算常设展厅的利用率。

2. 功能发挥效率

功能发挥效率是指单位展品的观众停留时间。一般来讲，如果展览比较吸引人，观众就会花较长的时间去"研究"它；如果展览足够丰富，观众就会在展厅中多停留一些时间以不虚此行。反之，如果展览无趣味，观众自然不会待太久；如果展览内容太少，观众看一会儿就没有可看的了，也不会停留过长时间。

当然，这个指标只能作为衡量展品、展项功能的参考指标，不能以这个数据完全反映展览的吸引力或展览功能的效率。因为，一方面观众的参观时间可能有限制，比如团体，无论展览多么精彩，他们也不可能任意延长参观时间；另一方面，如果一个展览能够吸引观众重复参观，尽管每次参观时间并不是很长，同样说明展览具有吸引力。因此，任何一个指标或数据都只是从一个侧面去说明问题，要想比较真实地反映客观情况，需要把各种指标综合考虑。比如，在2005年进行科技馆常设展览科普效果评估的时候，结果表明中国科技馆的单位展品观众停留的时间是最少的，这个结果就完全有可能是因为中国科技馆的展品多，参观的人数多，不能在展品面前停留过多时间。

3. 运营资金使用效率

运营资金使用效率是指每万元国家财政拨款接待多少名观众。在某种意义上，国家拨款少，但接待的观众却很多，说明这个场馆的运营和管理效率较高，用最少的成本办最多的事。当然，科技馆属于社会公益性事业单位，需要国家的大力支持与扶持，但这不等于说国家的投入就可以任意花费，就可以不讲求资金的使用效率。本着为纳税人服务的宗旨，应提倡研究如何充分合理地使用财政投入，使社会公益性活动办得更好、更贴近大众。

常设展览科普效果评估是科普场馆的主要内容，既要考虑其宏观的效果，也要考虑展览内容的教育和学习效果，也就是观众通过参观展览所获得的受益情况，包括知识、态度、情感和价值观等。研究和评估实践表明，常设科普展览的效果包括教育效果、服务效果和社会影响等主要方面。通过这些方面的评估，既可以了解场馆的运营效果和存在问题，也可以发现具体展出内容的教育效果，及时了解观众的意见，在展出内容、服务水平等方面进行改善，以提高总体效果。

第二节　专题展览效果评估

我国各类场馆每年举行大量的科普展教活动。据不完全统计，仅专业科普场馆（科技馆、动植物馆、水族馆、海洋馆、天文馆等）就有上千座，且有各类的科普（教育）基地约 4 万个。这些基地和场馆每年都要配合科普日、科技周举办专题性的科普展览。对这类专题展进行评估，既是场馆管理的重要内容，也是场馆工作的难题。本节依据笔者多年的评估经验，结合国内外的相关研究，对场馆科普的专题展览效果评估进行介绍，以供参考。

一、场馆科普专题展览概述

（一）专题展览的概念

1. 基本概念

专题展览也叫临时展览，指科普场馆针对不同时期的社会需求热点、科技前沿问题、场馆专业领域的突出内容，设计开发内容比较集中的展览。例如：纳米科技展、航空展、创新成果展等。

2. 专题展的特点

主题突出：一般专题展具有鲜明的主题，期望通过展览在短期内强化公众对主题内容的认知，以调动资源、解决面临的问题，或加强主题领域的工作。比如垃圾分类、光伏产品、科普产业等。

周期举办：有些专题展会在不同的阶段定期举办，以不断强调、宣传、推广专业领域的知识、理念、新进展和前沿问题。比如：每年的各种节日、节事所举办的专题展览活动，地球日举办的水展览、地震、安全、环保等展览。

展出时间短：与常设展览不同，专题展览一般在一段时间内举行，短的几天，长的可维持几个月甚至几年。

可移动：很多专题展可以通过巡展的方式扩大受众面，也可以集中不同场馆的优势共同开发展览，尤其是一些"大问题"，如全球变暖、进化历史、转基因、碳循环等。

（二）专题展览的性质和功能

1.专题展览的性质

专题展览具有较强的针对性、时效性、专业性、前沿性。所谓针对性指针对社会公众关注的热点科技问题，或者需要公众广泛理解和支持的科技领域，开展主题突出的宣传教育活动。比如气候变化、转基因、纳米等热点问题，结合社会需求调查，设计开发具体的展教活动或开展专题展览，达到宣传教育的目的。所谓时效性，指针对某个突发事件举办的专题教育活动，比如结合日本福岛核事故，开发关于核安全的展览教育。所谓专业性指这类展览的专题突出、专业性较强，因而需要专业的组织结合展览专家进行设计开发。所谓前沿性指有些专题展览是针对科技发展本身的进程、科技发展可能产生的福祉和存在的风险等举办的，具有说明性和前瞻性。

2.专题科普展览的功能

如前所述，专题科普展览具有针对性、时效性、专业性、前沿性等性质，与之相适应的具有展示、宣传、教育、普及等功能，可以及时向公众解释科技发展可能带来的对生产生活的影响，一般来说具有较强的需求，因而可以产生意想不到的效果。对于这类专题展览可以运用市场机制进行运作，发展相关的产业，实现可持续发展。

二、评估方法

专题展览不像常设展览那样，展厅一旦建设完成，展览的内容和形式也就基本确定，而且在较长时间内不变。因此，在展览开发过程中以及展出以后，会用到不同的评估形式和评估技术，如前端评估确定展出内容、形式、教育目的、主要群体对象等；展览开发过程中，依据需要进行展品的定型评估，展览的形成性评估等；在展出以后，需要进行总结性评估、效果评估和影响评估。

具体的评估方法在本书相应章节中有较为详细的介绍，本节通过具体的案例分析，也可以大致了解专题展览评估的基本程序和内容。

三、案例分析

"星球大战：当科学与幻想相遇"巡展评估

一、评估对象

该巡展是由 NSF 资助，是美国波士顿科学博物馆（MOS）联合卢卡斯影业（Lucasfilm Ltd.《星球大战》系列电影制作公司）及科学博物馆展览协作组织（SMEC）合作完成的。该展品涉及的科学内涵包括空间旅行、机械臂、机器人、悬浮技术等，主要展示手段包括多媒体、模拟体验、交互式体验、PDA 视频 / 语音 / 图像导览设备等。

二、评估主体

该巡展的评估工作主要是由第三方提斯代尔咨询公司（Tisdal Consulting）完成，但两个评估开展的场馆，波士顿科学博物馆和哥伦布市科学与工业中心的部门均为评估提供了协助。

三、评估方法

具体来说，"星球大战：当科学与幻想相遇"巡展效果评估主要采用了定性和定量相结合的综合性评估办法，包括：跟踪与计时研究法、展览出口结构化调查、观察法、深度访谈法。设计的评估工具有包含 21 个问题的评估框架、以展区平面图为蓝本的跟踪和计时工具、引导访问员在展览出口进行结构化问卷调查的脚本、团体深度访谈设计、易用性观察和不同性别与年龄的儿童主题绘画等。儿童主题绘画是本次评估的亮点之一，问卷调查或访谈时，与儿童沟通获得有效的信息存在一定的困难，但是利用这一方法，可以加强访问员与儿童之间的联系，深入了解不同年龄和性别的儿童最关注展览哪些部分，另外，儿童可以通过绘图来表达参观的收获。

四、评估内容

1. 展览的观众评估：①观众对星球大战系列电影的热爱程度，包括漠不关心者、探索者、冒险者和狂热者；②观众原有的科学知识储备和对科学的兴趣程度；③观众在参观中承担的社会角色，包括陪同参观者、团队负责人、学习向导和以自己参观体验为首要目的的观众；④对展览的不同期待程度；⑤评估方按观众来源（距离展览的远近程度）筛选了三组典型家庭观众进行了观察和访谈；⑥残障人士的参观体验。

2. 观察评估：①利用跟踪与计时研究法，可以比较相同规模展览的被参观程度；②评估特定展项的吸引力和持续力；③调查参观体验中的参观路线、等待时间、与工作人员的互动和动手展项的使用情况。

3. 满意度评估

4. 展览效果评估：根据 NSF 框架五个维度变化指标进行评估，包括知识、兴趣、态度、行为和技能。

五、评估目标

巡展的整体目标为"利用《星球大战》系列电影的成功、流行和想象力来吸引观众，让他们投身于展览之中，以达成新的技术素养目标"。即通过评估，也为该巡展的开发设计团队、科学博物馆展览协作组织以及出资方提供充足的信息，进而可以判断该展览是否达到了预期的结果。

第三节　流动科普展览评估

流动科普展览是流动科普设施承载展品，依据需求运送到承展地区、单位所开展的科普教育活动。流动科普设施是"通过定制的运输工具与车载设备、展品、影视、活动项目等科普资源，为社会开展流动式科普服务的公益性基础设施的总称"。流动科普展览主要面向边远地区、少数民族、贫困地区开展科普教育的送货上门服务。

一、流动科普设施及展览简介

2010 年以来，中国科学技术馆把流动科普设施作为现代科技馆体系的重要组成部分，以"中国流动科技馆"和"科普大篷车"的方式，设计开发流动科普展览，并负责流动科普设施的运行管理工作。从服务效果看，社会效益显著，满足了边远地区儿童对科学技术知识的需求，解决了部分科普的不平衡不充分问题。

（一）中国流动科技馆

中国流动科技馆项目始于 2010 年 6 月，由中国科学技术馆负责项目的组织实施。

中国流动科技馆项目以"广覆盖、系列化、可持续"为指导，以"参与、互动、体验"为教育理念，以经过模块化设计后的科技馆展品和活动为载体，以巡回展出的方式，将展览资源送到尚未建立科技馆的地区，为公众特别是青少年提供免费的科学教育服务。该项目在一定程度上解决了中国基层科普设施不足和科普资源配置不足的问题，有利于加快科学知识及科学观念在边远地区、贫困地区的传播速度和覆盖广度，促进公民科学素质薄弱地区的公众科学素质的提高，实现科普资源的公平普惠。

据中国科技馆介绍，2011 年中国流动科技馆项目巡展启动，在山东、四川、贵州、云南、陕西、甘肃、青海、宁夏、新疆 9 省（自治区）试点运营，社会反响热烈。2013 年，该项目在国家财政部正式立项，每年持续投入经费近亿元，此后中国流动科技馆项目发展迅速。

截至 2016 年年底，中国流动科技馆项目共面向全国配发展览 230 套，项目投入经费累计达 3.9 亿元；东部地区自主研发展览 65 套，投入经费 7500 万元。全国流动科技馆共巡展 1747 站，累计受益观众约 6757 万人次，超额完成财政部立项时提出的 4 年完成"开发 192 套展览、巡展 1500 个县、受益观众5000 万人次"的任务指标。其中，中小学生参观比例占 90% 以上，受到全国各地观众的欢迎和喜爱。

中国流动科技馆的内容包括科普展览和科普影视两个部分。

科普展览以"体验科学"为主题，分为"科学探索""科学生活"和"科学实践"三大展区，包含"声光体验""电磁探秘""运动旋律""数学魅力""健康生活""安全生活"和"数字生活"7 个主题共 60 余件互动体验型展品，涉及多学科多领域。

"科学探索"展区展示声、光、电磁等基础科学的相关内容，让公众在互动体验中，学习科学知识，感受科学探索过程的快乐，提升对科学的兴趣；"科学生活"展区展示生命科学、食品、交通等与公众生活息息相关的内容，引导公众形成科学的生活方式，树立科学的思想观念；"科学实践"展区展示智能机器人、3D 打印技术等科技热点和科技前沿领域，并配套开展丰富多彩的科学实验活动，给公众带来前所未有的新奇体验。

科普影视区设置有充气式移动球幕影院，以新颖的展示内容和手段，带给公众强烈的感官冲击和观影体验。围绕公众感兴趣的、难得一见的科普题材和场景、结合宣传中国科技事业成就的宗旨进行选题，自行开发并拍摄了《恐龙灭绝之谜》《深海探秘》《探月圆梦》《汽车智造》《探秘核电站》《蛟龙探海》《超导磁悬浮》等影片，面向广大偏远地区的公众播放，让他们在学习知识、开阔眼界的同时，了解中国在科技领域取得的巨大成就，激发强烈的民族自信心和自豪感。充气式球幕影院可根据需求随时收放，便于运输，具有很好的流动性和灵活性，很好地丰富了当地公众的科学文化生活。

中国流动科技馆每套展览展示面积 800 平方米，配套不同专题的科普教育活动，每套展览每年在 4 个站点展出，每个站点展出两个月左右。流动科技馆以投入小、效益大的科普传播模式，极大丰富了中西部地区科普展教资源，提高了科普资源的利用率，有效带动了地方科普工作的开展，对中国基层科普事业的发展起到积极的推动作用。

（二）科普大篷车

2000 年，中国科学技术协会根据中国基层科普工作的需要，针对基层科普基础设施短缺的问题，在国家财政的支持下，开始研制和配发科普大篷车。截至 2016 年年底，已成功研制 4 种车型，共向全国各省、自治区、直辖市配发了 1345 辆科普大篷车。

科普大篷车为流动科普设施重要组成部分。科普大篷车具备机动灵活的特点，被称为"科普轻骑兵"，以其突破"科普最后一公里"的特殊优势，在基层科普，尤其是农村科普工作中发挥着不可替代的作用，极大地满足了基层公众的科普需求，在全国科普日、全国科技周、"三下乡"等重大科普活动中发挥了重要作用，有力推动了基层科普尤其是农村科普工作的开展。截至 2016 年年底，科普大篷车累计行驶里程 3098.5 万千米，开展活动 17 万次，受益 1.96 亿人次。

目前，科普大篷车配发以Ⅱ型和Ⅳ型为主。Ⅱ型科普大篷车具备科普展品展示、广播宣传、多媒体教学、现场咨询、科普资料的发放、科普影视资料的播放等多种功能。该车车身长7米，包含25件独立箱体展品，内容以基础科学、高新技术和健康生活为主，能搭载5名工作人员面向基层公众开展科普服务。

Ⅳ型科普大篷车与Ⅱ型科普大篷车相比，展品更加小型化，面向最基层的乡镇农村的公众开展科普服务。该车车身长4.5米，装载24件壁挂式箱体展品，内容不仅包括基础科学、生命健康和前沿科技类展项，还专门针对农村科普配套了影视、图书等资源，能搭载3名工作人员面向基层公众开展科普服务。

二、流动科普展览效果评估

（一）评估要素及指标

1. 流动科普设施展览的组成要素

流动科普展览除了需要通过专业运输将组合展品运送到承展地区外，还需要有专业的科普人才队伍实施或举办展览。他们大多是复合型人才，既要能把展品按照一定主题进行布局、展示，也要能够依据不同地区观众的要求进行调整展教内容，还要操作一些电子产品，对展览进行解说或演示。所以，严格意义上看，实施流动科普展的队伍应该有更高素质。科普人才也就成为成功实施流动科普展览的首要因素。其次，展品的耐用性、互动性、可移动性是展览成功举办的保证，否则，即使展品运到了目的地，却不能使用，也就难以成功举办，由此而失去展览的意义。

2. 流动科普展览的主要指标

流动科普展览与场馆科普没有本质的区别，但相对来说流动科普展览可能要求更高，实施效果也更好。从评估角度看，流动科普的受众对科技知识的渴望程度高，具有主动接受科普教育的动力，能够激发其好奇心和对科技的兴趣。影响流动科普展览效果的因素也是评估的主要维度或指标。所以，流动科普效果的指标可以包括以下三方面。

1）教育效果：包括受众的知识、思维启迪、情感和价值观、态度改变。

2）服务效果：包括解释能力、展品维修能力、服务态度。

3）社会影响：公众的认同、社会反响、传播和辐射范围、媒体报道。

（二）流动科普展览评估方法

流动科技馆的科普展览效果评估与专题科普展览效果评估的方法并无二致。但从形成性评估看，流动科普展品的耐用性指标应该占有一定的权重；此外，由于流动科普展览在不同的地区所产生的效果，以及效果表现的方面没有太大区别，因此，在评估过程中，只要对某个地区的展览进行比较全面而正式的评估，对于其他地区的展览，只要统计观众数量，并适当采集样本数据即可。

对于大篷车为载体的流动科普展览，不仅要评估举办地单次巡展的效果，依据一系列的指标来考察其展出效果，还要考虑每辆车全年的出勤率、举办场次、观众数量，以及辐射带动情况等深层次的效果指标。

仍以"星球大战：当科学与幻想相遇"巡展效果评估为例，主要采用了定性和定量相结合的综合性评估办法，包括跟踪与计时研究法、结构化调查、观察法、深度访谈法等。设计的评估工具有包含相关问题的评估框架、现场的跟踪和计时工具、针对不同群体进行的结构化问卷调查、焦点小组访谈、易用性观察和不同性别与年龄的儿童关注主题等。儿童主题绘画是本次评估的亮点之一，问卷调查或访谈时，与儿童沟通获得有效的信息存在一定的困难，但是利用这一方法，可以加强访谈员与儿童之间的联系，深入了解不同年龄和性别的儿童最关注展览的哪些部分，另外，儿童可以通过绘图来表达参观后的收获。

（三）评估内容

1）评估展览的观众：①观众对展出内容的热爱程度，包括漠不关心者、探索者、冒险者和狂热者；②观众原有的科学知识储备和对科学的兴趣程度；③观众在参观中承担的社会角色，包括陪同参观者、团队负责人、学习指导和以自己参观体验为首要目的的观众；④对展览的不同期待程度；⑤评估方按观众来源（距离展览的远近程度）对观众进行观察和访谈；⑥特殊人群的参观体验。

2）评估不同地区的差别：①利用跟踪与计时研究法，可以比较相同规模展览的被参观程度；②评估特定展项的吸引力和持续力。前者是指观众停留在某一展项前的比例，后者是指观众参与到展项中的时间，可以用来确认观众是如何分配参观展览的时间；③调查参观体验中的参观路线、等待时间、与工作人员的互动和动手展项的使用情况。

3）评估满意度：有多少观众对展览感到满意，收获大。

4）评估展览效果：包括知识、兴趣、态度、行为和技能。

第十二章
科普场馆综合评估

场馆科普是科普的主要形式。顾名思义,场馆科普的主要场所就是科普场馆,科普场馆是科普事业的主要阵地。在实际科普工作中,除了需要对科普展教项目进行效果评估外,还需要对科普场馆的整体科普效果进行评估,并依据评估的信息,不断改进和提高项目质量和管理水平,从而提升科普场馆的整体教育效果。

第一节 科普场馆评估概述

科普场馆评估既可以组织机构评估,也可以对项目甚至工程评估。在评估实践中,通过指标体系,对组织机构、项目甚至工程进行综合评估,是常用而有效的方法。其中,确定评估维度和设计指标体系是核心环节。本节介绍指标体系设计的基本理论和方法。

一、指标的概念与功能

1. 指标的内涵和性质

指标是反映总体现象的特定概念和具体数值。任何指标都是从数量方面说明一定社会现象的某种属性或总体特征的,它的"语言"是数字。通过一个具体的统计指标，可以认识所研究现象的某一特征，说明一个简单的事实。如果把若干有联系的指标结合在一起，就可以从多方面认识和说明一个比较复杂现象的许多特征及其规律性。

由此可见，如要应用指标认识和说明所研究现象的特征，就必须把反映总体现象的特定概念（即指标名称）和具体数值（即指标数值）结合起来，也就是说，指标是由指标名称和指标数值构成的。指标名称表明所研究现象某一方面的特征及质的规定性，它表示一定的社会经济范畴。依据指标名称所反映的社会经济内容，通过科学方法获得的数据，就是指标数值。因此，任何指标都是质与量的统一。一般来说，指标具有如下性质。

（1）数量性

任何一种指标都是从数量方面来反映它要说明的对象。设计指标的目的就是要将复杂的社会经济现象变为可以度量、计算和比较的数字、数据和符号。指标对所反映对象的反映，有的是直接的，有的是间接的。在诸多反映社会经济现象的指标中，诸如人口数量（增长率）、人均收入、人均生活费用等就是直接反映所衡量对象的数量、规模、水平和程度的直接度量指标。而人均受教育年龄、义务教育普及情况等指标则是间接反映人口文化水平的指标。

（2）综合性

设计指标的另一目的，就是要通过它来反映社会、认识社会，来研究一些复杂的社会现象。比如，社会经济指标用于研究、揭示社会经济现象的规律性，科技指标用来反映科技投入、科技发展的状况等。科普效果指标就是反映科普工作的效果和水平的。具体说，社会经济指标是从数量方面对某一社会经济现象的整体规模和特征进行反映，而不是对单个现象的反映。比如，上海市1997年人均GDP为3000美元，是说明上海市1997年的经济发展状况，即GDP总额与人口数量之比，而GDP本身又有一系列的分指标构成；再如，恩格尔系数反映的是家庭收入中用于食品支出的比重，不仅可以间接反映人民生活水平状况，还可以反映消费支出的结构。科普效果指标中的科学素养，虽然内涵简单，代表公众的科学文化水平，但它是有一系列的具体指标组成的，反映公众对科学知识、科学方法、科学观念等的了解和掌握，是反映个人或群体科学素养水平高低的综合指标。

（3）替代性

指标并不是所反映对象本身，而是一个抽象的概念，只有对所反映对象有具体的了解，才能理解指标所反映的意义。同时，指标又是一个相对的概念，是相比较而存在的，离开比较的参照物，指标也不能显示其真正的价值。比如，社会经济指标就是某种社会经济现象、社会经济状态、社会经济活动的代表。科普效果指标同样只是通过对某种现象的衡量来反映科普的作用，反映科普工作与社会经济、科技、文化等之间的关系，从而相对地衡量科普工作的效果及表现。正如我们通常用居民人均收入、恩格尔系数、居民收入增长率等数量指标来反映和说明人们的生活质量状况，用科学素养、参加科普讲座人次、参加科普活动的人次等来反映科普的情况和效果。这些指标只是反映对象的替代物，比如反映生活质量的指标并不是生活质量本身。这种替代物之所以必要，是因为生活质量是一种复杂的抽象，其状况不能直接表现出来。此外，任何指标只能反映对象物的一个方面，而不是全部和整体，因此，需要用不同的指标、从不同的侧面来反映客观事物的性质，这样才能反映出客观事物的真实本质。

（4）具体性

指标虽然是对客观事物某种性质的抽象反映，但这种指标并非一般化和含糊不清的，而是对客观事物的本质抽象和具体表现。因而是明确的，是能够反映客观事物的一般规律的。因此，任何指标又是具体的，是具体和抽象的统一。比如，科普活动效果这个指标是抽象的，而参加科普讲座的人次则是具体的，科普活动的效果正是由参加科普活动的人次、参加科技展览的人次等具体指标反映的。但同样是科普讲座，不同的讲座、不同的人演讲、不同的人参加，其效果都会不同，但我们没有必要把他们的细微差别都区别开来，而是把性质相同的地方放映出来，这就需要抽象，参加的"人次"就是一种抽象的结果。可见，任何指标既是具体的，又是抽象的。

（5）历史性

指标的性质和内容随着所反映对象的环境变化而变化，因此是动态的。指标的真实性和准确性受到社会测度技术水平的限制，受到研究者自身认识水平的限制，受到社会经济环境的限制，因此，具有较强的历史性。在一定时期内能够正确反映事物本质的指标，在另一环境和时间就可能不能反映客观实际。由此可见，指标所反映的是一定历史阶段的事物性质，随着历史的发展，指标也需要进行相应的调整。比如，反映温饱阶段人民生活水平的指标与反映小康阶段人民生活水平的指标就不同。只有根据历史发展的阶段性需要来修正指标，才能使指标起到衡量社会经济发展情况，促进社会发展的作用。

2. 指标的功能

概括地说，场馆科普教育效果评估指标的功能就是反映科普这种社会活动的某些特征和功能，以及对社会产生的某种作用，它是衡量科普效果好坏、大小的尺度。此外，它还要对所研究的对象进行客观的描述、解释、监测、评价和预测。具体而言，场馆科普教育效果指标的功能主要有以下三方面。

（1）度量和评价的功能

指标作为一种度量尺度，首先要能够对事物进行度量。这就要求指标真实、客观、准确地反映客观事物的本质，而要做到这一点，就要对科普社会活动进行深入的研究，对科普的对象、方法、渠道、机制、组织等及其效果进行多方面的研究，这样，才能对事物进行准确地抽象，形成具体的指标，并对科普活动进行衡量。其次，指标作为评价的标准，要具有广泛的可比性，因为，只有可以比较的指标，才能对不同的行为主体进行评价、比较，并由此制订奖惩的规则，起到奖优罚劣的作用。

（2）描述和解释的功能

描述功能指的是对所研究的事物或社会现象进行客观的描述，如实反映各种现象的真实情况，主要说明"是什么"。例如，科普经济效果指标指各种科普活动对社会经济作用的效果总和，即科普具有多大的经济效益，这是判断科普的经济性质和特征的关键所在。

指标的解释功能是指对所研究的事物进行全面、深入的分析，不但要发现问题，而且要说明发生问题的原因，回答"为什么"。从科普效果指标的变化，可以反映科普工作中存在的问题和原因，这是发现问题和解决问题的重要方法。

（3）监测和预测的功能

指标犹如反映事物真实状况的仪表，它不但能度量、解释事物的功能和性质，而且具有检测事物发展和状况的功能。通过指标所反映的数字，可以监测科普活动的运行情况，及时发现问题，采取措施加以解决。因此，能够根据监测的结果，对科普活动进行宏观调控，调整投资方向，提供资金、政策、法规的支持。

与此同时，指标还具有预测的功能，即根据所掌握的资料，所反映出来的情况，在对过去和现在进行分析的基础上，探索所研究的各种社会现象如科普中的展览、展示、科普教育等的未来发展方向、变化规律，从而对未来的科普发展趋势进行预测，提前做出应对。

3. 指标的作用

既然指标是对所研究对象的本质概括和特征体现，那么，指标的首要功能就在于反映事物的真实状况和本质特征，通过指标数值的变化，衡量各种社会活动的结果、效率，发现问题，并及时加以解决。

具体到科普效果评价指标，它应该具有如下作用：

1）对各种科普活动的效果和影响加以度量、评价；

2）反映科普活动的历史变化和发展趋势，监测和预测其发展过程；

3）衡量科普活动在整个社会经济、文化发展过程中的地位和作用；

4）反映各地、各类科普活动的运行状况，并发现问题提出对策；

5）为科普政策的制定、科普规划、科普投入等提供理论和数据支持。

二、指标体系

1. 指标体系的性质

由于科普场馆评估具有综合性的特点，一般地说，单个指标不能反映科普场馆的实际情况，即使是某些综合性的单项指标，也是由一系列的个体指标组成，根据一定的理论体系组合成综合指标，以反映某一方面的综合性效果。因此，指标不是孤立存在的，它依赖指标体系并发挥具体的作用。讨论、研究指标的作用和功能、指标的相关理论问题，只有把它放在整个指标体系里加以考察才有意义。

从系统论的角度看，体系即是系统，含义是：一个由某种有规则的相互作用和相互依赖的关系统一起来的事物的总体或集合体；一种由发展或事物的相互作用的性质所形成的各部分的自然结合或组织；一个有机的整体，具备一般系统的性质和功能。指标体系就是由一系列相互联系、相互制约的指标组成的科学的、完整的总体。指标体系实质上是所反映系统的抽象，是一种数量反映。一般说来，指标体系具有如下特点。

（1）目的性

任何指标体系的设计都是为了一定的目的、一定社会经济需要服务的。缺乏明确的目的，就难以设计出科学合理的指标体系。比如，设计科普效果评估指标体系的目的，是为了对科普的各种效果进行全面的评价，是为了更有效地发挥科普在社会经济中的作用，同时，也是提高科普资源利用效率的有效手段。

（2）理论性

指标体系的设计都是以一定的理论观点作指导的。理论观点不同，设计指标的指导思想就会存在很大的差异，设计出来的指标体系也会存在很大的差异。任何指标体系的设计，不是有无理论指导的问题，也不是是否需要理论指导的问题。而是理论的观点是否科学、是否符合实际，理论观点是否明确的问题。因此，没有科学的理论指导，就不可能设计出好的指标体系。

（3）科学性

指标体系的设计应该符合客观实际、符合已被实践证明了的科学理论。例如，工业经济效益评价考核体系中的"资本保值增值率"和"资产负债率"这两项指标，就是根据国有企业实际情况设计的，如果是在改革开放之前，这种设计就不符合客观实际，因为那时将"资本"视为资本主义制度下的范畴，企业资产是国家的，不存在负债的问题。可见，不符合实际的、不符合科学理论的指标体系，设计再好也是不科学的，不能用以指导具体的实践活动。

（4）系统性

指标的设计应该使选用的所有指标形成一个具有层次性和内在联系的指标系统。有些大的研究课题，指标可分为许多层次。但不管有多少层次，各指标之间和各层次之间，都有内在的联系，是一个有机的整体，也就是具有系统性。

（5）可比性

进行科普效果评价的重要目的之一，是要促进科普工作的开展，提高科普工作的效率。而科普效果的好坏是通过比较才能得知的，否则无从论处。这种比较有两个方面的含义：一是横向比较，即不同地区、部门之间进行的比较，通过比较和相应的奖优罚劣的政策，鼓励先进，促进科普工作的开展和效率的提高；二是纵向比较，即同一地区、部门不同时间上的比较，以显示科普效果的历史变化。从中发扬优点，克服缺点，促进科普工作的开展。因此，可比性也是指标体系一个很重要的特点。

以上这些特点既是场馆科普效果评估指标体系的特点，也是任何指标体系所呈现的共同特点。对于科普系统来说，除了这些特点外，还有自身独特的特点，这个独特的特点是由科普系统和科普工作的特点决定的。由于科普工作具有群众性、经常性、公益性等，导致科普投入和产出出现广泛性和模糊性。广泛性指全社会都是科普的投入主体。我国《科普法》明确规定，全社会都有从事科普和接受科普的义务。而且，由于科普的主体与直接受体都是人，人是最活跃的因素，是生产力中的"第一"资源，因此，提高人的素质尤其使科学素质具有基础性和长远性的意义；随着社会经济科技的发展，科普工作日益重要，这是导致科普投入多元化和广泛性的社会经济基础。模糊性是指在投入上科普工作者难以精确地划分哪些资源是真正用于科普工作，哪些资源没有科普功能，而是许多资源交叉运用，共同发生作用的；在产出上很难分清哪些效果是由科普带来的，也难以分清哪些效果是属于哪个科普主体的功劳。正因为如此，任何科普效果指标体系的功能都是相对的，具有相对性和动态性。这是科普效果指标体系的特殊性所在。

2. 指标体系的种类

科普效果评估中也会涉及各种不同的指标，而根据评估的对象、目的等不同的需要，可以设计各种类型的指标体系。

从理论和科普实践来看，科普效果指标大致可以分为如下几类。

（1）规划性指标体系

这是为了达到科普工作的某种效果，而根据资源约束条件进行的规划、设计和安排。对于事业发展来说，有没有规划，规划是否合理，都直接影响到事业发展的快慢和效果，科普工作也不例外。

规划性指标体系建立的目的，是直接为政府提供信息和直接为政府决策服务，这种指标体系的优点很多，主要是方法简便，成本不高，实践性、应用性强，可是缺陷也不少。由于它一般是由政府规划的，因而，它通常会受到政策

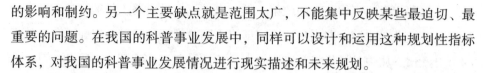

的影响和制约。另一个主要缺点就是范围太广，不能集中反映某些最迫切、最重要的问题。在我国的科普事业发展中，同样可以设计和运用这种规划性指标体系，对我国的科普事业发展情况进行现实描述和未来规划。

（2）综合评估指标体系

这种体系从一个总的或一系列的科普目标出发，逐级建立发展子目标，最终确定各项科普指标。其基本思路是根据科普功能设立一级指标，然后根据科普的各项活动内容设立二级、三级指标，同时考虑开展各项活动的基础资源、社会经济环境以及他们与科普之间的关系，设立相应的指标。

这种指标体系的思路，具有明显的内在逻辑一致性和价值取向，同时又克服了规划性指标体系的不足，既保证了所选取目标的科学性和准确性，易于操作而又节省费用。

（3）科普统计指标

这是根据科普评估、科普事业发展需要，根据科普工作的具体任务、职能，结合社会经济发展的状况和要求，国家政府对科普工作的规定、政策和要求，设立的反映科普系统运行状况和实际效果的指标体系。

在宏观上，要与社会主义经济的理论体系相适应，要与国家的发展战略相一致，如在目前阶段就要按照中共十九届四中全会关于国家治理体系和治理能力现代化的要求设立相应的指标。在微观上，要根据科普工作的任务、职能、功能、内容等设立一系列指标，以此反映科普工作的实际水平。

（4）科普项目评估指标体系

这是根据科普活动、科普项目的评估需要而建立的指标体系。这种指标体系具有较强的针对性，可根据具体项目的特点，通过调查研究，进行设计和设立，并可根据评估的实践而进行调整。

在大多数情况下，科普项目评估指标体系带有理论研究的性质。例如，一些研究人员和学者，根据他们所提出的理论和假说，将社会现象编制成指标体系，并用相应的理论来说明这些指标。

三、评估指标体系的设计

科普水平是可以用指标来量化的，选择能反映科普水平的主要指标组成指标体系作为衡量工具，既能从年度之间的动态比较中反映科普发展速度的快慢，效果的好坏，也能从静态的地区比较中反映各地区科普水平的高低，还能从各自系统的比较中反映不协调状况和薄弱环节，为决策者提供推进科普事业发展的科学依据。

1. 科普效果评估指标体系的设计原则

在制定科普效果评估指标体系时，要遵循以下基本原则。

（1）"以人为本"的总原则

选择指标体系要能体现科普事业的内涵，遵循"以人为本"的原则，突出以人为中心的科学技术普及。指标既要有代表性，又要有综合性；指标数量不宜过多，也不能太少，在20—30个；太少难以全面反映科普的真实效果，太多又会使评估工作烦琐，花费时间、精力过大。同时，指标要有可行性，大部分指标数据均要从现有统计指标中获得。为了使指标体系具有公正性和客观性，可采取经验选择和专家咨询相结合的方法（德尔菲法）确定各项指标。

（2）专家定权重原则

确定各项指标的权重，方法是采用德尔菲法或层次分析法，选择一定数量专家，进行咨询、投票，根据专家意见进行选择。选取多数专家赞同的权重作为指标的权重，并在实际评估中进行检验。

延伸阅读：层次分析法

层次分析法（AHP）是将决策与有关的元素分解成目标、准则、方案等层次，在此基础之上进行定性和定量分析的决策方法。该方法是美国运筹学家匹茨堡大学教授萨蒂于20世纪70年代初，在为美国国防部研究"根据各个工业部门对国家福利的贡献大小而进行电力分配"课题时，应用网络系统理论和多目标综合评价方法，提出的一种层次权重决策分析方法。这种方法的特点是在对复杂的决策问题的本质、影响因素及其内在关系等进行深入分析的基础上，利用较少的定量信息使决策的思维过程数学化，从而为多目标、多准则或无结构特性的复杂决策问题提供简便的决策方法。尤其适合于对决策结果难于直接准确计量的场合。层次分析法的步骤如下。

（1）通过对系统的深刻认识，确定该系统的总目标，弄清规划决策所涉及的范围、所要采取的措施方案和政策、实现目标的准则、策略和各种约束条件等，广泛地收集信息。

（2）建立一个多层次的递阶结构，按目标的不同、实现功能的差异，将系统分为几个等级层次。

（3）确定以上递阶结构中相邻层次元素间相关程度。通过构造比较判断矩阵及矩阵运算的数学方法，确定对于上一层次的某个元素而言，本层次中与其相关元素的重要性排序——相对权值。

（4）计算各层元素对系统目标的合成权重，进行总排序，以确定递阶结构中最底层各个元素的总目标中的重要程度。

（5）根据分析计算结果，考虑相应的决策。

层次分析法的整个过程体现了人的决策思维的基本特征，即分解、判断与综合，易学易用，而且定性与定量相结合，便于决策者之间彼此沟通，是一种十分有效的系统分析方法，广泛地应用在经济管理规划、能源开发利用与资源分析、城市产业规划、人才预测、交通运输、水资源分析利用等方面。

（3）可预测性

该指标体系不仅可以对科普效果的现状进行评估，可以进行横向（地区之间）和纵向（年份）的比较。而且，要对科普事业发展具有预测性和指导性，通过预测确定科普工作的中长期目标，制定相应的政策措施，确保目标顺利实现。比如，2010 年目标的确定。可根据 2000 年或 2001 年已达到的水平，与 1995 年（或近 10 年来）的发展情况相比较，求出近几年的增长速度，推算出今后 10 年的目标值；同时，结合我国地区差别大的国情，并体现科普事业的特点，根据需要和可能相结合的原则，确定目标，并制定相应的发展战略。

（4）经济性原则

经济性原则主要考虑数据的可获得性。对于定量评估来说，数据的可获得性是非常重要的，如果设计的指标数据难以获得，那么，再好的指标也无法用来进行具体的计算。数据的可获得性包括两个方面的含义，一是现有的定量技术、手段，通过努力可能获得数据；二是在现有的研究经费或经济条件下可以经济地获得数据。如果获得数据的成本太大，即使通过一些方法可以获得数据，也是得不偿失的。比如，为了获得某个数据而进行大规模的调查，且获得的数据不一定正确或用于科普效果评估所占的权重不大，则完全可以用近似的指标加以替代，或用其他数据进行拟合，而不必要去劳民伤财。因此，有时虽然根据现有的技术方法可以获得某项数据，但如果不符合经济性原则，也不能采用该指标。

（5）可比性原则

所谓可比性是指设计的指标具有明确、公认的内涵，而不能是只有某个民族、地区独有的经济、文化指标。当然，这种可比性也是有条件的，比如，国内的可比性和在国际上的可比性，两者所要求的有很大的不同。如果只是通过评估，在国内进行比较，以鼓励先进，激励各地对科普的投入，则只要在国内具有可比性就可以了；而如果为了衡量我国科普工作在国际上的水平，找出差距，寻求更大发展，还要具有国际上的可比性。

2. 评估指标体系的构成

根据中国科协现有统计资料，指标体系的框架分四部分。

（1）对科普的投入

由科普经费支出占 GDP 的比重、人均科普经费、科普经费中财政拨款比重组成，这些指标反映了社会和政府对科普事业的重视程度，每万人科普的机构和人员数则反映了组织建设情况。

（2）科普社会环境

主要指大环境，社会科教文化事业的发展对科普事业的发展有密切关系，是正相关的关系。指标体系由教育经费占 GDP 比重、科技经费或研究经费占GDP 比重、初中以上文化程度占总人口比重，传媒方面由国家信息化指数、每人拥有计算机、彩色电视机、电话、互联网数，电视人口覆盖率、每万人口报纸、杂志、图书出版数组成，并列出人均科普出版物的发行量。

（3）科普活动或项目

它是指科普的实践，通过科普机构组织各种科普活动，提高公众的科技知识。根据现有指标，由每万人口召开学术会议人次、科学考察人次、科普讲座人次、科普展览人次、青少年科技竞赛次数等指标组成。

（4）科普综合产出效果

由于统计资料的限制，不能用直接效果反映，只能从宏观指标反映科普的间接效果。公众科学素质的提高是从宏观面反映直接效果的，最好有历年和分地区的调查资料，其他效果指标是每万人被采纳建议、每万职工培训班培训人次、每万农村劳动力农村实用技术培训人次、农村科技脱贫率、每万人口获科技成果奖，每一科普机构拥有固定资产等。场馆科普效果评估指标体系可借鉴通用学习成果指标体系（表9-1）。

第二节　场馆科普效果综合评估

一、指标体系综合评估

根据前面介绍的理论和科普工作的特点，可以设计场馆科普效果评估的指标体系，用于科普场馆科普效果的宏观评价。这种指标体系综合评估法在具体运用时，要广泛征求专家意见，尤其是在各指标权重的确定上，更要采用多数专家的意见，以避免个人判断上的片面性，同时，也可以克服学科、专业方面的限制。

指标体系评估是定性与定量相结合的评估方法，它结合了定性评估和定量评估的优点，具有简便、实用、切合实际等优点。综合评估法中最常用的有综合评分法和综合指数法。

综合指数法的计算公式为：

$$EI（效果指数）=（\sum IW/\sum W）\times 100$$

式中，EI 为科普效果综合总指数，I 为各项指标的单项指数，W 为权数，$\sum$ 为加总符号，各项权数相加等于100%。

进一步地，为了把各项不同指标值加以区别，上式可以写成：

$$EI（效果指数）=（\sum I_i W_i/\sum W_i）\times 100$$

即效果总指数等于第 I 项指标的指数值乘以 I 项指标的权重，求和以后除以总权重。所得的值就是各场馆的科普效果指数。

二、科普效果评估数据的获取与处理办法

在进行科普效果评估时，需要大量的数据，以便对科普过程进行客观的评价，这样，数据的可获得性以及数据的科学性就直接影响评估的质量。因此，在进行科普效果评估时，需要认真选择相适合的数据获取与处理办法。

1. 抽样调查法

抽样调查是一种非全面调查，它是从调查对象中按随机原则抽取一部分单位构成样本，在对样本进行调查后，用样本的数据资料对调查对象即总体的数量特征做出估计推断，并且这种估计推断具有一定的精确性和可靠性，从而达到对全部研究对象的认识。

常用的抽样调查的类型按抽样的组织形式大致可分为简单随机抽样、类型抽样、等距抽样、整群抽样、多阶段抽样等。

知识拾遗：简单随机抽样

简单随机抽样又称纯随机抽样，即对总体不作任何处理，运用随机的原则直接从总体 N 中抽取 n 个样本单位，随机方法保证总体中每个单位都有相等的被抽中机会。简单随机抽样是抽样中最基本也是最单纯的方式，适用于均匀总体。即具有某种特征的单位均匀地分布于总体的各个部分，总体的各部分都是同分布的。在进行抽样调查之前应该先确定总体范围，并对总体的每个单位进行编号，形成明确的抽样框。

简单随机抽样是一种元素抽样，采用的是等概率抽样方法。这种抽样方法主要适用于总体单位数较少，对总体情况了解较少，或即使抽到的单位比较分散，也不影响调查研究工作的情况。

当用样本指标推断总体指标时，总会存在一定的误差。误差产生的原因主要有两个方面：①登记误差，即在调查过程中，由于主客观原因造成的登记上的差错引起的误差；②代表性误差，即样本单位的结构不足以代表总体特征造成的误差。代表性误差又有两种情况：一是由于违反抽样的随机原则，或在

抽样方案设计时造成的系统性误差。对于这种误差在进行抽样方案设计和组织抽样调查时，应采取措施预防其发生，或把它减少到最低程度。二是偶然性的代表性误差。样本是从总体中随机抽选的，不同的样本，计算指标也是不相同的，是一个随机变量，而总体参数是一个定值，当用不同的样本指标去估计同一个总体指标时，或者说用一个随机变量去估计某一个定值时，就会产生偶然性代表性误差，而这种误差在随机抽样调查时是不可避免的。抽样误差就是这样一种偶然性的代表性误差。

2. 访谈法

访谈调查法又称访问调查法，简称访谈法或访问法，指访谈者通过口头交谈的方式向被访谈者了解社会实际情况的一种调查方法。访谈法需要调查者深入实地直接感受社会实际情况，与观察法相比，访谈法的层次比观察法高、内容也更复杂，正确运用访谈法通常能获得更有价值的社会情况，调查的功效也大于其他实地调查法。在对科普效果进行评估时，有时一些大型的科普活动很难进行准确的评价，这就需要用访谈的方法，设计一定指标，现场访问受众接受科普以后的改变、反映或认识。因此，访谈法在科普活动评估中具有重要的作用。比如，在对农村科普进行评估时，很多情况下由于农民的文化程度、认识能力、理解能力有限，如果用一般的调查问卷的方法进行数据收集，就可能得不到准确的真实情况，而访谈法则可以根据农民的表述，由专业人员进行记录，往往容易得到准确的情况。通过与被调查者面对面的交谈访问，可以全面深入地了解被调查者自身的行为特征、经验知识、对社会经济变化反应，以及他们对所调查问题的态度和看法，有利于实地验证对所调查问题的外在观察和推测。将访谈法与其他社会调查方法有机地结合使用，可以使整个社会调查工作取得满意的结果。

访谈法是一种特殊的人际沟通方式，是了解一定调查对象过去与现在的经历或动机与看法的科学调查方法，它与日常人们之间的交谈有许多不同之处。访谈调查有明确的目的、预定的计划和确定的交谈主题；往往还辅以一定的工具或手段，如调查表、录音机等；访谈者之间也不像日常交谈那样通常发生在原来熟悉的人之间，大多是陌生人之间的口头交谈，而且访谈调查主要是向被调查者了解有关情况，而不是双方进行均等信息交换的日常交谈。

访谈法根据调查的目的、性质或对象的不同可以划分为不同的种类。按照访谈内容的不同可分为标准化访谈和非标准化访谈；按照调查者与被调查者交流的方式，可分为直接访谈和间接访谈；按照一次所调查的人数，可分为个别访谈和集体访谈等。

3. 观察法

观察法是科普效果研究中资料收集的基本方法之一。观察法是指观察者在研究现场，用自己的感觉器官及其他辅助工具直接感知与记录正在发生的一切同研究目标有关的社会现象的一种调查方法。比如，在科技展览、科普周等现场，就可以通过观察法来考察、判断某种科普形式在群众中的反应，以及这种科普方式所产生的现场效果。有时，观察法可以配合访谈法、问卷法等来考察某种科普形式的效果，以达到准确评估的目的。

科学的观察可分为实验室观察和实地观察（或自然观察）。实验室观察是在人工环境里，对观察对象、观察背景和条件进行严格控制后进行的观察。社会调查研究中的观察是实地观察，即观察者对观察对象在自然环境下进行的观察。实地观察法可依照不同分类标准分成不同类型。首先，根据研究人员作为一名观察者是否参加到被观察者的社会群体和社会活动中，可将观察划分为参与观察和非参与观察。其次，根据观察内容在观察前设计的观察项目和要求的结构化程度，可将观察划分为无结构式观察、半结构式观察和结构式观察。另外，根据观察者是直接观察被观察者的活动，还是通过观察一些与被观察者有关的事物来反映被观察者的活动情况，可将观察划分为直接观察和间接观察。

4. 文献法

文献法是通过搜集各种文献资料，摘取与调查课题有关的情报的方法。文献调查实际是对人类以往所获取知识的调查，是目前社会调查研究中获取有关情报资料的一种重要方法。从某种意义上说，开展任何一项社会调查工作，都离不开对前人关于该问题的记载与研究成果的了解和利用。对调查研究课题相关资料掌握得越多，越能更为深入和全面地把握课题所涉及的各方面问题，能否大量收集和充分利用各种文献，是开展社会调查研究工作的一个重要条件。

社会科学工作者都十分重视对文献的收集和利用。马克思为写作《资本论》，在40年间共查阅和研究了1500多种书刊；据统计，在列宁的著作中仅提到的文献就有 16000 多种书籍、报刊和小册子。由此可见，熟练掌握和运用文献法是开展社会调查研究工作的一项基本要求。因此，科普效果研究，尤其是在进行科普效果评估时，对所需资料的收集，需要较多地应用文献法，了解文献法对于科普研究工作是十分必要的。

文献法属于一种间接调查法，调查的对象是各种文献。与观察法、访谈法等直接调查法相比，文献法的特点首先体现在文献自身的特点上，由此也决定着其调查过程、方式有许多不同之处。

在社会调查研究中要充分发挥文献调查法的作用：①必须尽可能广泛地收集各种文献；②要根据调查研究需要摘取有关的情报资料。因此，文献法的调查方式也就由收集文献和摘取文献两部分组成。

5. 问卷调查法

问卷是调查者依据调查目的和要求，按照一定的理论假设出来的，由一系列问题、调查项目、备选答案及说明组成的，向被调查者收集资料的一种工具。通过设计问卷，利用问卷来进行调查、获取调查资料的方法称为问卷调查法。

在科普实践中，问卷调查法应用较为普遍，其优点主要有以下四项。

（1）问卷调查法节省时间、经费和人力

由于问卷法可以在很短时间内同时调查多人的情况，因此，采用这种方法收集资料具有很高的效率。具有省时省力的特点，这是许多社会调查研究人员用问卷法收集资料的主要原因。尤其是当采用邮寄问卷的方式进行调查时：一方面可使调查不受地理条件的限制，同时调查地域上相隔遥远的人；另一方面所有的工作又可以只由很少的研究人员来完成。从费用上看，由于既不需要雇用大量的调查员，又不需要派遣调查员分赴各地。因此，问卷调查法比进行一项同等规模的访谈调查所需的经费要少得多。

（2）问卷调查法具有匿名性

由于社会调查的对象是现实生活中有思想感情的具体人。因此，在收集资料的过程中，调查研究人员常常遇到一些特殊的困难。比如在面对面的访谈中，人们往往难于对陌生人谈论有关个人隐私、政治态度等敏感性问题。这样，调查研究人员就难以得到原始的社会资料。但是，当采用自填问卷来收集资料时，由于问卷不要求署名，填写地点又可在被调查者家中，填写时无其他人在场，故可以大大减轻回答者的心理压力，有利于他们如实地填写。从这一方面看，问卷法的匿名性对于客观地反映社会现实的本来面貌、收集真实的社会信息具有十分重要的作用。

（3）问卷调查法所得的资料便于定量处理和分析

调查研究的定量化，是当前社会调查研究的趋势之一。由于问卷中的问题是社会现象或所研究对象的指标化、具体化，研究人员把所调查研究的概念、变量设计成具体指标，进行操作化处理，基本上采用封闭式的问题，其答案又都进行了预编码，因此，问卷调查所得资料很容易转换成数字，也很容易输入电子计算机，进行量化处理。所以，问卷法特别适用于电子计算机进行处理和定量分析。

（4）问卷调查法可以避免主观偏见，减少人为误差

在问卷调查中，由于被调查者都是以同样的方式在大致相同的时间内得到问卷，并且这些问卷在问题的先后次序、答案的类型、回答的方式等方面都是完全相同的。因此，无论是在哪方面他们所受到的刺激都是一样的。这样就能很好地避免由于人为原因所造成的各种偏误，减少主观因素的影响，得到较为客观的资料。

6. 试验法

试验法也称试验调查法，是人们有意识、有目的地控制某些环境条件，使社会条件发生一定变化，以揭示调查研究的社会现象本质及其相互作用发展规律的一种社会调查方法。试验法作为科学调查研究的一种基本方法，长期以来在自然科学研究领域得到了广泛的应用，成为人们分析事物因果关系、揭示事物发展变化规律性的一种重要研究方法。受社会历史条件和试验技术手段的限制，很长一段时期内，在人文社会科学领域，人们很少应用试验法进行调查研究。随着社会的不断发展与进步，人们逐步将试验法引入社会科学调查研究领域，首先是在社会学和行政管理学方面，应用试验法对小群体的行为和社会心理等问题进行研究，取得了良好的效果。经过不断的探索和完善，试验法在社会科学调查研究中的应用范围日趋扩大。目前试验法与观察法、访谈法一样，成为人们调查收集社会现象发展变化资料的一种直接调查方法。

试验法包括试验者、试验对象和试验环境三个基本要素。试验者是试验调查的有目的、有意识的活动主体，即试验调查的组织者；试验对象是通过调查所要认识的客体，即调查对象，组成调查对象的各个具体试验对象，也称为试验单元；试验环境是试验对象所处的各种社会条件的总和。试验法的基本思路是，社会现象之间存在着普遍的因果关系，试验者根据对调查对象的初步分析，明确调查对象与各种社会经济因素之间可能存在的因果关系。然后，通过控制和改变试验环境的某个条件，观察和分析该条件变化时，试验对象所发生的相应变化，从而揭示出社会现象之间的因果变化关系。

第三节　评估结果及其使用

评估的目的是为了使用评估结果，不关注评估结果及其使用，评估没有任何意义，至多是一种形式主义，或为了说明所谓的项目程序合法、正义。评估结果的呈现一般是评估报告，因此，评估报告的撰写对于能否有效使用评估结果，关系重大。评估报告的质量在很大程度上反映了评估的质量，写好评估报告是评估最重要的环节，也是反映评估水平的关键因素。

评估结果主要包含在评估报告中，其使用方主要是利益相关方——项目的资助者、设计开发者、科技馆管理人员等，评估报告的结论必须是客观的，评估结果应该是基于证据的结论，否则，评估报告就是主观臆断，因此，评估报告必须使利益相关方在较短的时间中弄清楚评估的结论，以及得出这些结论的依据。

一、评估结果的呈现：评估报告

评估报告的基本要素包括标题、引言、评估方法、评估结果或者说评估发现、评估结论与讨论、建议、附录等部分，但也会依据评估对象、目的、使用方式的不同而有所差别。如果报告篇幅较长，可以把评估结论提炼出来，以摘要的方式呈现给读者。

（一）标题及摘要

标题和摘要应包含评估报告的主要信息，好的标题和摘要，有利于促进评估结果的使用，也有利于评估发现的被引用。评估报告的标题需要指明评估项目的名称与评估的类型。比如"某某馆某某展览总结性评估报告""某某主题科学营前期研究报告"等。标题要放在评估报告的封面上，还要标注评估报告的撰写单位、部门、作者姓名、报告撰写日期等信息。报告摘要（executive summary）不是学术论文中的摘要（abstract），后者只需要一段话，而前者至少占一页的篇幅。报告摘要需要对后面几个部分进行综合提炼，把报告的要点集中在这一部分即可。摘要中需要列出的信息有评估的目的、项目本身的目标、项目的实施及其效果。如果是篇幅较短的评估报告，尤其是那些非总结性的评估报告，可以缩减或者不写摘要部分。

（二）引言

引言部分需要交代的内容主要有对待评估项目的描述以及对评估任务本身的描述。在对项目的描述中，主要介绍项目的类型、特征、历史、发展阶段、期待目标、面向的参与者等信息。在对评估任务的描述中，主要介绍评估的委托方与实施方、评估的目标与功能、需要回答的几个具体评估问题、该项目之前是否经历过评估等。介绍评估的目标时需要稍微宏观一点，比如"本次评估是总结性的，旨在检验项目的期待目标达成情况"。在介绍评估问题时，需要更加具体一点，比如列举5个待回答的评估问题。如有可能，引言部分还需要介绍有关的评估或者研究文献。比如如果评估者要分析观众行为，需要找到一些研究观众行为的文献，尤其是其中有影响力的文献进行综述，为提出评估问题提供合理性说明。

（三）评估方法

评估方法部分主要介绍评估所采用的方法、具体的资料收集方法以及资料收集过程，如果是研究性质的评估，还应该说明研究中采用的具体方法。通常的研究方法主要有：定性的、定量的还是两者结合的；是内部评估还是外部评估，并指出选择某种方法的背景、条件和原因。在介绍具体的资料收集方法时，需要说明被调查者（被访谈者、被观察者等）的选择方法（即使用哪一种抽样方法）、数量、分布，以及这样做的原因。在介绍资料收集过程的时候，需要说明是哪些人收集的资料、资料收集的范围、时间等信息。评估方法的介绍越详细，评估报告的读者就越清楚评估结论的价值以及用途。比如要介绍访谈法，就需要说明问了哪些问题、访谈了多少人、是怎么选择这些人的、访谈了多长时间、资料怎么编码等。

（四）评估发现

评估发现部分主要交代通过评估发现的项目实施的优点和缺点。在介绍评估发现的时候，对于定性的分析，需要以另一种字体或格式来呈现访谈者的话语、观察记录，以佐证研究发现；对于定量的分析，需要清晰的图表来呈现结果，做到图文并茂，结果清晰，可读性强。评估发现是对策建议的依据，一般来说，通过评估发现可以促进项目的改进和效果的改善。

（五）评估结论与讨论

评估结论中可以陈述从评估发现中引出的问题。因为在 ISE 领域很多评估是探索性质的，因此写出问题可能比直接得出结论更加有价值。讨论部分需要和结论部分结合，主要涉及为什么会得出这样的评估结果。讨论部分还有可能是为进一步研究指明方向，探索需要深入研究的问题，或本次评估的不足之处等。

（六）建议

对于问题导向型的形成性评估，提出若干有针对性的项目改进建议十分必要。这些建议必须紧密结合评估发现、结论和讨论部分的内容，依据评估者的经验、学识、专业积累，对项目的改进提出相关建议。对于一些宏观上的问题，也可以从政策、体制和管理上提出建议甚至提供相应的对策措施。

（七）附录

附录部分主要介绍与项目或评估相关的文件，包括评估工具（比如访谈提

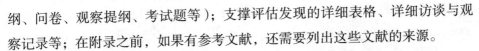

纲、问卷、观察提纲、考试题等）；支撑评估发现的详细表格、详细访谈与观察记录等；在附录之前，如果有参考文献，还需要列出这些文献的来源。

　　总的来说，评估报告是功能性文献，而不是文学性文献。报告不需要精美的辞藻，只需要能够客观、准确地记录评估中的发现，完成评估的任务即可。评估结果包括基于证据的发现，改进项目的建议。只有正确使用，才能发挥评估结果的作用，为了有效使用评估结果，有必要把评估过程中的发现、结果、建议明确呈现给相关方，因此，评估报告的撰写需要包括一些基本要素。这既是规范评估报告写作的必要，也是把问题、发现、结论和建议明确清楚地呈现出来的需要。

二、评估报告的使用：政策建议

　　任何评估的目的是为了改进项目运行和管理效率，因此，评估所发现的问题是项目改进的依据，而评估结果则是基于证据的政策制定和决策的重要依据。评估结果的使用，也就成为评估者所关心的问题。对于评估者来说，无论是内部评估，还是引进的第三方评估，都希望评估结果能够有助于东家，有助于提高项目效果。

　　从目前实际情况看，依据评估引进的目的不同，对于评估结果的使用也存在较大的差别。一般来说，项目实施方自己引进的评估，大多利用评估结果证明项目实施的有效性；也可能是用评估结果来完善项目运行的链条，即整个项目运行构成闭环，以说明项目的完整性。对于资金资助方比如基金会，则可能通过引进第三方评估的方式，用以评估项目实施中的合理性和有效性；同时，借助评估结果说明投资或资助的正当性。对于项目发布方来说，也可能要求项目承担方或实施方提供评估报告，有利于进行项目总结，并为项目的立项、资助、实施效果提供科学的证据。

　　对于一些大型的项目，比如全覆盖的科普项目，评估结果的使用就更为重要。一是希望项目实施得到有关部门和领导的认可，这样评估报告及结论可以直接呈报并获得批示；二是通过评估结果可以为今后的类似项目提供经验、理论、模式等参考，这样可以促使项目运行单位认真学习和讨论项目的实施过程及结果；三是可以发现项目理论，即通过评估，发现项目高效实施和运行的路径，发现项目发生作用的原理和理论模式，还可以发现不同项目实施中的共同特征，通过总结和概化，形成相关理论，不同目的评估结果及其使用见表 12-1。

表 12-1　不同目的评估结果及其使用

评估目的及方法	重要的学习目的	提高效果的作用
理解项目：如发展评估	对于项目实施相联系的关联因素、过程、作用的认识；了解这些因素是如何相互作用并实现项目目标的	在当前环境下改进项目；找出模型中可效仿的关键成分；在其他场合包括原因测试中用于改进评估； 在项目中提高评估和知识构建能力
解释项目：如科学素养、科普基础设施建设规划	决定项目行为的程度使之与组织的义务、上下关系、领域的标准、或行业榜样相符合	指导决策，使行为和结果与预期相符，通过比较 / 选择，改善项目的结果；提炼标准，积累经验，为该领域提供方向
发现一般性：如使用实验和准实验研究	分析导致项目行为结果的原因，以确保在其他环境中运行相似项目的成功概率	在当前的环境下改善项目；证明在这些项目或相似项目上的进一步投资是正当的；指导其他场合的项目运行；改进结果和增加信心

主要参考文献

［1］约翰·杜威. 评价理论［M］. 冯平，等，译. 上海：上海译文出版社，2007.

［2］中共中央马克思恩格斯列宁斯大林著作编译局. 马克思恩格斯选集（第一卷）
　　［M］. 北京：人民出版社，1995.

［3］埃贡·G. 古贝，伊冯娜·S. 林肯. 第四代评估［M］. 秦霖，等，译. 北京：
　　中国人民大学出版社，2008.

［4］李志军. 重大公共政策评估理论、方法与实践［M］. 北京：中国发展出版社，
　　2013.

［5］彼得·罗西，霍华德·弗里曼，马克·李普希. 项目评估：方法与技术［M］.
　　邱泽奇，译. 北京：华夏出版社，2002.

［6］Suchman E. Evaluative Research：Principles and Practice in Public Service and
　　Social Action Progr［M］. Russell Sage Foundation，1967.

［7］Campbell D T. Reforms as experiments［J］. American psychologist，1969，24（4）：
　　409-429.

［8］Cronbach L J，Ambron S R，Dornbusch S M，et al. Toward reform of program
　　evaluation［M］. San Francisco：Jossey-Bass，1980.

［9］Preskill H. Evaluation's second act：A spotlight on learning［J］. American Journal
　　of Evaluation，2008，29（2）：127-138.

［10］刘彦君，吴晨生，董晓晴，等. 英国科学节效果评估模式分析及思考［J］.
科普研究，2010（2）：62-67.

［11］维克多·丹尼洛夫. 科学与技术中心［M］. 中国科学技术馆，译. 北京：学
苑出版社，1989.

［12］中国科协科普研究所. 科技馆常设展览科普效果评估［M］. 北京：中国科学
技术出版社，2006.

［13］中国科普研究所.《中国科普效果研究》课题组. 科普效果评估理论和方法
［M］. 北京：社会科学文献出版社，2003：1.

［14］艾琳·胡珀－格林希尔. 博物馆与教育：目的、方法及成效［M］. 蒋臻颖，
译. 上海：上海科技教育出版社，2007：30，39-55.

［15］黄雁翔，聂海林，蒋怒雪. 建构主义指导下的科技馆实验教育活动设计——
以新加坡科学中心 DNA 实验室"案发现场"活动为例［J］. 科学教育与博
物馆，2015，1（6）：446-450.

［16］卢大山. 谈谈"科普剧"在科技馆展览教育中存在的问题及发展契机［C］//
中国科普理论与实践探索——第二十一届全国科普理论研讨会论文集. 北京：
中国科普研究所，2014.

［17］Falk J H，Dierking L D. The Museum Experience Revisited［M］. Walnut Greek，
CA：Left Coast Press Inc，2013.

［18］戴维·迈尔斯. 心理学［M］. 黄希庭，译. 北京：人民邮电出版社，2013.

［19］罗伯特·斯莱文. 教育心理学［M］. 姚海林，译. 北京：人民邮电出版社，
2011.

［20］Alfieri L，Brooks P J，Aldrich N J，et al. Does Discovery-based Instruction
Enhance Learning?［J］. Journal of Educational Psychology，2011，103（1）：1-18.

［21］李红. 论学习活动的本质［J］. 心理学探新，1999，19（1）：36-43.

［22］Vosniadou S. How Children Learn（Educational Practices Series-7）［M］. Paris：
International Academy of Education，International Bureau of Education，2001.

［23］Falk J H，Storksdieck M，Dierking L D. Investigating public science interest and
understanding：Evidence for the importance of free choice learning［J］. Public
Understanding of Science，2007，16（4）：455-469.

［24］Falk J H，Dierking L D．The Museum Experience Revisited［M］．Walnut Greek，CA：Left Coast Press Inc，2013：44.

［25］伯顿·K.利姆．集自然历史、世界文化于一身的皇家安大略博物馆［J］．自然科学博物馆研究，2018，3（1）：71-76.

［26］郑念，廖红．科技馆常设展览科普效果评估初探［J］．科普研究，2007（1）：43-46+65.

［27］林世洲．使用活动单的参观模式对国一学生参观台北市立天文科学教育馆的影响［DB/OL］．（2007-19-10）［2019-06-20］．http：//www.airitilibrary.com/Publication/alDetailed Mesh0021-2603200719100389.

［28］Angela Krombaß，Ute Harms．Acquiring knowledge about biodiversity in a museum-are worksheets effective［J］．Journal of Biological Education，2008，42（4）：157-163.

［29］Nyamupangedengu，A Lelliott．An exploration of learners'use of worksheets during a science museum visit［J］．African Journal of Research in Mathematics，Science and Technology Education，2012，16（1）：82-99.

［30］Price S，Hein G．More than a fieldtrips：science programmes for elementary school groups at museums［J］．International Journal of Science Education，1991，13：505-519.

［31］郑念，张平淡．科普项目的管理与评估［M］．北京：科学普及出版社，2008：42.

［32］斯蒂文·小约翰．传播理论［M］．陈德民，叶晓辉，译．北京：中国社会科学出版社，1999：74.

［33］Randi-Korn-Associates．A Front-End Evaluation of Texas Prehistory：How Do We Know Prepared for The Fort Worth Museum of Science and History［R］．Randi Korn Associates，1998.

［34］Ma J．Visualiazation Laboratory – Formative Evaluation Spiral Zoom on a Human Hand［R］．Visitor Research and Evaluation，Exploratorium，2008.

［35］陈玉琨．教育评价学［M］．北京：人民教育出版社，1999.

［36］廖红．展品质量评估方法研究［J］．科技馆，2001（4）：21-27.

［37］Motto A，Seigel E．Diffusion Formative-Evaluation［EB/OL］．（2018-10-

11）［2019-10-15］. http：//www.nisenet.org/ sites/default/files/catalog/eval/ uploads/2009/04/444/mixing_molecules_2009_formative_evaluation.pdf.

［38］Foutz S. Data Visualizations Year 1 Formative Evaluation Prepared for American Museum of Natural History［R］. Institut for Learning Innovation，2010.

［39］Garibay Group. Design Zone Exhibition Summative Evaluation Prepared for Oregon Museum of Science and Industry［R］. Garibay Group，2013.

［40］Phipps M. Research Trends and Findings From a Decade（1997—2007）of Research on Informal Science Education and Free-Choice Science Learning［J］. Visitor Studies，2010，13（1）：3-22.

［41］Dockett S，Main S，Kelly L. Consulting Young Children：Experiences from a Museum［J］. Visitor Studies，2011，14（1）：13-33.

［42］Preskill H. Museum Evaluation without Borders：Four Imperatives for Making Museum Evaluation More Relevant，Credible，and Useful［J］. Curator：The Museum Journal，2011，54（1）：93-100.

［43］郑念. 科技传播机制研究［M］. 北京：中国科学技术出版社，2005：16.

［44］中国自然科学博物馆协会. 中国科普场馆年鉴（2016卷）［M］. 北京：中国科学技术出版社，2016：79-119.

［45］郑念. 逻辑思维的盲点和盲区［N］. 科学时报，2019-03-01.

［46］Lynda Kelly. Biodiversity Exhibition：Front-end Evaluation［R］. Australian Museum. 1997.

［47］Kate Pontin. Formative Evaluation for Darwin the Geologist［R］. Sedgwick Museum，2009.

［48］Miglietta A M，Belmonte G，Boero F. A summative evaluation of science learning：A case study of the Marine Biology Museum "Pietro Parenzan"（South East Italy）［J］. Visitor Studies，2008，11（2）：213-219.

［49］Dewey J. Experience and education［M］. New York：Macmillan. 1938.

［50］杨文志. 现代科普教程［M］. 北京：中国科学技术出版社，2004.

［51］杨文志. 现代科普概论［M］. 北京：中国科学技术出版社，2004.

［52］段爱峰. 美国教育技术思想发展研究［M］. 北京：科学出版社，2018.

［53］联合国教科文组织. 教育——财富蕴藏其中［M］. 联合国教科文组织总部中文科，译. 北京：教育科学出版社，2018.

［54］联合国教科文组织. 反思教育——向"全球共同利益"的理念转变［M］. 联合国教科文组织总部中文科，译. 北京：教育科学出版社，2018.

［55］联合国教科文组织. 学会生存——教育世界的今天和明天［M］. 联合国教科文组织总部中文科，译. 北京：教育科学出版社，2018.

［56］邓国胜. 非营利组织评估［M］. 北京：社会科学文献出版社，2001.

［57］Borun，Nlinda. 展品就像教育家：评定其效果［J］. 博物馆教育期刊，1992，17（3）：13-14.

［58］Reich Christine，Mlnida Borun. 展览的可接近性和年老的参观者［J］. 博物馆教育期刊，2001，26（1）：13-16.

［59］张义芳. 科普评估理论初探与案例指南［M］. 北京：科学技术文献出版社，2004.

［60］武夷山. 国外科普面面观［M］. 北京：科学技术文献出版社，1999.

［61］任海，刘菊秀，罗宇宽. 科普的理论、方法与实践［M］. 北京：中国环境科学出版社，2005.

［62］武振伟. 博物馆讲解困局如何破题——基于淄博市文博系统讲解员现状的调研分析［J］. 人文天下，2017（11）：69-73.

［63］贾雪虹. 博物馆讲解如何"因人施讲"［J］. 上海文博论丛，2010（2）：58-61.

［64］马青云. 博物馆讲解心理浅议［J］. 中国博物馆，1989（3）：70-73.

［65］任明艳. 博物馆讲解员讲解技巧浅论［J］. 大众文艺，2017（2）：58-59.

［66］邬红梅. 博物馆针对儿童群体讲解方式的探索［J］. 博物馆研究，2010（2）：40-42.

［67］安丰艳. 发挥科技馆科普剧功能——在快乐中学习科学知识［J］. 科技风，2011（22）：22-46.

［68］周静. 公共经济学视角下的科技馆免费问题［J］. 现代商业，2012（5）：190.

［69］胡亚坤. 关于博物馆讲解员运用讲解技巧的几点体会［J］. 科技资讯，2012（11）：234.

［70］周霞. 关于科技馆展览讲解接待的几点想法［J］. 科协论坛，2010（8）：40.

［71］毛惠芳. 关于提高博物馆讲解员综合素质的几点思考［J］. 低碳世界，2017（17）：252–253.

［72］李云海. 简议特效电影的科普作用［J］. 科协论坛，2016（12）：35–37.

［73］陈金屏. 讲解，应该向观众传递什么？——博物馆"以人为本"的策略漫谈［J］. 中国博物馆，2007（3）：65–70.

［74］周亚男. 讲解员的素质与博物馆的社会教育形象［J］. 北方文学（下旬），2017（7）：190.

［75］王恒. 科技馆需要什么样的展品［J］. 科普研究，2011，6（6）：69.

［76］苏东红. 科技馆展览的讲解艺术［J］. 内蒙古科技与经济，2005（9）：178–179.

［77］李翠林，孙宝生. 新疆奇台硅化木——恐龙国家地质公园地质遗迹景观评价及整合开发［J］. 地球学报，2011，32（2）：233–240.

［78］钟华. 新时期博物馆讲解员应具备的素质浅析［J］. 文物鉴定与鉴赏，2017（8）：119–121.

［79］张彩霞. 新形势下科技场馆辅导员的角色定位［J］. 科协论坛，2016（11）：36–37.

［80］王洪鹏，梁丽红. 馆校结合的分层设计——以朱载堉科学艺术成就展为例［J］. 科协坛，2018（8）：26–28

［81］耿娴，王洪鹏. 科技馆如何在学校科学教育中发挥作用的几点思考［J］. 科协论坛，2013（2）：42–44.

［82］王洪鹏. 历史上的科学实验表演及其对科技馆的启示［J］. 科协论坛，2015（6）：22–24.

［83］欧亚戈，王洪鹏. 美国科技馆展品的定位、制作和更新［J］. 科协论坛，2016（9）：38–39.

［84］王洪鹏，欧亚戈. 浅谈多感官学习法在科技馆展厅辅导中的应用——以伯努利定律为例［J］. 学会，2017（1）：56–61.

［85］欧亚戈，王洪鹏. 浅谈科技馆短期展览的定位、选题与运行［J］. 学会，2016（9）：62–64.

[86] 王洪鹏. 浅谈科技馆儿童科学乐园的意外伤害［C］. 全国科普理论研讨会. 2014：358-362

[87] 欧亚戈，王洪鹏，胡杨，等. 浅谈科技馆儿童展厅的科学表演［J］. 科协论坛，2016（12）：32-34.

[88] 王洪鹏. 浅谈科技馆展品的评价标准［J］. 科普研究，2011，6（5）：65-70.

[89] 唐剑波，王霞，常娟，等. 台湾主要科技类场馆的特点及启示［J］. 科协论坛，2016（2）：32-35.

[90] 常娟，王洪鹏. 推进残障人士走进科技馆的对策探讨［J］. 科协论坛，2015（9）：10-12.

[91] 谢柯欣，卢志浩，王洪鹏. 问渠哪得清如许 为有源头活水来——志愿服务为中国科技馆儿童科学乐园增添新亮点［J］. 学会，2013（8）：50-52.

[92] 常娟，王洪鹏. 问题教学法在科技馆展览教育中的应用［J］. 科协论坛，2014（5）：24-26.

[93] 王洪鹏. 纸上得来终觉浅 绝知此事要躬行——感悟中国科技馆中的造纸科普知识［J］. 纸和造，2015，34（12）：99-101.

[94] Rader K A, Cain V E M. From natural history to science：display and the transformation of American museums of science and nature［J］. Museum and Society, 2008, 6（2）：152-171.

[95] 张鸿起，张敬会. 中国科技馆未成年观众的参观状况分析［J］. 科技馆，2006（5）：11-16.

[96] 国家文物局. 关于开展2011年度国家一级博物馆运行评估工作的通知［EB/OL］.（2012-07-30）[2019-08-20]. http://www.chinamuseum.org.cn/a/xiehuigonggao/20120803/3747.html.

[97] 廖红. 从展品研发角度谈科普展品创新［J］. 科普研究，2011，6（2）：77-82.

[98] Kelly L. A Review of "Practical Evaluation Guide：Tools for Museums and Other Informal Educational Settings"［J］. Visitor Studies, 2010, 13（2）：245-247.

[99] 郑念. 全国科技馆现状与发展对策研究［J］. 科普研究，2010（6）：68-74.

[100] Ucko D A. Science Centers in a New World of Learning［J］. Curator：The Museum Journal, 2013, 56（1）：21-30.

［101］Allen S. Designing for Learning：Studying Science Museum Exhibits That Do More Than Entertain［J］. Science Education，2004，88（1）：17-33.

［102］温超. 美国科技类博物馆展览效果评估分析——以 NSF 项目展览效果评估案例为例［J］. 科普研究，2014（2）：47-53.

［103］郑奕. 建立以观众为先的博物馆绩效评估体系［N］. 光明日报，2016-08-26（5）.

［104］Yarbrough D B，Shulha L M，Hopson R K，et al. The program evaluation standards：A guide for evaluators and evaluation users（3rd ed.）［M］. Thousand Oaks，CA：Sage，2011.

［105］Soren B. Audience-Based Program Evaluation And Performance Measures［J］. Alberta Museums Review，2004，30（1）：69-78.

［106］Diamond J. Practical Evaluation Guide Tools for Museums and Other Informal Educational Settings［M］. Walnut Creek：Altmira Press，1999.

［107］Spencer D，Angelotti V. A Study of Use Findings from a Summative Study［EB/OL］.（2018-10-15）［2019-10-15］. https：//lib.dr.iastate.edu/rtd/10018/.

［108］伍新春，曾筝，谢娟，等. 场馆科学学习：本质特征与影响因素［J］. 北京师范大学学报（社会科学版），2009（5）：13-19.

［109］Bell P，Lewenstein B，Shouse A W，et al. Learning Science in Informal Environments：People，Places，and Pursuits［M］. Washington，D.C.：The National Academies Press，2009.

［110］Dean D. Museum Exhibition Theory and Practice［M］. London：Routledge，1994.

［111］梅雷迪斯·D.高尔，沃尔特·R.博格，乔伊斯·P.高尔. 教育研究方法导论［M］. 许庆豫，等，译. 南京：江苏教育出版社，2002.

［112］巴比 艾尔. 社会研究方法：第 10 版［M］. 邱泽奇，译. 北京：华夏出版社，2005.

［113］Shepard L A. The Role of Assessment in a Learning Culture［J］. Educational Researcher，2000，29（7）：4-14.

［114］王永锋，何克抗. 建构主义学习环境的国际前沿研究述评［J］. 中国电化教

育，2010（3）：8-15.

［115］Falk J H，Storksdieck M，Dierking L D．Investigating public science interest and understanding：Evidence for the importance of free choice learning［J］．Public Understanding of Science，2007，16（4）：455-469.

［116］Falk J H，Dierking L D．Learning from museums：The visitor experience and the making of meaning［M］．Walnut Creek，CA：AltaMira Press，2000.

［117］Falk J，Storksdieck M．Using the contextual model of learning to understand visitor learning from a science center exhibition［J］．Science Education，2005，89（5）：744-778.

［118］Bitgood S．Museum Fatigue：A Critical Review［J］．Visitor Studies，2009，12（2）：93-111.

［119］Kollmann E K．The Effect of Broken Exhibits on the Experiences of Visitors at a Science Museum［J］．Visitor Studies，2007，10（2）：178-191.

［120］黄体茂．现代科技馆核心教育理念与常设展览教育［J］．科普研究，2012（2）：51-57.

［121］Hein G．Learning in the museum［M］．New York：Routledge，1998.

［122］Bitgood S．Attention and value：keys to understanding museum visitors［M］．Walnut Creek，CA：Left Coast Press，2013.

［123］Gutwill J P，Allen S．Deepening Students' Scientific Inquiry Skills During a Science Museum Field Trip［J］．Journal of Learning Sciences，2012，21（1）：130-181.

［124］Perry D L．What makes learning fun?：Principles for the design of intrinsically motivating museum exhibits［M］．Walnut Creek，CA：AltaMira，2012.

［125］Davidsson E，Jakobsson A．Understanding Interactions at Science Centers and Museums：Approaching Sociocultural Perspectives［G］．Rotterdam：Sense Publishers，2012.

［126］Davidsson E，Jakobsson A．Staff memnbers' ideas about visitors' learning at science and technology centres［J］．International Journal of Science Education，2009，31（1）：129-146.

［127］Borun M，Dritsas J，Johnson J，et al. Family Learning in Museums：The PISEC Perspective［M］. Washington，DC：Association of Science-Technology Center，1998.

［128］Allen S. Looking for learning in visitor talk：A methodological exploration［M］// Leinhardt G，Crowley K，Knutson K. Learning Conversations In Museums. Mahwah：Lawrence Erlbaum Associates，2002：259-303.

［129］Fienberg J，Leinhardt G. Looking Through the Glass：Reflections of Identity in Conversations at a History Museum［R］. University of Pittsburgh Museum Learning Collaborative Technical Report # MLC-06，2000.

［130］Barriault C，Pearson D. Assessing Exhibits for Learning in Science Centers：A Practical Tool［J］. Visitor Studies，2010，13（1）：90-106.

［131］Russel R. Designing Exhibits That Engage Visitors：Bob's Top Ten Points［EB/OL］.（2015-04-13）［2019-08-06］. http：//www.exs.exploratorium.edu/wp-content/uploads/2009/08/design_points.pdf.

［132］Falk J H. An Identity-Centered Approach to Understanding Museum Learning［J］. Curator：The Museum Journal，2006，49：151-166.

［133］Falk J H. Identity and the Museum Visitor Experience［M］. Walnut Creek，CA：Left Coast Press，2009.

［134］Bickford A. Book Review：John Falk：Visits and "Identity-Based Motivations"［J］. Curator：The Museum Journal，2010，53（2）：247-255.

［135］Hooper Greenhill E. Measuring Learning Outcomes in Museums，Archives and Libraries：The Learning Impact Research Project（LIRP）［J］. International Journal of Heritage Studies，2004，10（2）：151-174.

［136］MLA. The Inspiring Learning for All Framework of Generic Learning Outcomes［EB/OL］.（2014-08-12）［2019-08-06］. http：//www.inspiringlearningforall.gov.uk/toolstemplates/ genericlearning/index.html.

［137］Brown S. A Critique of Generic Learning Outcomes［J］. Journal of Learning Design，2007，22（2）：22-30.

［138］Guichard H. Designing tools to develop the conception of learners［J］.

International Journal of Science Education，1995，17（2）：243-253.

［139］Randol S M．The nature of inquiry in science centers：Describing and assessing inquiry at exhibits［D］．University of Califonia，Berkeley，2005.

［140］Friedman A J．Framework for Evaluating Impacts of Informal Science Education Projects（03/12/2008）［EB/OL］．（2014-02-02）［2019-08-06］．http：// informalscience.org/images/ research/Eval_Framework.

［141］李洋．对科学的态度：概念、影响因素及测量［J］．科普研究，2013（6）： 27-34.

［142］Burns T W，O'Connor D J，Stocklmayer S M．Science communication：a contemporary definition［J］．Public Understanding of Science，2003，12（2）： 183-202.

［143］Ellenbogen K．The Convergence of Informal Science Education and Science Communication［J］．Curator：The Museum Journal，2013，56（1）：11-14.

［144］Lemke J，Lecusay R，Cole M，et al．Documenting and Assessing Learning in Informal and Media-Rich Environments［M］．MA：Cambridge：The MIT Press， 2015.

［145］Serrell B．Judging Exhibitions：A Framework for Assessing Excellence［M］． Walnut Creek，CA：Left Coas Press，2006.

［146］Taylor S．Getting Started［M］//Taylor S，Serrell B．Try it! Improving Exhibits through Formative Evaluation．Washington D.C.：Association of Science-Technology Centers，1991.

［147］安德森，等．学习、教学与评估的分类学［M］．皮连生，译．上海：华东师范大学出版社，2007.

［148］Sanford C．Children's Museum of Pittsburgh How People Make Things Summative Evaluation［R］．University of Pittsburgh Center for Learning in Out-of-School Environments（UPCLOSE），2009.

［149］Soren B J．A Participatory Model for Integrating Cognitive Research into Exhibits for Children Summative Evaluation Final Report［R］．Discovery Center Museum of Science，Boston，2009.

［150］Meluch W．The San Francisco Zoo Lemur Forest Exhibit Summative Evaluation［R］．Visitor Studies Services，2003.

［151］Campbell L．Bronx Youth Urban Forestry Empowerment Program Evaluation［R］．US Forest Service Northern Research Station，NYC Urban Field Station，2008.

［152］Tisdal C，Perry D L．Going APE! at Exploratorium Interim Summative Evaluation Report［R］．Selinda Research Associates，Inc，2004.

［153］DMNS．Science on a Sphere Baseline Visitor Study［R］．Denver Museum of Nature and Science，2010.

［154］Yalowitz S，Bronnenkant K．Timing and Tracking：Unlocking Visitor Behavior［J］．Visitor Studies，2009，12（1）：47–64.

［155］Serrell B．Paying attention：Visitors and museum exhibitions［M］．Washington：American Association of Museums，1998.

［156］Borun M，Chambers M，Cleghorn A．Families are learning in science museums［J］．Curator：The Museum Journal，1996，39：123–138.

［157］Rennie L，Johnston D．The nature of learning and its implications for research on learning from museums［J］．Science Education，2004，88（Suppl.1）：4–16.

［158］Rennie L，Williams G．Science centers and scientific literacy：Promoting a relationship with science［J］．Science Education，2002，86：706–726.

［159］Bamberger Y，Tal T．An experience for the lifelong journey：The long–term effect of a class visit to a science center［J］．Visitor Studies，2008，11（2）：198–212.

［160］张彩霞．中国科技馆基于展项的网络教育平台研究［J］．科普研究，2011（1）：51–57.

［161］倪杰．从观众的角度评量展览的有效性［J］．博物馆研究，2014，2014（1）.

［162］倪杰．一个巡展的观众行为初探［J］．中国博物馆，2013（2）：82–93.

［163］韩丹宁．黄石科技馆受众调查研究［D］．武汉：华中科技大学，2015.

［164］Serrell–Associates．Summative Evaluation Beautiful Science：Ideas that Changed the World［R］．Serrell & Associates，2009.

［165］Yalowitz S S，Tomulonis J．River Otters Front–End Evaluation［R］．Monterey

Bay Aquarium, 2005.

[166] Beaumont L, Garibay C. Animal Secrets Exhibit. A Summative Evaluation Report [R]. The Oregon Museum of Science and Industry, 2007.

[167] Apley A. DragonflyTV GPS: Going Places in Science Study of Collaborations between Museums and Media. [R]. RMC Research Corporation, 2006.

[168] Bame E A, Dugger W E, de Vries M, et al. Pupils' Attitudes Toward Technology—PATT-USA[J]. The Journal of Technology Studies, 1993, 19(1): 40-48.

[169] Randi-Korn-Associates. MarsQuest Summative Evaluation [R]. Randi Korn Associates, Inc, 2002.

[170] Paulsen C, Goff D. Evaluation of the FETCH! Activity Guide [R]. American Institutes for Research, 2006.

[171] Randi-Korn-Associates. The Lemelson Center for the Study of Invention and Innovation Smithsonian Institution National Museum of American History Invention at Play Summative Evaluation [R]. Randi Korn & Associates, Inc, 2004.

[172] Campbell P B, Carson R. Explore It! Science Investigations in Out-of-School Programs: Final Evaluation Report [R]. Campbell-Kibler Associates, Inc, 2005.

[173] Randi-Korn-Associates. Summative Evaluation of Plants are up to Something [R]. Randi Korn & Associates, Inc, 2009.

[174] Londhe R, Manning C, Schechter R, et al. Internet Community of Design Engineers (iCODE) Final Evaluation Report [R]. Goodman Research Group, Inc., 2009.

[175] Leinhardt G, Crowley K, Knutson K. Learning Conversations in Museums [G]. Mahwah, NJ: Lawrence Erlbaum Associates, 2002.

[176] Nourbakhsh I, Hamner E, Bernstein D, et al. The Personal Exploration Rover: Educational assessment of a robotic exhibit for informal learning venues [R]. The Robotics Institute, Carnegie Mellon University, 2004.

[177] 张月. 武汉科技馆儿童展厅的亲子对话研究——他们在说什么 [D]. 武汉:

华中科技大学，2016.

[178] Batt C，Waldron A，Trautmann C．A Study of Use Findings from a Summative Study [R]．Edu，Inc.，2004.

[179] 王雪颖．体验式学习效果评价初探——以武汉市植物园科普课堂为例 [D]．武汉：华中科技大学，2016.

[180] Ruiz-Primo M A，Shavelson R J．Problems and issues in the use of concept maps in science assessment [J]．Journal of Research in Science Teaching，1996，33（6）：569-600.

[181] Novak J D，Gowin D R．Learning how to learn [M]．New York：Cambridge Press，1984.

[182] Anderson D，Lucas K B，Ginns I S，et al．Development of Knowledge about Electricity and Magnetism during a Visit to a Science Museum and Related Post-Visit Activities [J]．Science Education，2000，84（5）：658-679.

[183] Adelman L M，Falk J H，James S．Impact of National Aquarium in Baltimore on Visitors' Conservation Attitudes，Behavior，and Knowledge [J]．Curator：The Museum Journal，2000，43（1）：33-61.

[184] Jiang Z．The Research On the Utilization of Personal Meaning Mapping in the Assessment in Science Museums：the 16th Annual Conference of Asia Pacific Network of Science & Technology Centres（ASPAC），Beijing，2016 [C]．Beijing：Popular Science Press，2016.

[185] 杨建美．科技馆展品秀效果评估初探 [D]．武汉：华中科技大学，2016.

[186] Tafoya E，Sunal D，Knecht P．Assessing inquiry potential：a tool for curriculum decision makers．[J]．School Science and Mathematics，1980，80（1）：43-48.

[187] Wang J，Agogino A M．Cross-Community Design and Implementation of Engineering Tinkering Activities at a Science Center [EB/OL]．（2019-05-20）[2019-08-06]．http：//fablearn.stanford.edu/2013/wp-content/uploads/Cross-Community-Design-and-Implementation-of-Engineering-Tinkering-Activities-at-a-Science-Center.pdf.

[188] Bexell S M，Jarrett O S，Xu P．The Effects of a Summer Camp Program in China

on Children's Knowledge，Attitudes，and Behaviors Toward Animals：A Model for Conservation Education［J］．Visitor Studies，2013，16（1）：59–81.

［189］张楠，宋苑，胡冀宁. 科普工作者与受众对科普剧的认知差异调查［J］．科学大众科学教育，2016（6）：184–186.

［190］Kollmann E K，Reich C，Lindgren-Streiche A．NISE Network Forum："Risks，Benefits，and Who Decides?" Formative Evaluation［R］．Research and Evaluation Department，Museum of Science，2009.

［191］Goldman E，Streitburger K．Flight of the Butterflies Summative Evaluation submitted to Maryland Science Center［R］．RMC Research Corporation，2015.

［192］Chin E，Reich C．Lessons from the Museum of Science's First Multimedia Handheld Tour：The Star Wars：Where Science Meets Imagination Multimedia Tour Summative Evaluation［R］．Museum of Science，Boston，2006.

［193］Ma J．Visualiazation Laboratory – Formative Evaluation Spiral Zoom on a Human Hand［R］．Visitor Research and Evaluation，Exploratorium，2008.

附录
中国主要科普场馆信息表

中国主要科普场馆信息表

场馆名称	展教面积/平方米	年接待人次/万次	教育活动/个	流动科普设施/个	流动设施巡展次数
自然历史博物馆					
北京自然博物馆	10000	106.5	12	2	32
北京麋鹿生态实验中心			11		
成都大熊猫繁育研究基地		197.6	6		
辽宁古生物博物馆		15		1	2
重庆自然博物馆	10000	20	8	2	24
自贡恐龙博物馆		47	12	2	12
中国科学技术馆		321	59	17	
上海科技馆		25	26	3	233
广东科学中心			15	1	3
天津科学技术馆	10000	50	6	1	6
河北省科学技术馆		3.6	5	1	1
山西省科学技术馆	2700	78	10	2	79
内蒙古自治区科学技术馆	2800		2	1	33
乌海科学技术馆（乌海市青少年宫）			8	4	28
内蒙古巴彦淖尔市青少年科学技术馆	5000	14.9	33		
内蒙古巴彦淖尔市乌拉特中旗科技馆		7.5	6	1	63

续表

场馆名称	展教面积 / 平方米	年接待人次 / 万次	教育活动 / 个	流动科普设施 / 个	流动设施巡展次数
辽宁省科学技术馆				8	60
沈阳科学宫		13.8	18	2	40
葫芦岛市科学技术馆			7	1	7
吉林省科技馆			2	2	21
长春中国光学科学技术馆		0.3			
黑龙江省科学技术馆		65	29	1	11
大庆市青少年科技文化活动中心			4		
江苏省科学技术馆	6000	14.6	15		
南京科技馆		65.1	20	1	21
张家港科技馆	2000	3.8	16	1	17
盐城市科技馆		1	1	1	10
浙江省科技馆		53	5	2	13
中国杭州低碳科技馆		55	57	3	11
宁波科学探索中心管理有限公司		38.4	34		
温州科技馆	15000	25.3	6	2	20
嘉兴市科技馆	2400	5.5	12	2	112
湖州市科学技术馆		2.1	2	1	25
安徽省科学技术馆	4000		6	3	18
合肥市科技馆		60	11	4	31
合肥现代科技馆		2.5	4		
安徽省蚌埠市科学技术馆	250	4.5	18	1	6
福建省科技馆	3500	40	18	8	33
厦门科技馆管理有限公司	10300	91	15	3	10–15
江西省科学技术馆		4.9	6	2	34
山东省科学技术宣传馆		56	10	3	68
河南省科学技术馆	25000		4	1	18
郑州科学技术馆		40	9	2	13
焦作市科技馆	4500		2	2	50
湖北省科学技术馆				2	18

续表

场馆名称	展教面积 / 平方米	年接待 人次 / 万次	教育活动 / 个	流动科普 设施 / 个	流动设施 巡展次数
黄石市科学技术馆	4431	16.3	2	1	48
荆门市科技馆	4000	21.7	4	6	18
湖南省科学技术馆		99.6	24	2	44
广东科学馆			33	7	298
深圳市科学馆	3000	10	2	1	11
佛山科学馆		15	16		
东莞科学馆	5000	24	9	2	64
东莞市科学技术博物馆	12000	42	13	4	203
广西壮族自治区科学技术馆	13500	128	32	1	14
重庆科技馆		131	7	2	52
四川科技馆	25000	121	56	2	88
贵州科技馆	8000	110		2	39
毕节市科技馆	3118	6	10		
云南省科学技术馆			5	1	18
陕西科学技术馆	4736	8.4	9	2	67
延安市科学技术馆	9000		3	2	8
甘肃科技馆	21504		26	2	86
青海省科学技术馆		67.9	20	8	105
新疆科学技术馆	11117	38.8	7	1	12
乌鲁木齐科学技术馆		11.5	5	1	1
水族馆					
青岛水族馆			2	1	28
北京工体富国海底世界娱乐有限公司	7800	100	5	1	12
天津海昌极地海洋世界		89.8	1	1	2
大连老虎滩海洋公园		157	4	2	2
大连圣亚海洋世界		160		1	1
大丰港海洋世界		11.3	2		
上海海洋水族馆有限公司			3	2	2
宁波神凤海洋世界有限公司		60	16		

场馆名称	展教面积/ 平方米	年接待 人次/万次	教育活动/ 个	流动科普 设施/个	流动设施 巡展次数
台州鼎泰海洋世界开发有限公司		37.5	4	9	9
厦门海底世界有限公司		108	4		
青岛汇泉海洋科技开发有限公司		217	5	22	264
青岛极地海洋世界有限公司		250	5		
烟台渔人码头投资有限公司旅游管理 分公司		20	1		
泉城海洋极地世界	3000		1	1	8
海底世界（湖南）有限公司					
华侨城欢乐海岸投资有限公司			2		
南宁海底世界		29	2	3	24
广西北海市海底世界旅游有限公司		70			
成都极地海洋实业有限公司管理 分公司		32	1		
香港海洋公园		760	35	1	
天文馆					
北京天文馆		68	20	1	38
河北省科学技术馆天文馆		3.6	5	1	
石家庄学院天文馆	180	28	5		
中国科学院紫金山天文台					
中国科学院紫金山天文台青岛观象台			9	2	40
专业科技博物馆					
中国农业博物馆		150	23	2	12
中国电信博物馆			1		
中国铁道博物馆		24.7			
中国消防博物馆	9500	16.5	11	2	100
中国煤炭博物馆		12	6		
中国电影博物馆		33.6	3		
中国水利博物馆			5	5	23
中国妇女儿童博物馆	6000		17		

续表

场馆名称	展教面积/平方米	年接待人次/万次	教育活动/个	流动科普设施/个	流动设施巡展次数
中国丝绸博物馆		68			
中国航空博物馆		117	2		
中国园林博物馆北京筹备办公室			15	1	1
北京汽车博物馆		67.5	14	1	6
北京自来水博物馆		0.3149	1		
詹天佑纪念馆	1850	1.7	6		
中国第四纪冰川遗迹陈列馆			3	1	8
中华航天博物馆		4.2	2	3	4
黄河水利委员会黄河博物馆	1200		5	1	15
湿地博物馆					
中国湿地博物馆	7800	138	9		
北京延庆野鸭湖湿地自然保护区管理处		18	6	1	3
包头市南海湿地管理处		25	2	4	
上海崇明东滩鸟类国家级自然保护区			7		
泰州市姜堰区溱湖风景区开发建设有限公司			2		
宁海县海洋生物博物馆			2	8	13
宁国市自然博物馆		2.4	2	1	3
洪泽湖博物馆				1	22
张掖湿地博物馆	5000	35.9	3		
山东黄河三角洲国家级自然保护区湿地博物馆	15775	1.2	13	2	7
国土资源博物馆					
中国地质博物馆		111.7	15	3	10
中国地质调查局国土资源实物地质资料中心		1	34	2	3
中国房山世界地质公园博物馆	5800	3	3		
山西地质博物馆		10	2		
本溪地质博物馆			6		

续表

场馆名称	展教面积／平方米	年接待人次／万次	教育活动／个	流动科普设施／个	流动设施巡展次数
吉林大学地质博物馆	2000	0.7	5	1	3
黑龙江省地质博物馆	2211	1	6	1	1
南京地质博物馆	6000		2	1	3
常州恐龙园股份有限公司	4800	370	1		
安徽省地质博物馆		8.2	4		
江西省地质博物馆	540		2		
中国地质博物馆烟台馆暨烟台自然博物馆		4	2		
河南省地质博物馆		37	5	1	1
中国地质大学逸夫博物馆	5000	10.1	2		
中国地质博物馆黄果树馆（黄果树奇石馆）	5800	4.3			
湖南省地质博物馆		5	7		
成都理工大学博物馆		6	9		
中国石林喀斯特地质博物馆		12.4	7	1	2
甘肃地质博物馆	4860	8	12	1	7
青海省国土资源博物馆			4		
宁夏回族自治区地质博物馆		6.1	4		
新疆地质矿产博物馆	6800	3.2	7	1	1
自然保护区					
青海湖国家级自然保护区管理局			1	3	11
广东粤北华南虎省级自然保护区管理处		15	1		

资料来源：《场馆科普年鉴》2015 年、2016 年整理。

后　记

从事科普研究工作 20 多年，主要聚焦于科普监测评估的研究和实践。从最初的不被理解，到现在形成普遍认同评估重要性的局面，其中虽历尽艰辛，却也充满贡献的喜悦。为了形成评估文化，树立评估思维，促进科普治理的科学化、现代化进程，总觉得有必要把这些年的研究所得、经验和体会，总结出来，让更多的人了解评估思维，掌握评估技术。

这本《场馆科普效果评估概论》在一定程度上是这种愿望的部分实现。起因是科学普及出版社王晓义编辑承接了国家出版基金项目，要出版一批科普教材，以培养专业化、高层次的科普人才，这个项目对科普事业的发展是非常重要的，对科普人才的建制化培养和使用更是意义重大，理应大力支持。一是因为笔者自 2010 年以来，一直研究科普人才发展问题，每年编撰一本蓝皮书《科普人才发展报告》；二是因为多年来一直致力于推动科普学科建设，尽管希望渺茫，却始终不肯死心。中国科学技术出版社（副牌科学普及出版社）组织编辑这套科普教材，对科普人才队伍建设无疑是一项重要的基础工作，理应尽一份绵薄之力。然而，笔者平时工作繁忙，只能挤时间编写，以致时间过去两年，才拿出书稿，实在惭愧之至。

本书成稿之日，适逢中共十九届四中全会召开，会议明确要推进国家治理体系和治理能力现代化，这是中国发展史上具有里程碑意义的大事，必将对促进各行各业的科学管理，对提升治理能力发挥重要作用。评估作为科学管理的重要手段、重要内容，也必将在新时代发挥更重要的作用，希望本书对促进科普场馆的建设、提升场馆科普效果、促进馆校结合有所帮助。

如果没有科学普及出版社王晓义同志的鞭策，如果没有科普研究所同事的大力支持，本书根本不可能成稿。在此，我要感谢中国科普研究所博士后赵菡、杨家英，同事王立慧、齐培潇，中国科技馆王洪鹏、庞雨等同志，他们帮助我查找了大量资料，并提供了书中的一些研究案例。由于本书写作过程持续时间较长，参考的文献较多，向为本书的成稿提供帮助的同人以及文献作者一并表示衷心感谢。由于笔者学浅识薄，书中错误在所难免，还望读者批评指正。